BIS ZUR UNENDLICHKEIT UND NOCH VIEL WEITER

Eine kosmische Entdeckungsreise

NEIL deGRASSE TYSON
LINDSEY NYX WALKER

Bibliografische Information der Deutschen Nationalbibliothek
Die Deutsche Nationalbibliothek verzeichnet diese Publikation in der Deutschen Nationalbibliografie. Detaillierte bibliografische Daten sind im Internet über https://dnb.de abrufbar.

Für Fragen und Anregungen
info@m-vg.de

Wichtiger Hinweis
Ausschließlich zum Zweck der besseren Lesbarkeit wurde auf eine genderspezifische Schreibweise sowie eine Mehrfachbezeichnung verzichtet. Alle personenbezogenen Bezeichnungen sind somit geschlechtsneutral zu verstehen.

1. Auflage 2024

Türkenstraße 89
80799 München
Tel.: 089 651285-0

Einige Abschnitte wurden aus Aufsätzen in der Zeitschrift *Natural History* übernommen: Seite 55: »Rätsel des Kosmos: Die Corioliskraft« und Seite 145 »Der Jupiter« aus *The Coriolis Force* (März 1995); »Die Gezeitenkraft« von Seite 120f. aus *Tides and Time* (November 1995); Seite 192 f.: »Schockierende Wahrheiten« aus *Shocking Truths: If You Break the Sound Barrier, You Can Make Quite a Stir* (September 2006).

Übersetzung: Hans-Peter Remmler, Christina Hackenberg
Redaktion: Silke Panten
Korrektorat: Rainer Weber
Umschlaggestaltung: Elisa Gibson, Marc-Torben Fischer & Sonja Stiefel
Umschlagabbildung: Nick Liefhebber. Reprinted by permission of National Geographic Partners, LLC. All rights reserved.
Satz: Daniel Förster
Druck: Florjancic Tisk d.o.o., Slowenien
Printed in the EU

ISBN Print 978-3-95972-793-8
ISBN E-Book (PDF) 978-3-98609-547-5
ISBN E-Book (EPUB, Mobi) 978-3-98609-548-2

Den Forschern gewidmet, und allen anderen
Vertretern unserer Gattung, die die Kühnheit besitzen,
Dinge erkunden zu wollen, die sie ängstigen

INHALT

EINFÜHRUNG

DIE KOSMISCHE ODYSSEE

Es war einmal in einer Zeit – lange bevor die Menschen verstanden, was sich über den Wolken verbarg –, da war das Reich des Himmels und der Sterne die Heimat von Göttern, und erklärt werden konnte es nur durch Mythen und Fabeln. Doch eine Reihe von Entdeckungen – dazwischen immer wieder Rückschläge und Neuanfänge, Irrwege und Sackgassen – erschütterten letztendlich diese uralten Überzeugungen und gaben der Menschheit das Wissen an die Hand, um fremdartige und zur Demut mahnende Wahrheiten ans Licht zu bringen. Die Odyssee der kosmischen Entdeckungen hatte begonnen – und sie kennt bis heute kein Ende. Langsam, aber sicher tat sich ein neues Universum auf, eines, in dem es von Molekülen wimmelt, in dem monströse schwarze Löcher lauern, durch das sich leerer Raum und Galaxien jeder Form und Größe winden und das Hinweise auf zahllose Mysterien liefert, die noch der Erkundung harren.

Seite 8: Eine lebhafte Darstellung eines energiegeladenen Universums voller schwarzer Löcher, Sterne und Nebulae

Seite 3: Eine erweiterte Ansicht der Milchstraße, wie sie sich einem Betrachter in einem Raumschiff darbieten könnte, das mit Überlichtgeschwindigkeit unterwegs ist

Seite 6: Der mexikanische Bundesstaat Baja California Sur und der Golf von Kalifornien, beobachtet aus einem Fenster des bemannten SpaceX-Raumschiffs Dragon Freedom, 420 Kilometer über dem Pazifik

In diesem Buch wollen wir Sie einladen, gemeinsam mit uns zu dieser Reise aufzubrechen – eine Reise von Körper und Geist weg von der Erde, in die Unendlichkeit und darüber hinaus. Was versetzte die Menschen in die Lage, unserem Heimatplaneten zu entfliehen, physisch und geistig, und ins Unbekannte zu entschweben? Welche Einsichten, welcher Wagemut, welche revolutionären Ideen, welche technologischen Fehlschläge und Erfolge trugen uns zu dem Wissen, das wir heute haben? Und welche atemberaubenden Erkenntnisse an der Grenze unserer Vorstellungskraft liefern Einblicke in einen gigantischen Kosmos, der erst noch darauf wartet, erforscht zu werden? Es ist eine facettenreiche Geschichte von Menschen und Planeten, von Sternen und Raumschiffen, eine Saga, deren subtilen Feinheiten wir auf diesen Seiten auf die Spur kommen wollen.

Endlose Weite, Leere, Dunkelheit, Kälte: All das sind große und eigentümliche Begriffe, die sich einer angenehm warmblütigen, gerade erst entstandenen Kreatur auf Kohlenstoffbasis in einem gleichsam vorstädtischen Winkel der Galaxie namens Milchstraße nicht ohne Weiteres erschließen. Wer noch nicht wüsste, dass sich die Erde um die Sonne dreht, und nicht etwa umgekehrt, hätte einige Mühe, diese Wahrheit auf eigene Faust herauszufinden. Wer nicht wüsste, dass unser Sonnensystem acht Planeten, Hunderttausende Asteroiden und Millionen Kometen beherbergt, könnte verständlicherweise annehmen, dass nur die Erde und die fünf mit bloßem Auge sichtbaren Planeten unseren beschaulichen Winkel des Kosmos ausmachen. Um zu diesen Meilensteinen der Erkenntnis zu gelangen, mussten wir zu Nestflüchtern werden.

Die Kraft, die die Erde zusammenhält, die den Mond an die Erde bindet und die Erde an unsere Sonne, sorgt auch dafür, dass der Mensch über fast die gesamte Dauer seiner Existenz unter den Wolken feststeckt. Wir können die irdische Schwerkraft nicht ohne Weiteres überwinden, und das ist vielleicht der Grund, warum der erste Motorflug der Gebrüder Wright im Jahr 1903 und die Mondlandung der Apollo 11 im Jahr 1969 in fast jeder Liste der größten Errungenschaften der Menschheit ganz weit oben stehen. Seitdem ließen Tausende Satelliten, Hunderte Raumsonden, Dutzende Rovers und sogar ein winziger Helikopter die Erde hinter sich und machten aus unserem Sonnensystem mit seinen bescheidenen acht Planeten einen Hinterhof für Forschungsreisende.

Und dieser Hinterhof wächst unablässig weiter. 2012 entschwand die Raumsonde Voyager 1 in den interstellaren Raum und verabschiedete sich endgültig aus unserem Sonnensystem – nicht jedoch, ohne zuvor dessen mysteriöse Planeten und deren Monde in wahre Wunderwelten zu verwandeln. Die Mission von Voyager ist noch nicht zu Ende, und es kann gut sein, dass sie länger währt, als es überhaupt Menschen geben wird. Das winzige Raumfahrzeug hat eine goldene Datenplatte an Bord: eine Tonaufnahme mit Liedern und Klängen von der Erde und den dort heimischen Spezies. Diese sollen jedes Wesen oder jedes Etwas, das die Aufnahme abfängt, freundlich grüßen, verbunden mit der kollektiven Bitte, uns aus unserer galaktischen Einsamkeit zu retten. Als Beleg, dass wir, diese kleinen und schwächlichen Geschöpfe, einen Platz inmitten dieses riesigen und sich immer weiter ausdehnenden Universums haben, setzt Voyager die nie endende Reise fort, die einst mit den ersten menschlichen Wesen begann, die sich fragten, was unsere ausgestreckte Hand und unseren in den Himmel gewandten Blick wohl noch alles erwartet.

Das winzige Raumfahrzeug hat eine **goldene Datenplatte** an Bord: eine Tonaufnahme mit **Liedern und Klängen** von der Erde und den dort heimischen Spezies. Diese sollen jedes Wesen oder jedes Etwas, das die Aufnahme abfängt, freundlich grüßen, verbunden mit der **kollektiven Bitte,** uns aus unserer galaktischen Einsamkeit zu retten.

Seit dem Jahr 2022 führt uns das James-Webb-Weltraumteleskop auf unserer Odyssee immer weiter in die Tiefen des Alls und schickt uns Bilder, die das älteste Licht zeigen, das das menschliche Auge jemals erblickt hat. Zugleich erinnert es uns daran, wie riesig unser Universum in Wirklichkeit ist. Das First Deep Field des Webb-Teleskops enthüllte Tausende schwach leuchtender und ferner Galaxien, darunter auch manche, die vor 13,7 Milliarden Jahren entstanden sind. Es sind Bilder, die uns näher an den Urknall heranbringen als jemals zuvor. Versuchen Sie sich einmal vorzustellen, wie Sie dieses Bild einem Newton oder einem Galilei erklären sollen, dessen radikal neues Verständnis eines geozentrischen Universums das gesamte Christentum auf den

Dieses im Nahinfrarotbereich erzeugte Bild des Galaxienhaufens SMACS 0723, aufgenommen vom James-Webb-Weltraumteleskop der NASA, nutzt einen natürlichen Effekt, den sogenannten Gravitationslinseneffekt

Kopf stellte und die Welt des Wissens und des Glaubens ins Wanken brachte. Stellen Sie sich vor, Sie wollten diesen Geistesgrößen erklären, dass wir bloß einer von vielen Billionen Planeten in einem Universum sind, das kein greifbares Ende hat. Oder ihnen mitteilen, wie die Quantenphysik und die allgemeine Relativitätstheorie darauf schließen lassen, dass es nicht nur unser eigenes Universum geben könnte, sondern vielleicht noch zahllose weitere.

Das sind die Geschichten, die sich bei der Lektüre dieses Buchs vor Ihnen ausbreiten werden: eine der Schwerkraft spottende Flugbahn weg von der

Erde durch unsere nähere Umgebung im Sonnensystem, hinaus in die Galaxie und immer noch weiter. Auf diesem Weg werden uns verblüffende Entdeckungen begegnen und unerwartete Rätsel, die schon die größten Geister der Menschheitsgeschichte umgetrieben und in Staunen versetzt haben, sie zwangen, Annahmen neu zu überdenken und ihre Weltsicht zu korrigieren. Vielleicht treffen wir dort draußen, in den Abgründen des Unbekannten, sogar auf Dinge, die das Zeug haben, Ihr eigenes Denken zu revolutionieren.

Willkommen bei der kosmischen Odyssee – einer spannenden, ehrfurchtgebietenden und durch und durch unterhaltsamen Entdeckungsreise quer durch die Raumzeit bis in die Unendlichkeit und darüber hinaus.

TEIL 1

DIE ERDE HINTER SICH LASSEN

»Dass ich sterblich bin, weiß ich, und dass meine Tage gezählt sind; aber wenn ich im Geiste den vielfach verschlungenen Kreisbahnen der Gestirne nachspüre, dann berühre ich mit den Füßen nicht mehr die Erde: Am Tische des Zeus selbst labt mich Ambrosia, die Götterspeise.«

Ptolemäus, *Almagest*

Der nächtliche Sternenhimmel vermittelt der Menschheit Orientierung, Erleuchtung und Hoffnung, und das mindestens seit den Zeiten, da die Menschen begannen, den Blick nach oben zu richten. Niemand kann sagen, wer als Erster davon träumte, die Erde hinter sich zu lassen, um zu erkunden, was wohl jenseits dieser liegen mochte, oder wer sich als Erster fragte, ob es ein solches Jenseits überhaupt irgendwo gibt. Wir wissen aber, dass der Zauber der Sonne, des Mondes und des mit bloßem Auge sichtbaren, funkelnden Sternenhimmels ein Echo über die Jahrtausende menschlicher Kultur hinterließ.

An Belegen dafür herrscht kein Mangel. Höhlenmalereien und in Felsen geritzte Zeichnungen, die sich auf ein Alter von 40 000 Jahren und mehr datieren lassen, stellen nicht bloß Tiere und Jäger dar, sie zeigen auch Kometen, Meteore und Sternbilder in ausreichender Detailgenauigkeit, um daraus das gemächliche Schlingern der Erde auf ihrer Achse ablesen zu können: die Präzession der Tagundnachtgleichen. Im 4000 Jahre alten *Gilgamesch-Epos* aus dem antiken Mesopotamien (im heutigen Irak) – eine Geschichte voller Abenteuer, Helden, Bösewichter, Romanzen und Schlachten – werden die Sternbilder als Charaktere lebendig. In diesem Werk, einem der ältesten erhaltenen Stücke der Weltliteratur, verbinden kosmische Fäden die Reiche der Sterblichen und der Unsterblichen miteinander, derweil Zeit und Entfernungen anhand der Bewegung der Sterne gemessen werden.

Seite 16: Die Milchstraße über dem Fluss Múrtega im Naturpark Noudar, Sternwarte Alqueva, Portugal

Seite 14: Eine verblüffende Abbildung der Erde, erzeugt mit Datenschichten aus der Bildsammlung des NASA-Observatoriums Blue Marble Next Generation

Über Jahrtausende gingen die Menschen vernünftigerweise davon aus, der Mond müsse eine flache, leuchtende Scheibe sein, die zu- und wieder abnahm – bis ins 17. Jahrhundert, als Galileo Galilei sich traute, sein gerade erst perfektioniertes Teleskop gen Himmel zu richten und damit eine Kugel mit strukturierter Oberfläche sichtbar werden ließ, mit in Sonnenlicht getauchten zerklüfteten Gebirgen und steilen, im Schatten verborgenen Tälern.

Von jenem Augenblick an wurden der Himmel und all die himmlischen Objekte zu Welten – Reisezielen –, zu Oberflächen, auf denen einst der Mensch würde wandeln können, wenn es uns denn nur gelänge, die Tiefen des Weltraums zu durchqueren. Seitdem, vor allem aber im 20. Jahrhundert, zieht es Wissenschaftler, Techniker, Draufgänger und Politiker zu immer neuen Höhen. Wissensdurst, Wettbewerb und von Kriegen vorangetriebene Innovationen trugen uns durch das Tor unserer durchsichtigen Atmosphäre und darüber hinaus.

Doch bevor wir den Himmel zu durchstoßen vermochten, bevor wir wissen konnten, dass man dort navigieren konnte, musste der Mensch erst einmal entdecken, was der Himmel überhaupt ist, was er nicht ist und wo er endet – wenn er denn irgendwo endet. Unsere Atmosphäre, so sollten wir bald erfahren, war nichts weiter als eine blaue Luftblase, die sich in ein unwirtliches Vakuum verflüchtigt, ohne Teilchen, ohne Druck und ohne Photonen, wie wir sie in unserem gemütlichen irdischen Kokon vorfinden. Schritt für Schritt, Frage für Frage und Entdeckung für Entdeckung bahnten wir uns den Weg durch diese Luftblase, was auch immer jenseits davon auf uns warten mochte.

In diesem Abschnitt wollen wir diese Odyssee begleiten, wie der Mensch zuerst mithilfe von Ballons die Erdoberfläche hinter (oder besser unter) sich ließ, dann mit Flugzeugen, Düsenjets und schließlich mit Raketen bis hinauf zum Mond. Wir werden lernen, in der Atmosphäre zu navigieren, und wir werden die Schwerkraft überwinden, die der menschlichen Vorstellungskraft so lange Zeit Fesseln anlegte.

Von den eingetrockneten, verblassten Höhlenmalereien von einst bis zu den frisch aufgestellten Quantengleichungen moderner Zeiten entwickelt sich eine Geschichte ohne Ende, gekennzeichnet durch Zyklen voller Wissensdrang, Entdeckungen und Umbrüche und nicht zuletzt dem Abstreifen einstigen (vermeintlichen) Wissens, während wir von einer Weltsicht zur nächsten voranschreiten.

Alsdann, wir sind startklar für unsere kosmische Reise.

DIE ATMOSPHÄRE DER ERDE

Angetrieben durch unser Verlangen, wie die Vögel in die Lüfte zu steigen, zog es uns zunächst in Form von Geschichten himmelwärts. Allerlei Erzählungen von fliegenden Menschen zogen sich kulturübergreifend durch antike Mythen und Legenden. Alexander der Große wird oft so dargestellt, als würde er in einem geflügelten Streitwagen durch die Lüfte schweben, gezogen von vier mythischen Greifen – Wesen mit dem Körper eines Löwen und den Schwingen eines Adlers. Eine Legende der indigenen Cowichan berichtet von zwei Jungen, die mit ihrem Gesang ihr Kanu dazu brachten, vom Gipfel des Berges, auf dem es gebaut worden war, über ihr Dorf bis hinaus ins Meer zu schweben. Das antike Sanskrit-Epos von *Ramayana* und andere indische Texte beschreiben fliegende »vimanas«, selbst angetriebene Streitwagen der Götter.

Eine der berühmtesten Geschichten vom menschlichen Flug finden wir jedoch im prachtvollen griechischen Mythos von Dädalus und seinem Sohn Ikarus. Wenn jemals darauf hingewiesen wurde, nicht zu nahe an die Sonne heranzufliegen, war garantiert die Rede von dieser uralten Legende, die als Warnung vor der Versuchung zu verstehen ist, es mit dem Risiko und dem Nervenkitzel nicht zu übertreiben.

Um von der Insel Kreta zu entkommen, konstruierte Dädalus, ein erstklassiger Handwerker und Aeronaut, zwei Sätze Flügel aus Vogelfedern, die er mit Wachs zusammenfügte: ein Paar Flügel für sich selbst, das andere für Ikarus. Er ermahnte den Sohn, weder zu nah über dem Wasser zu fliegen, weil sonst die Feuchtigkeit die Federn in Unordnung bringen könnte, noch zu nahe an der Sonne, weil sonst die Hitze das Wachs zum Schmelzen brächte. Doch in seinem jugendlichen Leichtsinn schwebte Ikarus immer höher und höher in Richtung Sonne hinauf, bis das Wachs seiner Flügel tatsächlich schmolz und die Schwingen sich auflösten; er stürzte ins unbarmherzige Ägäische Meer und in den Tod. Dieses tragische Beispiel liegt zwei

Der Sturz des Ikarus (1606/1607) von Carlo Saraceni

Jahrtausende vor unserem heutigen Verständnis von Thermodynamik, Aerodynamik und Atmosphärenphysik, die Ungereimtheiten sind daher verzeihlich. Ikarus wäre zweifellos zu Tode gekommen, aber ganz gewiss nicht wegen der Hitze der Sonne.

Wir wissen heute, was Ikarus und die alten Griechen, denen wir diese Geschichte verdanken, nicht wussten: dass sich nämlich die Erdatmosphäre in fünf separate Schichten unterteilt. Die Troposphäre, wo sämtliche Pflanzen und Tiere leben und atmen, enthält drei Viertel aller Luftmoleküle und 99 Prozent des gesamten Wasserdampfs der Erde. Nahezu unser gesamtes Wetter spielt sich innerhalb dieser dichtesten Schicht ab, die bis in circa 6,5 bis 18 Kilometer Höhe über der Erdoberfläche reicht, je nach Breitengrad und Jahreszeit. Und sie dehnt sich aufgrund der steigenden Temperaturen auf der Erde immer weiter nach oben aus, um rund 60 Meter pro Jahrzehnt. Am Grund der Troposphäre, auf Meereshöhe, liegt die durchschnittliche globale Temperatur heutzutage etwa bei 15 °C. Ganz oben, an der Grenze zur Stratosphäre, fällt die Durchschnittstemperatur dagegen auf minus 57 °C und noch darunter.

Wenn aber das Sonnenlicht zuerst die Atmosphäre durchdringen muss, bevor es auf der Erde ankommt, und wenn wir uns, wenn wir in die Höhe steigen, der Sonne annähern, müsste es dort oben nicht wärmer sein als auf Meereshöhe, wie es auch der Verfasser der Geschichte des Ikarus annahm? Jeder, der schon einmal in größere Höhen aufgestiegen ist, wird die Antwort auf diese Frage kennen. In Wirklichkeit lehrt uns die Erfahrung genau das Gegenteil. Bergsteiger kalkulieren mit einer Abnahme der Durchschnittstemperatur um ungefähr 2 °C pro 300 Meter Höhenunterschied. Sherpas und Kletterer können davon ausgehen, dass die milden Durchschnittstemperaturen im Frühling von etwa 15 °C im Basislager am Fuß des Mount Everest auf dem Weg zum Gipfel bis auf minus 30 °C absinken werden – sofern sie denn lebend dort oben ankommen. Wie sich zeigt, haben die auf der Erdoberfläche wahrgenommenen Temperaturschwankungen absolut nichts mit dem Abstand zur Sonne zu tun – da muss etwas ganz anderes im Spiel sein.

Fragen wir uns zunächst einmal, wie viel näher Ikarus der Sonne wohl gekommen sein mag. Wenn wir davon ausgehen, dass er vielleicht 15 Kilometer in die Höhe gestiegen ist – deutlich höher als jedes Verkehrsflugzeug –, die Sonne aber etwa 150 Millionen Kilometer von der Erde entfernt ist, dann kam Ikarus der Sonne gerade einmal um 0,00000001 Prozent näher. Das dürfte kaum ausreichen, um die Geschichte vom schmelzenden Wachs zu erklären.

Was die Lufttemperatur als solche angeht, müssen wir uns zunächst einmal den Zusammenhang zwischen Licht und Wärme vergegenwärtigen. Die Sonne emittiert Licht in jeder Wellenlänge des elektromagnetischen Spektrums und versorgt dadurch praktisch das gesamte Leben auf der Erde mit Energie. Das Spektrum ist endlos und reicht von langwelligen, sanften Radiowellen bis zu den kurzwelligen und intensiven Gammastrahlen. Zwischen den beiden liegt ein schmales Frequenzband, das wir als sichtbares Licht kennen: der einzige für das menschliche Auge wahrnehmbare Bereich des gesamten Spektrums. Sterne wie die Sonne senden fast die Hälfte ihrer Energie in Form von sichtbarem Licht aus, einen kleinen Teil davon als ultraviolettes Licht (etwas kürzere Wellen), den Rest zum Großteil als (etwas langwelligeres) Infrarotlicht. Letzteres empfinden wir als Wärme. Es ist mithin kein Zufall, dass die meisten Tiere auf der Erde raffinierte Organe entwickelten, die in der Lage sind, diese ausgewählten Bereiche des grenzenlosen elektromagnetischen Spektrums wahrzunehmen.

Angesichts der Art und Weise, wie sich die Erdbewohner entwickelten, könnten wir annehmen, dass Außerirdische von einem fremden Planeten, der um eine andere Art von Stern kreist, Sinnesorgane entwickeln, die ganz speziell auf dessen Form von Licht zugeschnitten sind. Aliens, die auf Planeten zu Hause sind, die um kühle, kleine, rote Zwergsterne kreisen – der häufigste Sternentyp in unserer Galaxie –, sehen ihre Welt vielleicht in einem regelrechten Rausch aus Infrarotlicht und haben große Mühe, das hochfrequentere blaue Licht wahrzunehmen.

Die Temperatur ist einfach ein Maß für molekulare Vibrationen, und alle Moleküle vibrieren. (Diese wichtige Tatsache sollten wir bei unserer Reise durch den Kosmos immer im Blick behalten.) Alles mit einer Temperatur über dem absoluten Nullpunkt – das heißt alles im Universum, die kältesten Eisberge und Materie in den dunkelsten und tiefsten Weiten des Weltraums inklusive – emittiert elektromagnetische Energie. Bei höheren Temperaturen bevorzugt der ausgestrahlte elektromagnetische Energiemix die kürzeren Wellenlängen des Lichts. Niedrigere Temperaturen bevorzugen längere Wellen. Die Sonne mit ihrer durchschnittlichen Oberflächentemperatur von circa 5500 °C erreicht ihre Spitzenwerte in den Frequenzen des sichtbaren Lichts, wie auch alles andere in ähnlichen Temperaturbereichen. Derweil strahlt fast alles auf der Erde, einschließlich unserer 37 °C warmen Körper und der Oberfläche des Planeten selbst, überwiegend im langwelligen (unsichtbaren) Infrarotfrequenzbereich. Deshalb kann sich das Lagerfeuer vom Abend zuvor sogar noch am nächsten Tag warm anfühlen, auch wenn es nicht mehr erkennbar glüht. Während der einst rotglühend heiße Haufen sich abkühlt, verschiebt sich die Spitzenfrequenz des davon ausgesendeten Lichts in die langwelligeren Bereiche und verlässt letztendlich das sichtbare Spektrum. Die Holzkohle bleibt dennoch kuschelig warm, durchflutet von Infrarotenergie noch lange genug, nachdem Sie sich mit den letzten gerösteten Marshmallows den Bauch vollgeschlagen haben.

Ist Ihnen schon einmal aufgefallen, dass die wärmste Zeit des Tages einige Stunden nach der Mittagsstunde liegt, und nicht etwa dann, wenn die Sonne am höchsten steht? Das gleiche Infrarotlicht, das wir bei der Holzkohle am Lagerfeuer fühlen, aber nicht sehen können, sorgt für diese Bruthitze an heißen Sommernachmittagen. Die Atmosphäre absorbiert einen Teil des Infrarotlichts der Sonne und überträgt den Rest an die Erdoberfläche. Die stärkste Wirkung des Sonnenlichts erfolgt allerdings über das sichtbare Licht, das unsere Atmosphäre unbeschadet durchdringt. Die ebenso simple wie tiefgründige Tatsache, dass unsere Atmosphäre für sichtbares Licht durchlässig ist, ist der Grund, der es uns überhaupt erst ermöglicht, die Sonne, den Mond und die zahllosen Sternbilder zu sehen.

Geringe Anteile des kurzwelligeren UV-Sonnenlichts durchdringen die Atmosphäre ebenfalls – und sogar die Wolken, weshalb besonders hellhäutige Menschen selbst an bedeckten Tagen Sonnencreme auftragen, um sich vor Sonnenbrand und im Extremfall Hautkrebs zu schützen. Wenn wir das Gesicht zur Sonne wenden, treffen das sichtbare und das UV-Licht auf die Moleküle in unserer Haut, regen dort Elektronen an, verwandeln diese Bewegung in Wärme und emittieren dann diese Wärme in Form von Infrarotstrahlung. In ähnlicher Weise werden Moleküle auf der Erdoberfläche, sobald sie die Strahlung in den verschiedenen Wellenlängen absorbieren, in Infrarotstrahlung umgewandelt und vom Erdboden wieder abgestrahlt. Diese Infrarotenergie strahlt damit wieder zurück durch die Atmosphäre und erwärmt die Luft, die Infrarotstrahlung absorbiert. Ein Julitag kommt uns nicht deshalb besonders heiß vor, weil die Sonne die Luft von oben erwärmt, sondern weil der Erdboden die Luft von unten erwärmt. Aus diesem Grund befindet sich der wärmste Bereich der Troposphäre unmittelbar über der Erdoberfläche.

Auf seiner Reise zurück ins Weltall kollidiert der Großteil der von der Erde emittierten Infrarotstrahlung mit bestimmten Molekülen in der Atmosphäre, deren Bindungen zur Folge haben, dass sich die Moleküle bei Kontakt mit Infrarotstrahlung ausdehnen und vibrieren und die Strahlung absorbieren. Wenn diese Moleküle die Energie aufgenommen haben, strahlen sie sie in sämtliche Richtungen wieder ab, auch zurück in Richtung Erde, wo die Energie ein weiteres Mal absorbiert und erneut emittiert wird. Diesen fortdauernden, immer hin und her pendelnden Zyklus bezeichnen wir als Treibhauseffekt. Derselbe Effekt stellt sich, in kleinerem Maßstab, auch in echten Treibhäusern ein, oder auch in Autos bei geschlossenen Fenstern. Sichtbares Sonnenlicht durchdringt das transparente Glas und wird im Inneren in Infrarotlicht verwandelt, das dann von ebendiesen Fenstern, die das sichtbare Licht durchließen, am Entweichen aus dem Treibhaus beziehungsweise dem Autoinnenraum gehindert wird. Dadurch wird die Temperatur im Innenraum deutlich höher als die Umgebungstemperatur im Freien, und so entsteht ein lokal begrenztes Mikroklima, das für tropische Pflanzen angenehm ist, für im Auto eingeschlossene Haustiere oder Kinder aber tödlich sein kann. Sofern Sie nicht gewohnheitsmäßig Hibiskuspflanzen oder Geigenfeigen durch die Stadt kutschieren, empfiehlt es sich wärmstens, die Fenster selbst dann, wenn sich ein paar Wolken am blauen Sommerhimmel zeigen, zumindest einen Spalt offen zu lassen.

Tatsächlich profitiert das Leben auf der Erde von einem gemäßigten **Treibhauseffekt.** Ohne diesen würde die Durchschnittstemperatur auf der Erde im **Frostbereich** verbleiben, und die Oberfläche unseres Planeten wäre eine **eisige Tundra,** auf der Leben, wie wir es kennen, gar nicht möglich wäre.

Tatsächlich profitiert das Leben auf der Erde von einem gemäßigten Treibhauseffekt. Ohne diesen würde die Durchschnittstemperatur auf der Erde im Frostbereich verbleiben, und die Oberfläche unseres Planeten wäre eine eisige Tundra, auf der Leben, wie wir es kennen, gar nicht möglich wäre. Zu unserem Glück stabilisiert unsere Atmosphäre die Temperaturschwankungen zwischen Tag und Nacht größtenteils über Luftströmungen. Auf dem Mond, wo es keine Atmosphäre gibt, pendelt die Oberflächentemperatur extrem zwischen brodelnden 120 °C bei Tag und eisigen minus 130 °C bei Nacht.

Was also wäre dem armen Ikarus nun wirklich widerfahren? Seine erste Torheit war eine Frage der Aerodynamik: Er hätte es niemals geschafft, überhaupt von Kreta abzuheben. Einen Fingerzeig liefern uns die Engel der Renaissancemalerei – und die Kondore. Beide haben Flügel, und beide dürften in etwa gleich viel wiegen. Aber Kondore können tatsächlich fliegen, ganz ohne die Hilfe der bildenden Künste. Wenn ein solcher kindlicher Engel fliegen wollte, bräuchte er eine Flügelspannweite von rund 3 Metern, wie der Kondor. Und wenn wir das nun auf das Gewicht eines erwachsenen Menschen hochrechnen, hätte Ikarus ungefähr zehnmal größere Flügel gebraucht – und eine entsprechende Brustmuskulatur, um ordentlich mit den Flügeln schlagen zu können. Das Ende vom Lied: Schon beim Versuch, vom Boden abzuheben, wäre er einfach auf die Nase gefallen.

Aber selbst davon abgesehen: Wäre Ikarus näher zur Sonne aufgestiegen, wären seine Flügel nicht etwa geschmolzen – die Kälte hätte ihm beim Aufstieg so zugesetzt, dass er den tödlichen Absturz dennoch nicht mehr hätte vermeiden können. 1920 lieferte der renommierte Astrophysiker Sir Arthur Eddington eine wohlmeinendere Interpretation dieser Legende: »Vielleicht muss man ein gutes Wort für Ikarus einlegen ... Ich stelle ihn mir vor als den Mann, der zweifellos einen Konstruktionsfehler in den Flugmaschinen seiner Epoche offengelegt hat.«

JENSEITS DER TROPOSPHÄRE

Die Troposphäre (eine schematische Darstellung der einzelnen Atmosphärenschichten finden Sie auf Seite 171), vom griechischen Wort *tropé*, was »Veränderung« oder »Wendung« bedeutet, zeichnet sich nicht nur durch das veränderliche Wetter aus, sondern auch, und das ist bemerkenswert, durch ihre Tendenz, mit zunehmender Höhe an Temperatur zu verlieren. Die nächste Schicht unserer Atmosphäre, die Stratosphäre, weist eine exakt gegenteilige thermische Eigenschaft auf: Je höher wir in der Stratosphäre steigen, desto wärmer wird es. Dort muss es etwas geben, das Energie absorbiert, also die Vibrationsrate der Luftmoleküle steigert. Und wer ist der Schuldige? Die Stratosphäre ist die Heimat der Ozonschicht – die Region stark konzentrierter dreiatomiger Sauerstoffmoleküle (O_3), die fast die gesamte besonders schädliche ultraviolette Strahlung der Sonne aufnimmt. Ein Ultraviolettphoton trägt exakt die Energie, die es braucht, um ein Ozonmolekül aufzuspalten, was O_3 in O_2 plus O verwandelt. Kurioserweise spaltet anschließend dasselbe ultraviolette Licht auch O_2 weiter auf, und wir haben zwei einzelne Sauerstoffatome, O plus O, die sich dann erneut mit einzeln umherschwirrenden O_2-Molekülen zu dem zuvor verlorengegangenen Ozon verbinden können:

$$O_3 + UV \rightarrow O_2 + O$$
$$O_2 + UV \rightarrow O + O$$
$$O + O_2 \rightarrow O_3$$

Der Mond geht über der orangefarbenen Troposphäre auf – dem niedrigsten und dichtesten Teil der Erdatmosphäre –, der an der Tropopause endet, der Grenze zwischen der orangefarbenen und der blauen Atmosphäre

Mit anderen Worten: Das wilde Wechselspiel der Zerstörung und Neubildung von Molekülen in der Ozonschicht hält diese im Gleichgewicht mit dem von der Sonne einfließenden UV-Licht. Gäbe es diese Schutzschicht nicht, würde die UV-Energie der Sonne an der DNA sämtlichen Lebens auf der Erdoberfläche unermesslichen Schaden anrichten.

Die nächsthöhere Schicht, die Mesosphäre, ist die Region, in der Meteoroiden verbrennen und uns das spektakuläre Schauspiel der Sternschnuppen bescheren. Darüber liegt die Thermosphäre, innerhalb der die Internationale Raumstation ISS und Tausende weitere Satelliten die Erde umkreisen. Die Thermosphäre hat zwar nur ein Millionstel der Dichte von Luft auf Meereshöhe, dafür findet dort am meisten solare Aktivität statt. Diese Schicht ist die Region, in der sich das wunderschöne Phänomen der Nordlichter und Südlichter abspielt: *aurora borealis* beziehungsweise *aurora australis*.

Die Thermosphäre heißt so – *thermo* kommt ebenfalls aus dem Griechischen und bedeutet »heiß« –, weil sie in einer Hinsicht die heißeste aller dieser Schichten ist. Wir messen Temperatur anhand molekularer Vibrationen, und wir messen Hitze, indem wir die Vibrationsenergie aller jeweils vorhandenen Moleküle zusammenzählen. Moleküle vibrieren in dieser oberen Schicht am schnellsten. Doch diese Moleküle sind so dünn gesät, dass man sie auf dem menschlichen Körper kaum bemerken würde. Wenn Sie der Thermosphäre einen Besuch abstatten, ohne vorher in einen Raumanzug zu schlüpfen, sind Sie vermutlich aufgrund des Sauerstoffmangels erstickt, bevor Sie dazu kommen, nennenswerte Hitze zu verspüren.

Jenseits der Außenbezirke der Thermosphäre liegt die Exosphäre, die letzte, äußerste Schicht unserer Atmosphäre, die viel weiter reicht als alle anderen genannten Sphären zusammen und nur noch aus winzigen Mengen atmosphärischer Moleküle besteht.

DAS GEWICHT DER LUFT

Haben Sie je etwas als »luftig-leicht« beschrieben? Wenn ja, dachten Sie dabei ganz bestimmt nicht daran, wie schwer Luft in Wirklichkeit ist. Ja, die Luft hat Gewicht, und nicht zu knapp. Wir bezeichnen dieses Gewicht als Luftdruck. Da drängt sich die nächste Frage förmlich auf: Was ist Druck?

Druck macht sich in unserem Alltag ständig in wichtigen und unwichtigen Dingen aller Art bemerkbar. Wie scharf sind Ihre Küchenmesser? Wie bequem ist der Stuhl, auf dem Sie gerade sitzen? Wieso schmerzen High Heels an den Füßen so viel mehr als flache Schuhe? Druck ist, physikalisch ausgedrückt, schlicht Kraft (das Gewicht eines beliebigen Objekts, also des Küchenmessers, Ihres Gesäßes auf dem Stuhl, Ihres ganzen Körpers) dividiert durch die Fläche (die Schneide des Messers, das Kissen, in dem ihr Hintern seine Konturen hinterlässt, Ihre eingezwängten Zehen), über die sich diese Kraft verteilt. Anders ausgedrückt: Je kleiner die Fläche, desto höher der Druck, den eine gegebene Kraft ausübt.

Angenommen, Sie müssten einen zugefrorenen See überqueren: Wie stellen Sie das an? Sie bringen genau dieses Prinzip zur Anwendung. Menschen mit besonders kleinen Füßen sind viel eher gefährdet, im dünnen Eis einzubrechen, als Menschen, die dasselbe wiegen, aber Schneeschuhe an den Füßen haben, die ihr Gewicht über eine größere Fläche verteilen. Sie trauen dem Frieden noch immer nicht? Die besten Chancen haben Sie, wenn Sie sich flach auf den Bauch legen, langsam vorwärts robben und dabei stets ihr gesamtes Gewicht über die Fläche ihres ausgestreckten Körpers verteilen, genau wie der Eisbär auf dem Foto unten.

Wenn das Gewicht der Luft Luftdruck verursacht, bedeutet dies, dass Luft eine messbare Kraft ausübt. Stellen Sie sich vor, Sie befinden sich auf Meereshöhe – etwa am Strand vor Ihrer Haustür, wenn Sie an der Küste wohnen – und haben eine leere Glassäule mit einer Grundfläche von 1 × 1 Zoll (etwa 2,5 × 2,5 Zentimeter) bei sich. Platzieren Sie das eine Ende der Säule auf den Boden und lassen Sie das obere Ende wie von Zauberhand in die Höhe wachsen, wie im Märchen *Hans und die Bohnenranke*, bis hinauf zur äußeren Grenze der Erdatmosphäre. Damit haben Sie, wie mit einem überdimensionalen Plätzchenausstecher, eine lange, gasgefüllte Säule ausgeschnitten. Die gesamte Luft in dieser Säule wiegt knapp 7 Kilogramm. Damit lasten also 7 Kilo auf jedem Quadratzoll Ihres Körpers, jeden Tag, rund um die Uhr. Würde aber jemand ein 7-Kilogramm-Gewicht auf jeden Quadratzoll Ihres Körpers legen, dann würden Sie vermutlich keine Luft mehr bekommen, so schwer drückte das Gewicht auf Ihre Brust. Was geht da vor sich? Wie kann der Mensch unter solch enormem Druck überhaupt überleben?

Ein Eisbär begreift intuitiv die Physik, die es braucht, um sich in der Gegend um das Arctic National Wildlife Refuge in North Slope, Alaska, sicher übers Packeis zu bewegen

In Flüssigkeiten breitet sich Druck in alle Richtungen aus, nicht bloß senkrecht nach unten. Auch wenn es seltsam anmutet: Luft gilt in diesem Sinn als Flüssigkeit. Eine Flüssigkeit nimmt *per definitionem* die Form des sie umgebenden Gefäßes an – das tun offensichtlich alle Gase und Flüssigkeiten. Der Luftdruck, der auf Ihrem Körper lastet, muss sich mithin in alle Richtungen manifestieren, wie bei jeder Flüssigkeit. Der Druck nach unten ist derselbe wie der Druck nach oben, zur Seite und in jede andere Richtung. Im Endeffekt neutralisieren sich alle diese Kräfte, und unter der Voraussetzung, dass Sie Luft in den Lungen haben, werden Sie vom Gewicht der Luft absolut nichts spüren.

Was geschieht nun, wenn wir die ausgleichenden Kräfte irgendwie wegnehmen könnten? Wenn Sie sich jemals eines Saugnapfs bedient haben, haben Sie genau dieses Experiment durchgeführt. Drücken Sie einen Saugnapf auf eine harte, glatte Oberfläche, so werden Sie feststellen, dass sie ihn nur schwer wieder abziehen können. Das ist ja auch Sinn und Zweck eines Saugnapfs. Je größer die Fläche des Saugnapfs, desto schwerer bekommen Sie ihn von der glatten Oberfläche wieder weg, obwohl kein Klebstoff oder irgendeine andere haftende Substanz im Spiel ist.

Warum? Weil die Sogwirkung als solche keine Kraft ist, sondern die Reaktion des atmosphärischen Drucks auf ein Vakuum. 7 Kilogramm pro Quadratzoll Luftdruck drücken nun den Saugnapf aus Gummi auf seine glatte Unterlage, wodurch ein Vakuum entsteht und jede ausgleichende Kraft dahinter aufhebt. Wenn Ihr Saugnapf also eine Fläche von 10 Quadratzoll hat, bekommen Sie es mit zehn entsprechenden Säulen Atmosphärendruck zu tun. Sie müssten nun also 10 × 7 = 70 Kilogramm anheben, um den Saugnapf von seiner Unterlage zu lösen – ungefähr das Gewicht eines erwachsenen Menschen.

Da der Luftdruck gleichmäßig in alle Richtungen wirkt, funktioniert auch der Saugnapf in jeder Ausrichtung. In vielen Gangsterfilmen trägt der raffinierte Einbrecher Schuhe und Handschuhe mit Saugnäpfen, und klettert damit Wände hoch und an der Decke entlang, um unerkannt zu bleiben oder das Auslösen der Laser-Alarmanlage zu vermeiden. Idealerweise pumpt irgendein angeschlossener Mechanismus Luft in die Saugnapfschuhe und auch wieder heraus, damit unser Filmheld nicht jedes Mal 70 Kilo an Kraft aufwenden muss, um einen Schritt voranzukommen.

Aber Flüssigkeiten können noch weit mehr als nur die Form ihres umgebenden Gefäßes annehmen. Eine weitere ihrer bemerkenswerten Eigenschaften ist die Auftriebskraft. Etwa im Jahr 250 vor unserer Zeitrechnung soll der griechische Mathematiker Archimedes von Syrakus sein berühmtes »Heureka!« (Ich hab's gefunden!) ausgerufen haben, nachdem er bei einer entspannten Stunde in einem der öffentlichen Badehäuser des antiken Griechenlands in seiner Badewanne die Auftriebskraft entdeckt hatte.

Der alten Legende zufolge heuerte der König von Syrakus einen Goldschmied an, der ihm eine Krone aus einem Goldklumpen fertigen sollte, den der König zuvor abgewogen hatte. Der Goldschmied hatte den Auftrag alsbald erledigt. Der König, misstrauisch und habgierig, wie er war, wollte sichergehen, dass der Goldschmied nicht einen Teil des Goldes für sich abgezweigt und durch weniger wertvolles Silber ersetzt hatte. Daher wandte er sich an seinen als Mathematiker hoch angesehenen Cousin Archimedes, damit dieser eine Strategie entwickeln sollte, mit der sich die Unverfälschtheit der Goldkrone und die Ehrlichkeit des Goldschmieds überprüfen ließe. Und wo ließe sich über ein solches Rätsel besser nachdenken als in der Badewanne? Nachdem er mit dem ganzen Körper in die volle Wanne eingetaucht war, konstatierte Archimedes wenig überraschend, dass die Wanne überlief, was ihm die Erkenntnis verschaffte, dass das Volumen des überlaufenden Wassers gleich dem Volumen seines eingetauchten Körpers ist.

Da Archimedes das ursprüngliche Gewicht des Goldes kannte und jetzt auch wusste, wie man das Volumen eines unregelmäßig geformten Gegenstandes ermittelt, konnte er durch Vergleichen der Dichte die Reinheit oder Unreinheit des Materials feststellen. Die Dichte ist die Masse eines Objekts (beziehungsweise in diesem Fall das spezifische Gewicht), geteilt durch das Volumen (die Größe). Archimedes beschaffte sich einen Klumpen reinen Silbers und einen entsprechenden Goldklumpen, beide von der gleichen Masse (beziehungsweise vom gleichen Gewicht) wie die Krone. Er tauchte den Goldklumpen in eine mit Wasser gefüllte Schüssel und maß, wie viel Wasser dieser Klumpen verdrängte. Dann wiederholte er das Ganze mit dem Silberklumpen und verglich die ermittelten Wassermengen. Da Silber weniger Dichte aufweist als Gold, war der Silberklumpen größer und verdrängte entsprechend mehr Wasser als der gleich schwere Goldklumpen. Zum Schluss tauchte Archimedes die königliche Krone in die gleiche Wasserschüssel ein. Wäre die Krone aus purem Gold gewesen, hätte sie genau so viel Wasser verdrängt wie der Goldklumpen. Dem war aber nicht so: Sie verdrängte mehr Wasser. Mit dieser cleveren neuen Methode erbrachte Archimedes den Beweis, dass der Goldschmied tatsächlich versucht hatte, den König übers Ohr zu hauen – so heißt es jedenfalls in der Legende.

Die Methode funktioniert natürlich mit jedem beliebigen Objekt in einer beliebigen Flüssigkeit. (Gut zu wissen, falls Sie jemals in die Verlegenheit kommen sollten, die Echtheit einer goldenen Krone überprüfen zu müssen.) Aber da steckt noch einiges mehr dahinter. In seinem Werk *Über schwimmende Körper* schrieb Archimedes, dass jeder Körper, der ganz oder teilweise in eine Flüssigkeit getaucht wird, eine aufwärts wirkende Kraft erfährt, die gleich dem Gewicht der verdrängten Flüssigkeit ist – die Ursache des Auftriebs. Jedes Objekt, das weniger wiegt als das Gesamtgewicht des durch das Objekt verdrängten Wassers, wird schwimmen.

Die Nutzung der Auftriebskraft bedeutete eine Revolution für Industrie, Politik und Gesellschaft in aller Welt. Ein Stück Stahl wird beispielsweise ebenso sicher im Wasser versinken, wie ein Stück Holz schwimmen wird; das wissen wir ganz intuitiv. Und dennoch werden schon seit Mitte des 19. Jahrhunderts Kriegsschiffe, die einst aus Holz gebaut waren, aus Stahl und Eisen konstruiert, vollgepackt mit Waffen und jeder Menge Seeleuten und Soldaten. Ein Schiff, das einst von einem Feuer oder einer einschlagenden Kanonenkugel versenkt werden konnte, war nun viel widerstandsfähiger. Ein Jahrhundert später waren Meeresüberquerungen, einst Wagnisse voller Tücken und Gefahren, zu luxuriösen Freizeitvergnügen geworden. Millionen Menschen stechen jedes Jahr bedenkenlos mit riesigen, aus verschweißtem Stahl gebauten Kreuzfahrtschiffen in See. Diese mehrere Hundert Meter langen Ozeanriesen schwimmen, weil ihr Gesamtvolumen – einschließlich all der Luft in den hohlen Innenräumen – weniger wiegt als das Wasser, das sie verdrängen.

Wie sieht es mit den Menschen an Bord dieser Schiffe aus? Für sich genommen würden unsere Muskeln und Knochen versinken, das Fett dagegen würde schwimmen. Ein Erwachsener besteht allerdings zu circa 60 Prozent aus H_2O (Kinder sogar zu 80 Prozent). Ein über Bord gehender Bodybuilder würde eher untergehen, ein nicht ganz so muskulöser Durchschnittsbürger wie Sie und ich würde eher auf dem Wasser treiben.

Da der menschliche Körper insgesamt eine ähnliche Dichte aufweist wie Wasser, wiegt das von Ihrem Körper verdrängte Wasser in etwa so viel wie Sie selbst. Dank dieser Tatsache fühlen Sie sich im Wasser beinahe schwerelos – Sie tanzen nicht auf der Wasseroberfläche wie ein Korken oder ein Stück Styropor, sie sinken aber auch nicht wie ein Stein. Im Toten Meer allerdings, das einen fast zehnfach höheren Salzgehalt aufweist als der Ozean, schwimmt jeder Mensch – selbst Ihr muskulöser Fitnesstrainer mit seinem Sixpack. Das Salz sorgt für ein wesentlich dichteres Medium als bei gewöhnlichem Meerwasser, deshalb wirkt dort eine deutlich stärkere Auftriebskraft auf Ihren Körper.

Da das archimedische Prinzip für alle Flüssigkeiten gilt, wirkt die Auftriebskraft sowohl im Wasser als auch in der Luft. Kommen wir nun zurück zu unserer 1 × 1 Zoll großen, aus der Atmosphäre herausgeschnittenen Luftsäule. Am unteren Ende dieser Säule herrscht der Druck von 7 Kilogramm. Wenn Sie in der Säule weiter nach oben gehen, drückt immer weniger Luft auf Ihren Körper herab – der Luftdruck nimmt also bei zunehmender Höhe ab.

Anno 1644 stellte Evangelista Torricelli eine revolutionäre Behauptung auf: »Wir leben eingetaucht am Grunde eines Meeres, das aus dem Element Luft besteht, von dem wir dank unbestrittener Versuche wissen, dass es ein Gewicht besitzt.« Er rekonstruierte ein Experiment, das einst selbst den großen Galilei zum Staunen gebracht hatte. Wenn Sie eine 10 Meter lange Röhre mit Wasser füllen und dann diese Röhre in ein Wasserbecken eintauchen, wird die Röhre nur einen kleinen Teil ihres Inhalts an das Becken abgeben, und am nun oberen Ende der Röhre bildet sich ein kleiner Leerraum. Galileo Galieli hatte behauptet, ein Vakuum oben in der Röhre würde auf irgendeine Weise eine Zugkraft auf das Wasser ausüben und es so daran hindern, sich vollständig in das Becken zu ergießen; diese Hypothese belegte er allerdings nie mit einem Beweis.

Im **Toten Meer,** das einen fast zehnfach höheren Salzgehalt aufweist als der Ozean, **schwimmt jeder Mensch** – selbst Ihr muskulöser Fitnesstrainer mit seinem Sixpack.

Als Antwort darauf dachte sich Torricelli, dass der leere Raum oben in der Röhre in der Tat ein Vakuum sein müsste, dass dieser Vakuumzustand jedoch für das, was mit dem Wasser geschieht, gar keine Bedeutung hat. Vielmehr, so behauptete er, war es die Luft in der Umgebung, die auf die exponierte Wasserfläche im Becken drückte. Das Wasser im Becken übte wiederum Aufwärtsdruck auf das Wasser in der Röhre aus und hinderte dieses so daran, vollständig ins Becken abzufließen. Torricelli perfektionierte letztendlich genau dieses Experiment mit Quecksilber anstelle von Wasser. Quecksilber hat eine fast 14-mal höhere Dichte als Wasser, so konnten Becken und Röhre viel kleiner gehalten werden.

Je höher der Atmosphärendruck auf die Quecksilbermenge im Becken, desto höher wird das Quecksilber in der Röhre steigen. Je geringer der Atmosphärendruck, desto mehr entleert sich der Inhalt der Röhre in das Becken. Bringen Sie Höhenmarkierungen an der Röhre an, um (in Zoll oder Zentimetern) das Geschehen genau quantifizieren zu können, und siehe da: Wir haben das weltweit erste Barometer auf Quecksilberbasis. (Wenn Sie also das nächste Mal ihren Wetterfrosch im Fernsehen vom barometrischen Druck in »Millimeter Quecksilbersäule« erzählen hören, wissen Sie jetzt genau, wovon die Rede ist. Seid bedankt, Meister Torricelli!)

Stellen Sie sich den staunenden Blick Galileis vor, wenn er eine simple Demonstration dieses Effekts mithilfe eines Strohhalms gesehen hätte. Wenn Sie den Strohhalm ins Glas mit Ihrem Getränk eintauchen, den Finger oben draufhalten und den Strohhalm nach oben herausziehen, verbleibt die Flüssigkeit zum Großteil im Strohhalm – und das nicht etwa wegen eines mystischen Vakuums zwischen Ihrem Finger und der Flüssigkeit im Strohhalm, sondern weil der Luftdruck außerhalb des Strohhalms die Flüssigkeit im Halm nach oben drückt. Ihr Finger sorgt lediglich dafür, dass von oben kein Druck ausgeübt wird, der ansonsten den Effekt auf die Flüssigkeit ausgleichen würde.

Kurz nach Torricellis Entdeckung stellte Blaise Pascal, ein von jener Hypothese mit dem Luftdruck auf der Oberfläche der Flüssigkeit faszinierter französischer Mathematiker, die Behauptung auf, wenn die Luft auf das Becken herabdrückte, dann würde an einem Ort mit weniger Luft, etwa auf einem Berggipfel, ein geringerer Druck herrschen und eine entsprechend größere Menge Quecksilber aus der Röhre ins Becken abfließen. Er überredete seinen Schwager, ein riesiges Quecksilberbarometer auf den größten Berg der Umgebung zu schleppen, den Puy de Dôme. Während des Trans-

D
A
F
E
B
C
Z
K
M
V
G
R
Q
P
X

ports nahm Pascal immer wieder Messungen vor. Zu seinem Entzücken floss immer mehr Quecksilber in das Behältnis, je höher sie kamen, womit bewiesen war, dass der Atmosphärendruck mit zunehmender Höhe abnimmt.

Ermutigt durch die Entdeckung, dass Luft über ein messbares Gewicht verfügt und dass dieses Gewicht mit zunehmender Höhe abnimmt, dachten sich die Erdlinge schon bald ganz neue Wege aus, wie man durch die Lüfte über unseren Köpfen schweben und Ikarus gleich – natürlich vor dessen letztendlichem Absturz – in den Himmel aufsteigen konnte.

DER TRAUM VOM FLIEGEN: HIMMELSSTÜRMER IM HEISSLUFTBALLON

Das Design der ersten Fluggeräte, die Menschen durch die Atmosphäre nach oben trugen, ging auf eine antike Technik der Chinesen zurück: Kongming-Laternen, schwebende Ballons mit kleinen Öllampen oder Kerzen darin. Diese schwebenden Lichter gehen ungefähr auf das Jahr 80 unserer Zeitrechnung zurück und wurden ursprünglich im Krieg eingesetzt, um über weite Entfernungen Signale an die eigenen Truppen zu senden oder um die Gegner zu verwirren. Heute kennen wir sie vor allem als Himmelslaternen, die in aller Welt bei verschiedenen Feierlichkeiten zu bewundern sind, etwa dem Diwali, einem Hindu-Fest, oder Yi Peng, einem Mondfest im nördlichen Thailand.

Die ursprünglichen Kongming-Laternen waren Kokons aus Papier oder Tuch, die die erwärmte Luft über einer Flamme einfingen. Wenn eine Substanz erhitzt wird, vibrieren ihre Moleküle schneller (machen Sie sich erneut bewusst, dass Temperatur einfach nur ein Maß für diese Bewegung ist). Die energiereichen, sich rasch bewegenden Luftmoleküle brauchen mehr Platz, um sich hin und her bewegen zu können, somit dehnt sich das von ihnen eingenommene Volumen aus, während die Moleküle einander aus dem Weg

Seite 34: Ein Bildnis vom Barometer-Experiment des italienischen Mathematikers und Physikers Evangelista Torricelli (1644), mit dem die Existenz atmosphärischen Drucks experimentell bewiesen wird

Goldene Laternen erleuchten den Nachthimmel beim Lichterfest Yi Peng im Norden Thailands

gehen, der Hohlraum innerhalb des Ballons weist also weniger Dichte auf als die Umgebungsluft. Im Innern der Laterne steigt die Kapsel aus heißer Luft inmitten des umgebenden Ozeans dichterer Luft nach oben und nimmt die »Nutzlast« in Form der Kerze gleich mit. Die Laterne steigt so weit, bis die immer dünner werdende Umgebungsluft die gleiche Dichte erreicht wie die Laterne insgesamt – oder bis die Kerze ausgeht.

Als erste Pioniere der Luftfahrt kommen einem vielleicht die Gebrüder Wright in den Sinn. Allerdings hatte bereits eineinhalb Jahrhunderte, bevor Orville und Wilbur im Jahr 1903 in Kitty Hawk im Bundesstaat North Carolina abhoben, ein französisches Brüderpaar die Geschichte der menschlichen Luftfahrt eingeläutet, mit ihrem »aerostatischen Globus«, allgemein bekannt als Heißluftballon. Diese Vehikel basieren auf dem gleichen physikalischen Auftriebsprinzip wie die Kongming-Laternen der alten Chinesen, aber ihr Kokon ist so großvolumig, dass damit sogar ein darunter befestigter Korb mit menschlicher »Nutzlast« in die Höhe gehievt werden konnte.

Im Jahr 1783 testeten Joseph-Michel und Jacques-Étienne Montgolfier den ersten derartigen Ballon in Südfrankreich und rekrutierten dafür auch die ersten bekannten Aeronauten: ein Schaf, eine Ente und einen Hahn. Das kuriose Trio landete nach einem acht Minuten langen und drei Kilometer weiten Flug wieder wohlbehalten auf festem Boden – die Ära der menschlichen Fliegerei hatte begonnen.

Fast ein Jahrhundert danach tat sich der Meteorologe und Astronom James Glaisher mit dem erfahrenen Ballonpiloten Henry Coxwell zusammen – die beiden unternahmen ein aeronautisches Experiment, das sie um ein Haar das Leben gekostet hätte. Glaisher war entschlossen herauszufinden, wie hoch ein Ballon einen Menschen tragen konnte und was man auf dem Weg nach oben über die Atmosphäre und den Luftdruck in Erfahrung bringen konnte. In seinem Buch *Travels in the Air* aus dem Jahr 1871 warf Glaisher eine Frage auf: »Halten die Wellen des Ozeans der Lüfte mit ihren namenlosen Gestaden etwa nicht tausend Entdeckungen bereit, die nur darauf warten, von eifrigen Chemikern, Meteorologen und Physikern enthüllt zu werden?«

Im Viktorianischen Zeitalter erkannten experimentierfreudige Forscher, dass ein Ballon, den man mit einem Gas aufpumpte, das von Natur aus leichter war als Luft, höher und schneller steigen konnte als bloße heiße Luft. Und man musste das Gas noch nicht einmal erhitzen. Die meisten Ballonfahrer jener Zeit benutzten einfaches Gas aus der Kohleverbrennung – derselbe Stoff, mit dem man auch den Küchenherd befeuerte –, da dieses eine Mischung aus Wasserstoff, Methan und Kohlenmonoxid enthielt, die von geringerer Dichte war als Luft. Mit ihrem Kohlegasballon erreichten Glaisher und Coxwell eine Höhe von mehr als neun Kilometern, bevor sie aufgrund des Sauerstoffmangels in der dünnen Luft ohnmächtig wurden und sich ihre Haut wegen des Frosts schwarz verfärbte.

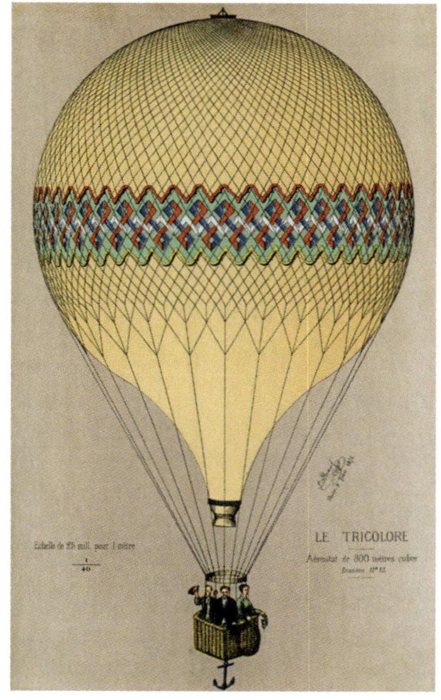

»Der aufsteigende Ballon ›Le Tricolore‹ im Jahr 1874«, Farblithografie von Jules Duruof

Dazu erlitten sie auch noch die Dekompressionskrankheit, allgemein auch als Taucherkrankheit bekannt (weil Gerätetauchern, wenn sie zu schnell aus großen Tiefen wieder an die Wasseroberfläche kommen, die gleiche Krankheit droht). Jedenfalls taten sie das für die Wissenschaft. Und auch wenn sie bei ihrem Experiment dem Tode nahe waren, kamen sie doch besser davon als der arme Ikarus, der seinen Wagemut mit dem Leben bezahlen musste.

Laut den Barometern und anderen Instrumenten, die Coxwell und Glaisher an Bord hatten, erreichten sie entweder die Stratosphäre oder kamen ihr zumindest sehr nahe. Wären sie in der Lage gewesen, einen noch längeren Aufstieg zu überleben, dann hätten sie interessante Daten innerhalb der nächsten Schicht der Erdatmosphäre gewinnen können. Für jeden aufsteigenden Ballon gibt es allerdings eine maximal erreichbare Höhe. Solange die Dichte des Ballons und der Nutzlast zusammengenommen geringer ist als diejenige des umgebenden atmosphärischen Luftmeeres, steigt er immer weiter auf. Erreicht er jedoch die Höhe gleicher Dichte, wird er nur noch waagerecht dahindümpeln, wie eine Boje an der Wasseroberfläche.

Diese **Ballons** ermöglichen die stündlichen **Wetterberichte, auf die wir uns stützen,** wenn wir wissen wollen, ob das Baseballspiel verregnet sein wird, ob die NASA ihren Zeitplan für den Raketenstart einhalten kann und ob wir einen Sonnenhut oder eher eine warme Mütze brauchen werden, wenn wir aus dem Haus gehen.

Heutzutage lassen die Meteorologen routinemäßig Wetterballons steigen – ohne die Kerzen, und ohne Tiere oder Menschen an Bord, dafür ausgestattet mit Instrumenten zur Überwachung von Luftdruck, Temperatur und relativer Luftfeuchtigkeit. Diese Ballons ermöglichen die stündlichen Wetterberichte, auf die wir uns stützen, wenn wir wissen wollen, ob das Baseballspiel verregnet sein wird, ob die NASA ihren Zeitplan für den Raketenstart einhalten kann und ob wir einen Sonnenhut oder eher eine warme Mütze brauchen werden, wenn wir aus dem Haus gehen.

FELIX BAUMGARTNER UND DIE GRENZE DES WELTRAUMS

Am 14. Oktober 2012, eineinhalb Jahrhunderte nach Glaisher und Coxwells gefährlichem Experiment, atomisierte ein wagemutiger Fallschirmspringer aus Österreich mit Namen Felix Baumgartner gleich mehrere Weltrekorde in einem Ereignis, das die Schlagzeilen rund um den Globus als den »Sprung vom Rande des Weltraums« bejubelten. Sein Aufstieg in die Stratosphäre in einem Heliumballon und die Rückkehr zur Erdoberfläche im freien Fall bedeuteten einen neuen Rekord für den höchsten bemannten Ballonflug und den höchsten Sprung in die Tiefe (aus knapp 40 Kilometern Höhe); er wurde der erste Mensch, der ohne Motorunterstützung die Schallmauer durchbrach. Aus dem Weltraum sprang er allerdings nicht ab.

Baumgartner stürzte mit einer Geschwindigkeit von bis zu 1358 Kilometern pro Stunde in die Tiefe, was nur aufgrund der geringen Anzahl von Luftmolekülen in der Stratosphäre und der oberen Troposphäre möglich war – ansonsten hätte ihn der Luftwiderstand abgebremst. Zum Vergleich: Die höhere Luftdichte der niedrigen Atmosphäre begrenzt die Endgeschwindigkeit eines menschlichen Körpers – die höchste bei einem normalen Fallschirmsprung erreichbare Geschwindigkeit – auf circa 193 Kilometer pro Stunde. Baumgartner sprang sogar aus einer Höhe ab, die das Tragen eines Druckanzugs bei seiner Aktion erforderlich machte. Dennoch ist er kein Astronaut, das heißt, er kam noch nicht einmal in die Nähe dessen, was wir als »Weltraum« bezeichnen. Dafür hätte er schon aus mehr als der doppelten Höhe abspringen müssen. Die Bezeichnung als »Sprung vom Rand des Weltraums«, gesponsert vom bekannten Energy-Drink-Konzern Red Bull, war also einigermaßen übertrieben. Zwar brachte er eine wahrlich erstaunliche Leistung zustande, die die Welt in Atem hielt, aber wenn wir uns die Erde auf die Größe eines Schulglobus verkleinert vorstellen, wäre Baumgartner gerade einmal aus einer Höhe von 1 Millimeter gehüpft.

Glaubt man den Leuten, die auf solche Zahlen Wert legen, dann beginnt der »Weltraum« in einer Höhe von 100 Kilometern über dem Meeresspiegel. Diese Höhe, auch bekannt als Kármán-Linie, ist nach dem ungarisch-amerikanischen Aerodynamiker Theodore von Kármán benannt, der diese

Der österreichische Pilot Felix Baumgartner macht sich bereit für einen Sprung aus 29 455 Metern Höhe während des zweiten bemannten Testflugs für Red Bull Stratos in Roswell, New Mexico, im Jahr 2012

Grenze als Erster definierte. In seiner Autobiografie (1967 posthum veröffentlicht) beschrieb er sie als »physikalische Schwelle, an der die Aerodynamik endet und die Astronautik beginnt«. Einfacher ausgedrückt: Wo keine Luft ist, funktioniert auch keine Luftfahrt mehr, weil Flugzeuge darauf angewiesen sind, dass Luft über die Flügel gleitet, um Auftrieb zu erzeugen. Oberhalb der Kármán-Linie braucht es dafür Raketen.

Kármán selbst ging mit seiner Definition noch einen Schritt weiter und ergänzte: »Der Luftraum unterhalb dieser Linie gehört zu den jeweiligen Ländern. Darüber ist der Raum für alle frei.« Doch wie sich herausstellt, lassen sich die atmosphärischen Schichten unserer Erde nicht ohne Weiteres mit runden metrischen Zahlenangaben abgrenzen. Deshalb ist die glatt auf 100 Kilometer gerundete »Grenze« in Wirklichkeit eine recht unscharfe Angelegenheit; Kármán selbst hatte eine geringere Höhe ins Gespräch gebracht. Die Frage wird seit Jahrzehnten diskutiert, denn es kommen immer neue Erkenntnisse über das Profil der Erdatmosphäre ans Licht.

DER »WETTLAUF INS WELTALL« DER MILLIARDÄRE

Im Juli 2021, gut ein halbes Jahrhundert, nachdem der erste Mensch seinen Fuß auf den Mond gesetzt hatte, erregte eine Handvoll Milliardäre die Aufmerksamkeit der Weltöffentlichkeit mit dem, was auch als neuer Wettlauf ins Weltall tituliert wurde. Diesmal ging es allerdings nicht in einem von Militärstrategen befeuerten Wettbewerb darum, Dinge zu entdecken, die noch kein Mensch zuvor erblickt hatte, sondern eher um die Rivalität unter den 0,0001 Prozent Superreichen, die den Weltraumflug zur Erzielung eigenen Profits zu kommerzialisieren gedachten. Richard Branson, Gründer der Virgin Group und des Weltraum-Unternehmens Virgin Galactic, wurde der erste Milliardär, der einen Weltraumflug absolvierte – je nachdem, wie man »Weltraum« definiert. Er und seine Crew erreichten im Raumgleiter *Unity* eine Höhe von circa 87 Kilometern, wo sie ein paar Minuten Schwerelosigkeit auf sich wirken ließen, bevor sie wieder hinab auf die Erde schwebten. Anschließend, wieder mit festem Boden unter den Füßen, bekam Branson vom kanadischen Promi-Astronauten Chris Hadfield die begehrten Astronautenflügel an den Anzug gesteckt, was ihn als Mitglied eines überaus exklusiven Klubs auswies. Aber ist Branson wirklich ein Astronaut?

Neun Tage danach startete Jeff Bezos, Gründer von Amazon.com und des Raumfahrtunternehmens Blue Origin, sein eigenes suborbitales Vehikel namens New Shepard (benannt nach Alan Shepard, dem ersten Amerikaner im Weltraum). Er kam knapp über die 100 Kilometer der gedachten Kármán-Linie hinaus, und auch er bekam seine Astronautenflügel überreicht.

Sind diese Leute wirklich Raumfahrer? Gibt es eine echte und eindeutige Grenzlinie zwischen »hier unten« und »da draußen«? Wo genau fängt der Weltraum wirklich an?

Laut der Fédération Aéronautique Internationale (FAI), des nichtstaatlichen internationalen Luftsportverbands, beginnt der Weltraum in der Tat an der Kármán-Linie, also in einer Höhe von 100 Kilometern. Die amerikanische Federal Aviation Administration, das US-Militär und die NASA sehen gegenwärtig allerdings die Grenze zum Weltraum etwas niedriger, nämlich bei einer Höhe von 50 Meilen (80 Kilometer): Wer diese Schwelle hinter sich lässt, wird zum Astronauten oder zur Astronautin.

Anscheinend ist die Tendenz zu runden Zahlen für die Kármán-Linie ziemlich ausgeprägt, sei es nun in metrischen oder angloamerikanischen Maßeinheiten. Kármán selbst verortete den Rand des Weltraums in einer Höhe von 275 000 Fuß – also von rund 52 Meilen oder knapp 83 Kilometern. Vielleicht hätte man die US-amerikanische Definition des Weltraums besser nach Kármán benennen sollen.

Was auch immer für eine Absicht hinter solchen Definitionen stehen mag: Es bleibt festzuhalten, dass keine davon irgendeine praktische wissenschaftliche Bedeutung hat. Die Grenze, wo auch immer sie liegen mag, bleibt unscharf; es gibt keine letztgültige Trennlinie zwischen »Weltraum« und »kein Weltraum«. Tatsächlich entdeckten Wissenschaftler erst vor Kurzem winzige Spuren von Erdatmosphäre sogar jenseits der Mondumlaufbahn. Wenn wir also die Definition von »kein Weltraum« gleichsetzen wollen mit »keine Atmosphäre«, dann befindet sich selbst der Mond noch innerhalb der Erdatmosphäre, und kein Mensch wäre dann je weit genug gereist, um sich die Bezeichnung »Astronaut« zu verdienen.

Am Ende mussten Bezos und Branson ihre Astronautenflügel wieder zurückgeben – nicht wegen irgendwelcher Unklarheiten bezüglich der Flughöhe, sondern weil die amerikanische Federal Aviation Administration unmittelbar nach ihren Flügen eine striktere Definition für die Bezeichnung »Astronaut« festlegte und damit den Weltraum-Milliardären allüberall einen dicken Strich durch die Rechnung machte. Inzwischen muss ein Astronaut nicht nur eine Flughöhe jenseits der 50 britischen Meilen erreichen, er oder sie muss auch »während des Fluges Aktivitäten durchgeführt haben, die der öffentlichen Sicherheit dienten oder einen Beitrag zur Sicherheit der menschlichen Raumfahrt leisteten.«

VOM FLUGZEUG ZUR RAKETE

Wenn wir die Schwelle zum Weltraum als eine Region definieren wollen, in der gewöhnliche Flugzeuge sich nicht mehr in der Höhe halten können, wie es Kármán selbst angeregt hatte, müssen wir erst einmal verstehen, wie es Flugzeuge überhaupt schaffen, nach oben zu kommen.

Flugzeuge fliegen nicht trotz, sondern gerade wegen der Dichte der Luft. Während sich ein Flugzeug durch die Atmosphäre pflügt, kracht es mit zahllosen Molekülen zusammen. Die Flügel eines Flugzeugs sind an der Oberseite gewölbt und an der Unterseite flacher, was zur Folge hat, dass die Luftmoleküle über der Oberseite einen weiteren Weg zurücklegen müssen und deswegen schneller fließen als an der Unterseite entlang, wodurch wiederum über dem Flügel ein geringerer Druck entsteht als darunter. Dies gehorcht dem Bernoulli-Effekt, benannt nach dem Schweizer Mathematiker Daniel Bernoulli, der besagt, dass bei steigender Fließgeschwindigkeit der Druck abnimmt.

Flüssigkeiten neigen dazu, von Bereichen hohen Drucks in Bereiche mit geringerem Druck auszuweichen, und die Luft verhält sich in diesem Sinn wie eine Flüssigkeit. Wenn über dem Flügel eine Umgebung mit geringerem Druck vorhanden ist, bewegen sich Partikel unterhalb des Flügels nach oben und erzeugen auf diese Weise einen Auftrieb. Zugleich zieht die Schwerkraft

Die Pfeile stellen die Kräfte dar – Auftrieb, Gewicht, Vortrieb und Luftwiderstand –, die auf ein Flugzeug einwirken

das Flugzeug nach unten, und die Reibung an den Luftmolekülen bewirkt den Luftwiderstand. Aber keine Panik. Auf der anderen Seite der Gleichung haben wir auch noch kräftige Motoren – Propeller oder Düsentriebwerke –, die einen Vortrieb erzeugen und damit das Flugzeug in die gewünschte Richtung vorantreiben – diese Motoren sorgen für die Erzeugung und Wahrung des Druckunterschieds an den Flügeln und damit für einen anhaltenden Auftrieb. Zivilflugzeuge sind normalerweise in einer Reiseflughöhe von etwas über 9000 Metern unterwegs, wo ein möglichst geringer Luftwiderstand durch atmosphärische Teilchen herrscht, aber gerade noch genug Luftdichte, um das Flugzeug bei einer Reisegeschwindigkeit von über 800 Kilometern pro Stunde oben zu halten, ohne übermäßig viel Treibstoff zu verbrauchen.

Ein wichtiger Unterschied zwischen Flugzeugen und Raketen besteht übrigens darin, dass Flugzeugmotoren ihren Treibstoff mithilfe von Sauerstoff verbrennen, den sie aus der Atmosphäre beziehen. Raketen, die jenseits der Erdatmosphäre fliegen, müssen ihren Oxidator selbst im Gepäck haben. Raketenantriebe können ihren Treibstoff ganz eigenständig verbrennen, ohne dafür auf Sauerstoff aus der Atmosphäre angewiesen zu sein.

RAKETENWISSENSCHAFT UND MAX Q

Für einen Raketenwissenschaftler ist die Erdatmosphäre kaum mehr als ein Hindernis, das zwischen dem Astronauten und dem Weltraum steht. Jenseits der Troposphäre wird die Luft immer dünner, und Flugzeuge bekommen entsprechend immer weniger Auftrieb. Wenn das Flugzeug allerdings über einen extrem starken Antriebsmotor verfügt, kann es damit genug Vortrieb erzeugen, um der Schwerkraft entgegenzuwirken, ohne auf den Bernoulli-Effekt angewiesen zu sein. Und genau das passiert bei Raketen.

Bei einem Raketenstart meldet das Cockpit in der Regel circa eine Minute nach dem Abheben den Augenblick des »Max Q« – die Kurzformel für den Punkt der maximalen aerodynamischen Belastung. Es ist der gefährlichste Moment des ganzen Starts. Der atmosphärische Druck erzeugt eine hohe Belastung für die Rakete und nimmt mit der Geschwindigkeit der Rakete immer mehr zu. Wenn sich die Rakete durch die dichte Atmosphäre schlägt, schlägt die Atmosphäre gewissermaßen zurück (und wie wir inzwi-

RÄTSEL DES KOSMOS

WARUM BESCHREIBT DER BASEBALL EINE KURVE?

Der *Pitcher* beim Baseball bedient sich, wissentlich oder nicht, der gleichen Prinzipien, die auch dafür sorgen, dass Flugzeuge am Himmel bleiben. Ein sauber und mit Effet ausgeführter Wurf des Pitchers verwirrt den *Batter*, indem er einen Druckunterschied zwischen den beiden Seiten eines rotierenden Balls erzeugt. Genau wie beim Flügel eines Flugzeugs drückt die Luft an der Seite mit dem höheren Luftdruck den Ball in Richtung der Seite mit dem geringeren Druck. Für einen perfekten Kurvenball braucht es viel Fleiß und Sorgfalt. Mit genug Übung sollte der heranfliegende Ball wie ein gewöhnlicher, exakt mittiger, kraftvoller Wurf aussehen, bevor seine Flugbahn leicht vom ursprünglich erwarteten Punkt des Eintreffens abweicht, was selbst den ausgebufftesten Schlagmännern Kopfzerbrechen bereiten oder einen *Strike* einbrocken kann.

Eine wirkungsvolle, allerdings regelwidrige Art und Weise, seinen Kurvenball zu optimieren, bestünde darin, den Ball an einer Seite ein wenig aufzurauen, damit er mehr Luft »aufwirbelt«, als die Naht allein hergeben würde. Ein weiterer Faktor ist die Dichte der Luft, durch die der Ball fliegt. An Orten wie dem Coors Field, dem Baseball-Stadion des in circa 1600 Metern über dem Meeresspiegel gelegenen Denver (Colorado), ist die Luft um 20 Prozent dünner als auf Meereshöhe, weshalb dort Kurvenbälle nicht ganz so effektiv sind wie beispielsweise im Bostoner Fenway Park. Und in der extrem dünnen Atmosphäre des Mars, auf dem nur etwa 1 Prozent des Drucks herrscht, den wir von der Erde gewohnt sind, könnte man mit einem Kurvenball keinen Schlagmann der Welt überlisten.

Alles, was sich hier auf das Spielgerät beim Baseball bezieht, gilt natürlich auch für Fußbälle. Wenn ein technisch guter Fußballer seinem Schuss eine Portion Effet mitgibt, beschreibt der Ball eine beachtliche Kurve, die schon so manchen Torwart auf dem falschen Fuß erwischt hat.

schen wissen, steckt da einiges an Kraft dahinter). Bewegt sich die Rakete zu schnell durch diese Region, könnte es das ganze Raumfahrzeug in Stücke reißen. Mit zunehmender Flughöhe ist allerdings immer weniger Luft vorhanden, die für Luftwiderstand sorgen könnte.

AUS DER FORSCHUNG

DER MARS-HELIKOPTER »INGENUITY«

Flugzeuge und Helikopter nutzen die gleichen Kräfte, um in der Höhe zu bleiben. Die rotierenden Flügel (Rotorblätter) des Helikopters sorgen zugleich für Auftrieb und Vortrieb. Ein Flugzeug muss erst einmal eine lange Startbahn entlangrasen, um genug Luft über seine Flügel zu bekommen, damit der Bernoulli-Effekt wirken kann. Ein Verkehrsflugzeug braucht eine Startgeschwindigkeit von 250 bis 350 Kilometer pro Stunde, damit der Auftrieb zum Zuge kommt. Ein Helikopter hingegen lässt einfach die langen Rotorblätter über dem ansonsten feststehenden Cockpit kreisen. Genau wie die Flügel eines Flugzeugs sind die Rotorblätter des Helikopters oben leicht gewölbt und an der Unterseite flach, wodurch der bereits bekannte, für den Auftrieb benötigte Druckunterschied entsteht. Die Blätter können auch leicht angewinkelt sein, um den gleichen Effekt zu erzielen. Solange die Rotorblätter des Hubschraubers mehr Auftrieb erzeugen, als die Schwerkraft von Luftfahrzeug und Passagieren zusammengenommen ausmacht, sorgen sie dafür, dass das Gerät fliegt und praktisch überall starten und landen kann, ohne auf eine kilometerlange Start- oder Landebahn angewiesen zu sein. Was Helikoptern an Geschwindigkeit und Leistung fehlt, machen sie durch geringen Platzbedarf und Wendigkeit wett.

Der NASA-Rover »Perseverance« auf dem Mars hatte einen klitzekleinen, nur 1,8 Kilogramm leichten Helikopter mit dem passenden Namen »Ingenuity« (Einfallsreichtum) dabei (siehe die Zeichnung rechts). Im Frühjahr 2021 wurde »Ingenuity« zum ersten Fluggerät, das auf einem anderen Planeten zum Einsatz kam. Da die Marsatmosphäre hundertmal dünner ist als die der Erde, entsprach dieser Flug im Grunde einem Flug in gut 25 Kilometern Höhe über der Erde (fast das Dreifache der Reiseflughöhe eines Jumbojets). Nur zur Einordnung: Der höchste dokumentierte Helikopterflug führte zum Gipfel des Mount Everest, erreichte also

eine Höhe von gut 8800 Metern, wo die Luft nur noch ein Drittel der Dichte auf Meereshöhe hat; jenseits davon wird in der dünnen Luft die Last der Schwerkraft so groß, dass der Vor- und Auftrieb der Rotorblätter nicht mehr dagegen ankommt. »Ingenuity« musste daher federleicht und mit im Verhältnis riesigen Rotorblättern ausgestattet sein, die sich bis zu zehnmal schneller drehen konnten als die unserer normalen Helikopter auf der Erde.

Unmittelbar nach dem Start einer Rakete bewegt sich diese gemächlich durch die dichte, auf Meereshöhe herrschende Atmosphäre – ohne größere Belastungen, denn die Rakete hat noch nicht so viel Geschwindigkeit aufgenommen, dass Anlass zur Sorge bestünde. Ein paar Minuten später rauscht sie durch so gut wie keine Atmosphäre mehr hindurch; auch hier ist das Material kaum Belastungen ausgesetzt. Zwischen diesen beiden Regionen aber befindet sich eine Stelle, an der die Geschwindigkeit der Rakete und die Luft, die sie durchdringen muss, für maximale Belastung sorgen. Das ist der Punkt von Max Q.

WELTRAUMBAHNHÖFE: WARUM SIE DORT SIND, WO SIE SIND

Wenn die Reise in den Orbit gehen soll, lautet die Losung für einen Raketenstart nicht etwa »up, up, and away« (auch wenn es für die Schaulustigen am Boden genau danach aussieht). Man ist versucht anzunehmen, die NASA hätte mit einer Saturn-V-Rakete Ende der 1960er-Jahre einfach in Richtung Mond gezielt und sie dann in kerzengrader Linie auf die Reise geschickt. In Wirklichkeit aber starteten die Apollo-Astronauten von Cape Canaveral in Florida aus in Richtung Osten und vollführten danach eineinhalb Erdumrundungen, bevor sie sich tatsächlich auf den Weg in Richtung Mond begaben. Einer der vielen Gründe, den Start so und nicht anders durchzuführen, ist das Ausnutzen der Erdrotation: Diese verschafft den Raumfahrzeugen gewissermaßen umsonst einen fliegenden Start mit 1600 Kilometern pro Stunde auf der Höhe des Äquators.

Die effizienteste Art und Weise, von null auf 27000 Kilometer pro Stunde zu kommen – das ist die Geschwindigkeit, mit der ein Raumfahrzeug die Erdumlaufbahn erreicht –, besteht darin, sich die Geschwindigkeit der Erdrotation zunutze zu machen. Am Äquator (0° Nord, 0° Süd), sind dies rund 1600 Kilometer pro Stunde in östlicher Richtung. Während der 24 Stunden langen Rotation unseres Planeten um die eigene Achse muss der Äquator (der Ort des größten Umfangs des Planeten) mehr Strecke zurücklegen als jeder andere Breitengrad mit kleinerem Umfang.

WISSENSCHAFT À LA HOLLYWOOD

STAUBSTÜRME AUF DEM MARS

In dem Science-Fiction-Blockbuster *Der Marsianer – Rettet Mark Watney* mit Matt Damon (nach dem Roman *Der Marsianer* von Andy Weir) strandet der Astronaut Mark Watney auf dem Mars, nachdem er nach einem gewaltigen Staubsturm von seiner Crew zurückgelassen wurde, die ihn für tot gehalten hatte. Der Mars ist bekannt für Monsterstürme, die bisweilen Monate andauern und dabei gelegentlich den gesamten Planeten einhüllen. Im Stich gelassen und verzweifelt bleibt Watney nichts anderes übrig, als »auf Teufel komm raus Wissenschaft zu betreiben«, um zu überleben, bis ihn eine Rettungsmission aus seiner misslichen Lage befreit. Die gefährlichen Winde des Sturms hatten den Startort seines Teams ins Visier genommen, ihre Rakete mit Trümmern eingedeckt und gedroht, das Mars-Rückkehr-Modul der Mission zum Umkippen zu bringen. In der Annahme, Watney wäre bereits tot, beschließt die Kommandantin, den Planeten zusammen mit der übrigen Crew so schnell wie möglich zu verlassen.

Dramatik pur, in der Tat. Im wirklichen Universum aber würde sich ein marsianischer Staubsturm wie eine sanfte Brise anfühlen – gewiss nicht stark genug, um einen Menschen aus dem Gleichgewicht zu bringen, von einer Raumfähre ganz zu schweigen. Hollywood hatte den dynamischen Druck der Marsatmosphäre schlicht außer Acht gelassen. Auch wenn die Böen eines Sturms auf dem Mars durchaus Orkangeschwindigkeiten erreichen können, besteht bei nur 1 Prozent des Atmosphärendrucks, den wir auf der Erde haben, die einzige wirkliche Gefahr für eine Erkundungsmission auf dem Mars in schlechter Sicht und vielleicht einem verstopften Luftfilter. Wenn *Der Marsianer* einen Staubsturm auf dem Mars mit perfekter Präzision hätte darstellen wollen, dann hätten sich Mark Watney und seine Mitbesatzung vielleicht durch einen rötlichen Dunstschleier getastet im Versuch, die Einstiegsleiter ihrer Marsfähre zu fassen zu bekommen.

Doch ganz ungefährlich ist ein Staubsturm natürlich auch nicht. Die erstickenden Sandstürme können wochenlang anhalten und fast das ganze Sonnenlicht blockieren. Wenn ein solcher Sturm am Beginn der Mission eingetreten wäre und nicht am Ende, hätte das für das Team katastrophal enden können. Die Luftfiltersysteme ihres Habitats wären irgendwann von Staub und Sand verstopft worden, während die solarbetriebenen Akkus langsam, aber sicher den Geist aufgegeben hätten.

WISSENSCHAFTSGESCHICHTE

DIE CHALLENGER-KATASTROPHE: EINE TRAGÖDIE BEI MAX Q

»Roger, ich gehe auf vollen Schub«, meldete Dick Scobee, Kommandant des Spaceshuttles *Challenger*, 70 Sekunden nach dem Start an jenem eiskalten Morgen des 28. Januar 1986. Den gefährlichen dynamischen Druck von Max Q hatten sie nun hinter sich, und es erschien sicher, die Antriebssysteme von 65 Prozent auf vollen Schub in Richtung Weltall hochzufahren. Bloß noch ein kleines Stück Atmosphäre lag zwischen der Besatzung und dem Ziel ihrer Mission. Doch Scobees Worte sollten die letzte Kommunikation dieser Mission ans Kontrollzentrum am Boden bleiben. Ein paar Sekunden später sollte eine Kaskade von Fehlern und Ausfällen das Raumfahrzeug in einem Schwall von Rauch und Feuer in tausend Stücke reißen, das Cockpit in den Atlantik katapultieren und alle sieben Besatzungsmitglieder an Bord töten.

Eine ausgedehnte Untersuchung, während der kein Spaceshuttle fliegen durfte, ermittelte die Verursacher der Katastrophe: eine schadhafte Dichtung, ein missglückter Sicherheitscheck, eisiges Wetter und Max Q. Das voll betankte, 2000 Tonnen schwere *Challenger*-System setzte sich aus vier Hauptkomponenten zusammen: zwei Feststoff-Booster, ein riesiger externer Treibstofftank und der eigentliche Orbiter. Bei den beiden Feststoffraketen hatten O-Ringe aus Gummi dafür zu sorgen, dass der Treibstoff in den dafür vorgesehenen Kammern verblieb. Aufgrund des kalten Wetters war allerdings die Elastizität eines der Gummiringe beeinträchtigt; die Dichtung versagte, heißes Gas konnte entweichen. Die Belastung eines kräftigen Seitenwinds bei Max Q – jenem riskantesten Moment maximalen dynamischen Drucks bei der Reise einer Weltraumrakete – hatte das System so durchgeschüttelt, dass der brennende Treibstoff eine heftige Stichflamme erzeugte und den unverbrauchten Treibstoff entzündete. 73 Sekunden nach dem Start brach das Shuttle auseinander.

Seit der Mondlandung waren fast zwei Jahrzehnte vergangen. Die Weltraumfahrt galt inzwischen als sicher, eine Routineangelegenheit. Die Vorschriften waren mittlerweile lax, und trotz Warnungen der Techniker vor einem Versagen der O-Dichtringe bei extremer Kälte wurde der Start nicht verschoben. Erst zwei Jahre und acht Monate später, nachdem strenge neue Testprotokolle festgelegt worden waren, nahm die NASA die bemannte Raumfahrt wieder auf.

Auf der Höhe von Cape Canaveral (28° Nord) sinkt diese Geschwindigkeit auf circa 1473 Kilometer pro Stunde. Auf der Höhe von New York City (41° Nord) sind es nur noch 1255 Kilometer pro Stunde, London (51° Nord): 1050 Kilometer pro Stunde. Oslo (60° Nord): 840 Kilometer pro Stunde. Am Nordpol (90° Nord) würde der Weihnachtsmann derweil seine Pirouetten drehen, ohne sich von der Stelle zu bewegen.

Waren Sie auch eines dieser wilden Kids, die das Karussell auf dem Spielplatz immer besonders aufregend fanden? Wenn ja, konnten Sie bestimmt ihre Freunde überreden, die Scheibe so schnell wie möglich anzutreiben, während Sie sich darauf zu halten versuchten, als würde es ums Überleben gehen. Vermutlich hatten Sie das Gefühl, es würde sie von der Scheibe nach außen treiben, je schneller die Plattform sich drehte. Vielleicht haben Sie versucht, sich möglichst nah an der Mitte der Scheibe zusammenzukauern und sich mit aller Kraft an den Griffen festzuhalten. Das Gefühl, auf einem rotierenden Objekt nach außen wegzufliegen, ganz gleich, ob sie auf einem Karussell auf dem Spielplatz oder auf dem Boden eines Planeten im Sonnensystem stehen, nennt sich Zentrifugalkraft – dabei ist es gar keine Kraft im eigentlichen Sinn. Es ist lediglich die Tendenz, sich auf einer Tangente – also in gerader Linie – nach außen zu bewegen, und für Sie fühlt sich das sehr wohl so an, als würde eine Kraft auf Sie wirken.

Warum müssen sich Ecuadorianer, Singapurer, die Riesenschildkröten auf Galápagos und andere **Bewohner von Äquatorregionen** nicht mit Klebe- oder Klettband an den Erdboden heften, um nicht davonzufliegen? Die simple Antwort: ***Schwerkraft.***

Am Äquator der Erde, wo sich deren Oberfläche am schnellsten dreht, herrscht auch die stärkste Zentrifugalkraft. Warum also müssen sich Ecuadorianer, Singapurer, die Riesenschildkröten auf Galápagos und andere Bewohner von Äquatorregionen trotzdem nicht mit Klebe- oder Klettband an den Erdboden heften, um nicht davonzufliegen? Die simple Antwort: *Schwerkraft*. Trotzdem bedeutet das nicht, dass die Zentrifugalraft nicht da wäre. Man kann sie sogar von der Waage ablesen: Am Äquator wiegt jeder Mensch ein bisschen weniger als anderswo auf der Welt. Wenn der Weihnachtsmann am Nordpol, sagen wir, 180 Kilo auf die Waage bringt, ist er, wenn er seine Geschenke in Ecuador abliefert, rund ein Pfund leichter. Das ist natürlich nicht die Welt. Kaum der Erwähnung wert.

Um das Bild zu vervollständigen: Wenn die Erde abrupt aufhören würde, sich zu drehen, würde jeder Mensch, der nicht auf die eine oder andere Weise am Boden befestigt ist, umfallen und mit der Geschwindigkeit seines jeweiligen Breitengrads gen Osten purzeln. Alles, was südlich von New York und nördlich von Neuseeland zu Hause ist, würde mit seinem unmotorisierten Körper sämtliche Geschwindigkeitsrekorde zu Lande brechen (und vermutlich sämtliche Knochen). Der Weihnachtsmann würde in seiner Hütte am Nordpol derweil ungerührt seinen Geschäften nachgehen.

Probieren wir es mit einem Gedankenexperiment (eine Lieblingsbeschäftigung Einsteins, ganz nebenbei). Würde sich die Erde immer schneller drehen, dann würde auch die Zentrifugalkraft immer weiter zunehmen, genau wie auf dem Karussell auf dem Spielplatz. An einem Punkt würde die Geschwindigkeit so groß, dass die Zentrifugalkraft der Schwerkraft zu 100 Prozent entgegenwirkt; die Kräfte heben sich gegenseitig auf, Sie wiegen nichts mehr und schweben gerade noch über dem Boden. Diese Geschwindigkeit beträgt circa 28 000 Kilometer pro Stunde. Würde sich die Erde so schnell drehen, dann würde ein Tag nicht mehr 24 Stunden dauern, sondern nur noch eineinhalb Stunden. Derartige Geschwindigkeiten kennen wir bereits. Es ist kein Zufall, dass das ungefähr die Geschwindigkeit ist, die es braucht, um die niedrige Erdumlaufbahn zu erreichen.

Die Zentrifugalkraft lässt die Insassen eines Kettenkarussells in Schweden fliegen

WISSENSCHAFT À LA HOLLYWOOD

GESCHWINDIGKEIT VS. BESCHLEUNIGUNG

Eine berühmte Szene im Film *Top Gun* aus dem Jahr 1986 verläuft folgendermaßen: Nach einem Flug in einem Überschalljet rufen sich Kampfpilot Maverick (Tom Cruise) und sein Freund Goose (Anthony Edwards) verbunden mit einem perfekten High Five zu: »Ich spür die Gier - die Gier nach Tempo in mir!« (»I feel the need - the need for speed«.) Was Maverick und Goose dabei allerdings übersehen: Das Tempo hatte mit dem Vergnügen, das sie bei der Übung empfanden, herzlich wenig zu tun.

Erinnern wir uns: In diesem Moment bewegen sich sämtliche Menschen auf dem Breitengrad von New York City (einschließlich der Autoren dieses Buchs sowie sämtlicher Einwohner von Barcelona, Rom, Istanbul und Peking) auf der rotierenden Erdoberfläche mit 1255 Kilometern pro Stunde in Richtung Osten. Und während die Erde die Sonne umkreist, rauschen wir dazu noch ganz nebenbei mit knapp 30 Kilometern pro Sekunde durchs Weltall. Objekte, die sich mit einer konstanten Geschwindigkeit fortbewegen, verspüren diese Bewegung nur beziehungsweise erst dann, wenn sich die Geschwindigkeit ändert. Diese Veränderung nennt sich Beschleunigung und kann positiv oder negativ sein - die negative Version kennt man eher als Verlangsamung oder Verzögerung. Eine Richtungsänderung während der Bewegung ist eine weitere Version von Beschleunigung. Wenn sich also die Geschwindigkeit oder die Richtung ändert, wird jedes Objekt - Ihr Körper, ein Fahrrad, ein Raumschiff - dies registrieren und darauf reagieren.

Wenn wir stark vorwärts beschleunigen, wird der Körper nach hinten in den Sitz gedrückt. Wenn wir abbiegen oder wenden, neigen wir uns in die entgegengesetzte Richtung. Wenn wir stark abbremsen, wirft es uns nach vorne - und wenn wir vergessen haben, uns anzuschnallen, endet der Flug an der Windschutzscheibe - oder am nächsten Baum. Sportwagenhändler werben gerne mit der Höchstgeschwindigkeit ihrer Gefährte, die interessantere Information ist aber eigentlich die Beschleunigung des Wagens »von 0 auf 100«.

Wenn sich Maverick und Goose an ihren Kampfflieger-Stunts inklusive wilden Drehungen um die Längsachse erfreuen, sollten sie vielleicht eher etwas wie »Ich spür die Gier - die Gier nach Beschleunigung in mir!« ausrufen. Aber das kommt nicht ganz so knackig rüber.

Bevor uns Galilei das Gegenteil bewies, erschien es durchaus vernünftig anzunehmen, dass wir es doch fühlen müssten, wenn die Erde tatsächlich rotierend durch den Raum schwebte. Schließlich spürten die Leute auch jede Unebenheit und jedes Wackeln und Rütteln, selbst bei der sanftesten Kutschfahrt, warum sollte es bei der »Fahrt« mit der Erde dann anders sein? Deshalb kann es nur so sein, dass wir unbewegt inmitten eines geschäftigen Universums stehen, so dachten unsere Vorfahren, und Sonne, Mond und die Planeten drehten sich um uns. Was sie dabei außer Acht ließen: Je größer das Gefährt, desto behäbiger bewegt es sich. Und je sanfter die Reise, desto weniger wahrnehmbar ist die damit verbundene Bewegung.

Wenn eine Rakete die Erde hinter sich lässt, bekommt sie, wie bereits erwähnt, einen fliegenden Start gratis, der der Geschwindigkeit der Erdrotation am Breitengrad des geografischen Standorts der Startrampe entspricht. Am Äquator sind das immerhin 1600 Kilometer pro Stunde zusätzlich, für die Treibstoff eingespart wird. Warum also starten wir unsere Raketen dann nicht gleich von einem Berggipfel in Äquatornähe aus, etwa vom Vulkan Cayambe in Ecuador? Dann hätte die Rakete auch gleich die ersten knapp 6000 Meter Höhe schon quasi gratis hinter sich gebracht, dazu der fliegende Start aufgrund der Umdrehung des Planeten. Klingt auf den ersten Blick clever, allerdings stellt sich heraus, dass der Aufwand an Energie, um die Rakete, die Startrampe und alles, was dazugehört, auf einen Berg zu schaffen, viel mehr ausmacht als das, was man durch den vermeintlichen Startvorteil an Energie einsparen würde. Außerdem hat eine Startrampe an einer Ostküste – wie etwa in Cape Canaveral in Florida – den Vorzug, dass für den Fall eines missglückten Starts oder auch für die abgeworfenen Triebwerke der ersten Raketenstufe in Windrichtung genügend »Auslauf« vorhanden und eine vergleichsweise unproblematische Entsorgung gewährleistet ist.

Geopolitische Faktoren haben ebenfalls Einfluss auf die Standorte von Weltraumbahnhöfen. Die Europäische Weltraumorganisation ESA startet die meisten ihrer Missionen von der Nordküste Südamerikas aus, im zu Frankreich gehörenden Territorium Kourou (Französisch-Guayana). Bei nur 5 Grad nördlicher Breite und mit einem riesigen Ozean im Osten ist es der nahezu perfekte Standort für einen Raumhafen.

RÄTSEL DES KOSMOS

DIE CORIOLISKRAFT

Alles, was nicht am Erdboden festgetackert ist - sagen wir, die Luft, der Ozean, ein fliegender Fußball - erfährt die Kräfte der Erdrotation und reagiert entsprechend darauf. Dieses Phänomen bezeichnen wir als Corioliseffekt.

Stellen Sie sich eine fluffige Wolke nördlich des Äquators vor. Sie ist unterwegs in östlicher Richtung, als ein meteorologisches Tiefdrucksystem unmittelbar nördlich von der Wolke auftaucht. Die Wolke neigt dazu, sich auf das Tiefdruckgebiet zuzubewegen. Während der Reise wird aber die höhere, nach Osten gerichtete Ausgangsgeschwindigkeit der Wolke dazu führen, dass sie das Tief (welches ebenfalls in Bewegung ist) überholen und sich am Ende östlich von diesem Ziel befinden wird. Eine andere fluffige Wolke - sie begann ihre Reise nördlich besagten Tiefdruckgebiets und bewegt sich langsamer ostwärts - bewegt sich ebenfalls auf das Tief zu, bleibt aber auf natürliche Weise hinter diesem zurück und befindet sich am Ende westlich seines Ziels. Für den nichtsahnenden Beobachter auf der Erde sehen diese gekrümmten Nord-Süd-Pfade der Wolken aus wie die Effekte einer geheimnisvollen Kraft. Doch hier war nie eine Kraft im engeren Sinn am Werk - es handelt sich lediglich um den Corioliseffekt.

Auf der Nordhalbkugel, wo sich zahllose fluffige Wolken einem Tiefdrucksystem aus allen möglichen Richtungen annähern, entsteht auf diese Weise ein gegen den Uhrzeigersinn rotierendes Karussell, besser bekannt als Zyklon. Im Extremfall entsteht sogar ein monströser Hurrikan mit Windgeschwindigkeiten von über 160 Kilometern in der Stunde. Unten in der südlichen Hemisphäre haben wir das gleiche Phänomen, allerdings drehen sich die Zyklone dort im Uhrzeigersinn.

NEWTON, EIN APFEL UND EINE KANONENKUGEL

Die klassische Geschichte, wie Isaac Newton die Schwerkraft entdeckte, ist eine der meisterzählten - und vielfach ausgeschmückten - Erzählungen der Wissenschaftsgeschichte. Sie werden sie wahrscheinlich kennen.

BEDEUTENDE WELTRAUMHÄFEN

- **Svalbard Rakettskyttefelt (SvalRak), Norwegen**
  Die SvalRak-Startrampe befindet sich auf Spitzbergen, der nördlichsten dauerhaft bewohnten Region der Erde. Weiter nördlich verlässt keine Rakete den Erdboden. Da dieser Standort praktisch keinen Vorteil durch den »fliegenden Start« dank Erdrotation zu bieten hat, starten dort ausschließlich suborbitale Forschungsraketen, die der Erkundung des Wettergeschehens und solcher Phänomene wie dem Magnetfeld der Erde und dem Nordlicht *(aurora borealis)* dienen.

- **Kosmodrom Baikonur, Kasachstan**
  Dieser Weltraumbahnhof wurde von der Sowjetunion 1955 als Testgelände für Interkontinentalraketen gebaut und wird heute an Russland vermietet. Der erste menschengemachte Satellit, Sputnik 1, wurde dort ebenso gestartet wie der weltweit erste bemannte Raumflug überhaupt, Wostok 1 (der Juri Gagarins einziger Weltraumflug blieb).
  Von 2011, als die NASA ihr Spaceshuttle-Programm beendete, bis 2020, als SpaceX die Bühne betrat, war Baikonur der einzige Ort, von dem aus Menschen zur Internationalen Raumstation ISS gebracht werden konnten.

- **Kosmodrom Xichang, China**
  Xichang ist seit 1984 in Betrieb, liegt auf 28 Grad nördlicher Breite und verfügt über zwei Startrampen. Es ist ein sehr geschäftiger Weltraumbahnhof, da von dort nicht nur Satelliten für meteorologische Forschung, Überwachung/Spionage, Funkübertragung und andere Zwecke gestartet werden, sondern (2007) auch Chinas erster Mond-Orbiter.

- **Odyssee-Startplattform, Russland**
  Die »Odyssee« wurde von einer stillgelegten Bohrinsel zu einem ausgewachsenen Weltraumhafen umfunktioniert, der vom Pazifik aus betrieben wird. Hier starten die Raketen tatsächlich fast genau auf Höhe des Äquators.
  2018 kaufte Russlands größtes privates Luftfahrtunternehmen die schwimmende Startrampe. Wir können davon ausgehen, dass es in Zukunft noch weitere seegestützte Plattformen geben wird. Die Odyssee selbst wurde allerdings wieder eingemottet, nachdem sie im Frühjahr 2020 in Wladiwostok angelegt hatte.

Der Legende nach kam Newton die Idee mit der Schwerkraft in einem »Heureka«-Moment im Jahr 1666, während er im Garten seiner Mutter in Woolsthorpe Manor, dem Zuhause seiner Kindheit, im Schatten eines großen Apfelbaums saß. Das Trinity College von Cambridge, wo er studierte, hatte seine Schüler nach Hause geschickt, während in England die Beulenpest wütete. Im heimatlichen Woolsthorpe sah Newton, wie ein Apfel vom Baum auf die Erde fiel. Nein, der Apfel fiel ihm nicht auf den Kopf, wie Ihnen manche Legenden mitunter weismachen wollen. Dennoch brachte ihn der gefallene Apfel zum Nachdenken: Er fragte sich, warum eigentlich jeder Apfel und auch alles andere immer direkt senkrecht nach unten fällt. Derweil beobachtete er den Mond am Himmel, wie er um die Erde seine Kreise zog, und fragte sich, ob es zwischen den beiden Phänomenen wohl eine Verbindung gäbe. Wo endete der Einfluss der Schwerkraft? Einem Normalsterblichen mag es einigermaßen erstaunlich vorkommen, zwischen diesen Objekten einen Zusammenhang sehen zu wollen. Der fallende Apfel plumpst auf die Erde, und der Mond tut das nie und nimmer – wie könnten sie also ein und derselben Kraft unterliegen? Um zwei derart unterschiedliche Phänomene zu beobachten und dennoch eine tiefe Verbindung zwischen ihnen zu erkennen, dafür brauchte es schon das einmalige Genie eines Isaac Newton.

Eine suborbitale Rakete der NASA hebt 2022 vom norwegischen Raumhafen Svalbard auf Spitzbergen ab

In einem anschließenden Gedankenexperiment, das er in seinem Buch *Philosophiae Naturalis Principia Mathematica (Mathematische Grundlagen der Naturphilosophie)* aus dem Jahr 1687 beschrieb, erkundete und berechnete Newton das Konzept der Erdumlaufbahn, lange bevor irgendjemand ernsthaft auf den Gedanken verfiel, die Erde hinter sich zu lassen. Ein geworfener Stein, so wusste er, landet stets im freien Fall wieder auf dem Erdboden, aber je mehr Kraft man in den Wurf legte, desto weiter würde er fliegen. Das weiß natürlich jeder, der schon einmal einen Stein geworfen hat – aber Newton ging noch einen Schritt weiter.

Er stellte sich eine Kanonenkugel vor, die in horizontaler Ausrichtung abgeschossen wird. Dabei überlegte er, was geschehen würde, wenn man die Ausgangsgeschwindigkeit der Kanonenkugel immer weiter steigerte. Die steinerne Kugel würde immer weiter und weiter fliegen, erkannte er, bis sie an irgendeinem Punkt der Erdkrümmung würde folgen müssen. Und nicht nur das: Würde die Kanonenkugel mit ausreichend hoher Geschwindigkeit vorangetrieben, könnte sie die Erde (den irdischen Luftwiderstand ignorierend) vollständig umrunden und dem Kanonier von hinten am Kopf treffen. Wenn er sich wegduckte, dann würde die Kugel ihren Flug einfach fortsetzen und niemals den Erdboden berühren. Bei dieser magischen Geschwindigkeit würde sich die Kugel exakt so schnell der Erde annähern, wie die (annähernde) Kugelform der Erde zur Folge hätte, dass sich die Kugel von der Erde wegbewegt. Einen solchen Zustand der Bewegung bezeichnen wir üblicherweise als Orbit.

Im heimatlichen Woolsthorpe sah Newton, wie **ein Apfel** vom Baum auf die Erde fiel. Nein, der Apfel **fiel ihm nicht auf den Kopf,** wie Ihnen manche Legenden mitunter weismachen wollen.

Würde Newtons Kanonenkugel mit noch größerer Geschwindigkeit abgefeuert, dann gibt es einen Punkt, an dem sie die Gravitation der Erde ganz und gar hinter sich lässt – sie erreicht eine Fluchtgeschwindigkeit auf einer sogenannten hyperbolischen Flugbahn – diesen Begriff gab es zu Newtons Zeiten noch nicht. In diesem Fall spielen sich für den Mond und den Apfel identische Geschehen ab; der Mond hätte dabei lediglich zufällig eine seitwärts gerichtete Geschwindigkeit, die dem Apfel fehlte.

RÄTSEL DES KOSMOS

DER FALL DURCH DEN MITTELPUNKT DER ERDE

Kinder reden manchmal im Spaß davon, sie würden ein Loch quer durch die Erde graben, hineinspringen und am anderen Ende der Welt wieder herauskommen. In den USA glauben sie aus irgendeinem Grund, sie würden dabei in China ankommen. Würden sie richtig rechnen, dann würden Amerikaner in Wirklichkeit irgendwo im südlichen Indischen Ozean wieder auftauchen.

Aber was würde wirklich passieren, wenn man so ein Loch graben könnte? Wenn Sie es irgendwie schaffen würden, in einen leeren Tunnel zu springen, der sich durch die ganze Erdkugel zieht, würden Sie beständig an Geschwindigkeit zulegen, bis Sie am 5500 Grad Celsius heißen Erdkern eintreffen. Dort würden Sie verdampfen, und es wäre vorbei mit Ihnen und Ihrem Experiment. Aber wenn wir dieses kleine Detail einmal ignorieren, hätten Sie am Ende der Reise ein neues Verständnis der Beziehung zwischen Masse, Gewicht und Schwerkraft gewonnen. Bei Ihrem freien Fall würde die Masse zwischen Ihnen und dem Erdkern immer weiter abnehmen, die Wirkung der Schwerkraft – und damit auch Ihr Gewicht – würden ebenfalls immer geringer werden. Bei der Ankunft am Erdmittelpunkt würden Sie exakt null Kilo auf die Waage bringen.

Aus diesem Grund lassen wir an dieser Stelle auch jedweden Luftwiderstand außen vor, der Sie bei ihrem Sturz durch den Tunnel bremsen könnte. Am Mittelpunkt, wo Sie nichts wiegen, erreichen Sie auch die maximale Geschwindigkeit, rauschen also einfach durch, es geht zügig ab durch die Mitte und weiter durch die andere Hälfte des Tunnels. Nun setzt die Schwerkraft wieder ein und bremst sie ab. Da Ihre Reise hinsichtlich der Schwerkraft symmetrisch verläuft, erreichen Sie das andere Ende des knapp 13 000 Kilometer langen Tunnels etwa 45 Minuten nach dem Absprung, und Ihre Geschwindigkeit wäre am Ende wieder bei null. Sofern Sie keinen Helfer (oder Fisch) damit beauftragt haben, Sie festzuhalten und aus dem Tunnel herauszuziehen, wird nun die Schwerkraft weiter an Ihnen zerren und Sie wieder in die andere Richtung ziehen – Sie werden zu einem menschlichen Tunnel-Jojo und rauschen wieder zurück zu Ihrem Ausgangspunkt. Diese Hin- und Rückreise würde übrigens exakt so lange dauern wie eine komplette Runde im niedrigen Erdorbit – dort, wo die ISS ihre Bahnen zieht. Das ist kein Zufall; genau so funktioniert die Gravitationsphysik.

Die Internationale Raumstation, die alle 90 Minuten über unsere Köpfe hinwegrast, befindet sich in Wirklichkeit im freien Fall um die Erde herum, genau in der Rate, die Newton schon vor Jahrhunderten vorausgesagt hatte, lange bevor die Technologie existierte, mit der sich das testen ließ. Anstatt auf der Erde zu zerschellen, verfehlt die ISS den Erdboden ein ums andere Mal, mit jeder Runde aufs Neue. Im Ergebnis verbleibt sie rund 400 Kilometer über der Erdoberfläche und behält ihre Orbitalgeschwindigkeit von etwas über 27 000 Kilometer pro Stunde bei. Das sind ungefähr 8 Kilometer in der Sekunde.

Überlegen Sie einmal, was 8 Kilometer auf der Erdoberfläche bedeuten. Das ist ungefähr die 73-fache Länge eines Fußballfelds. Wenn Sie gut zu Fuß sind, schaffen Sie die Strecke in eineinhalb Stunden. Ein Auto, das mit 120 Kilometern pro Stunde unterwegs ist, braucht dafür genau vier Minuten. Ein schnelles Verkehrsflugzeug schafft es in einer halben Minute. Die ISS braucht bloß eine einzige Sekunde dafür. So schnell rasen Objekte in der niedrigen Erdumlaufbahn am Himmel dahin, und so schnell müssen sie auch sein, damit sie da oben bleiben und nicht auf die Erde stürzen.

Und so sind auch Astronauten im Orbit gewichtslos – nicht, weil der Weltraum eine magische Eigenschaft besäße, die die Schwerkraft eliminiert, sondern weil sie sich dauerhaft im freien Fall befinden, in einer Umlaufbahn, die Isaac Newton vor fast dreieinhalb Jahrhunderten erstmals beschrieb.

RAKETENMÄNNER (UND -FRAUEN) IN KRIEG UND FRIEDEN

Der erste Mensch, der ernsthaft eine Methode ins Gespräch brachte, mit der Menschen zum Mond gelangen könnten, war der amerikanische Wissenschaftler Robert Goddard. 1926 startete er die erste mit flüssigem Kraftstoff angetriebene Rakete. Es handelte sich um eine ziemlich klapprige, etwa 3 Meter hohe Vorrichtung, die gerade einmal zweieinhalb Sekunden lang flog, bevor sie in 56 Metern Entfernung vom Startpunkt stotternd und zischend wieder auf dem Boden aufschlug. Ganz ähnlich wie der erste erfolgreiche Motorflug der Gebrüder Wright zwei Jahrzehnte zuvor sollte Goddards Rakete ein neues Zeitalter der Innovation und Forschung

WISSENSCHAFT À LA HOLLYWOOD

SCHWERKRAFT IM WELTRAUM

Im Film *Ad Astra - Zu den Sternen* aus dem Jahr 2019 zeigt jede Szene, die in einem Raumschiff spielt, wie die Leute schwerelos dahinschweben. Dabei wird allerdings ein Detail übersehen: Die Raumschiffe zünden immer wieder ihre Triebwerke. Die Filmemacher hätten sich einen Großteil ihres Budgets für Spezialeffekte sparen können, wenn sie gewusst hätten, dass in einem Raumschiff mit eingeschalteten Triebwerken, das sich mithin bei seinem Raumflug beschleunigt, die Astronauten an Bord keineswegs den freien Fall erleben - stattdessen verspüren sie die künstliche Schwerkraft, die sie mit dem Aktivieren der Triebwerke selbst geschaffen haben.

Damals, als wir Astronauten zum Mond schickten, musste deren Raumfahrzeug erst einmal Geschwindigkeit aufnehmen, um die nötige Fluchtgeschwindigkeit zu erreichen. Erst danach konnte es einfach schweben. Die Astronauten blieben, mit anderen Worten, den größten Teil ihrer Reise im freien Fall - nicht, weil sie im All unterwegs waren, sondern weil sie sich zunächst im freien Fall in der Erdumlaufbahn befanden und dann, nachdem die Triebwerke ein weiteres Mal gezündet worden waren - die NASA spricht bei diesem Manöver von einer Trans-Lunar Injection (TLI) -, befanden sie sich im freien Fall in Richtung Mond. Mondmissionen sind gegenwärtig nicht dafür konzipiert, aber wenn sie große Mengen Treibstoff bei sich gehabt und ihre Triebwerke ständig gezündet hätten, hätten sie auf knapp 10 Meter pro Sekunde - jede Sekunde - beschleunigen können und auf diese Weise exakt 1g verspürt, also genau die Schwerkraft, die auch auf der Erdoberfläche herrscht. Eine konstante 1g-Beschleunigung auf dem Weg zum Mond bringt Sie in zweieinhalb Stunden dorthin, allerdings würden sie dann bei der Ankunft mit fast 90 Kilometern pro Sekunde (!) im wahrsten Sinn des Wortes übers Ziel hinausschießen. Um das zu verhindern, könnten Sie auf halber Strecke die Triebwerke in die entgegengesetzte Richtung, das heißt zum Abbremsen zünden. Dann kommen sie stattdessen erst nach dreieinhalb Stunden, dafür aber sicher am Mond an. Allerdings erleben Sie dann auf der ganzen Reise keinen Moment der Schwerelosigkeit.

einläuten – und damit zugleich eine ganz neue Art der Kriegführung. Schon als Amerika in den Ersten Weltkrieg eintrat, war sich Goddard sehr wohl über das militärische Potenzial von Raketen im Klaren.

RÄTSEL DES KOSMOS

TENNISBALL-BALLISTIK

Haben Sie jemals über den Rand eines Fensters in einem Hochhaus oder eines Balkons geblickt und sich gefragt, wie weit ein Tennisball wohl flöge, wenn Sie ihn von hier werfen würden? Würde er auf dem Dach gegenüber landen oder bis zu dem Stoppschild unten an der Straßenecke fliegen? Wenn Sie diesem Drang nachgeben, schnappen Sie sich einen Tennisball und schleudern Sie ihn mit aller Kraft – damit haben Sie ein ballistisches Geschoss abgefeuert. Und ein argloser Passant fände es sicher nicht lustig, wenn er in die Flugbahn des Balles geriete. Das Wort »ballistisch« bedeutet einfach »unter dem Einfluss der Schwerkraft«, und ein »Geschoss« beschreibt alles, was auf ein Ziel hin abgefeuert oder geworfen wird. Baseball, Tennis, Fußball, Handball, Kugelstoßen oder jeder andere Sportwettkampf, bei dem zielgerichtete, fliegende Sphäroide im Spiel sind, das alles sind uneingeschränkt legale Wettbewerbe mit ballistischen Geschossen.

Die Falcon-9-Rakete von SpaceX hebt von Rampe 40 der Cape Canaveral Air Force Station in Florida ab

Machen wir einen Sprung zum Zweiten Weltkrieg. Am 8. September 1944 stieg eine 14 Meter lange Rakete, beladen mit knapp 1 Tonne Sprengstoff, über die Erdatmosphäre hinaus, stürzte wieder zurück in Richtung Erde und landete in ihrem Ziel – einer ganz gewöhnlichen Straße in einem Vorort von Paris. Sechs Menschen wurden dabei getötet und viele weitere verstümmelt. Es war der weltweit erste Angriff mit einer ballistischen Langstreckenrakete, und der Kopf dahinter war der deutsche Luftfahrtwissenschaftler Wernher von Braun, der die Entwürfe von Robert Goddard mit Begeisterung studiert und nachgebaut hatte. Nachdem er 1937 in die NSDAP eingetreten war, machte von Braun (in seinen eigenen Worten) »eine ganz ordentliche Karriere«, während Hitler, der unbedingt die technologischen Fertigkeiten Deutschlands unter Beweis stellen wollte, geradezu fieberhaft in seine Raketenentwürfe investierte.

Fixiert auf sein Ziel, Raketen in den Weltraum zu schicken, akzeptierte von Braun im Prinzip die Konsequenzen – oder schob sie einfach von sich –, die sein wissenschaftlicher Triumph mit sich brachte: der erste erfolgreiche Start eines von Menschenhand gebauten Objekts in den Weltraum. Nachdem die erste V-2 in jener Straße in Paris einschlug und zwei weitere am gleichen Tag unweit Londons, soll von Braun das angeblich so kommentiert haben: »Die Rakete funktionierte einwandfrei, nur landete sie auf dem falschen Planeten.«

Einmal gestartet, verließ sich die V-2 auf ihrem Weg zum Ziel allein auf die Schwerkraft. Es war ein Triumph der Ballistik. Der furchterregendste Aspekt der V-2 war noch nicht einmal die Menge an Sprengstoff, die sie in ihrer Spitze mit sich trug, es war die noch nie dagewesene Überschallgeschwindigkeit. Der verheerende Einschlag von etwas, das mit einer derartigen Geschwindigkeit flog, machte aus den Bomben an Bord eine Art Zugabe zu einer taktischen Waffe, die Angst und Schrecken verbreiten sollte. Wir dürfen nicht vergessen, dass der Asteroid, der das Aussterben aller großen Dinosaurier auslöste, ganz ohne Bombe an Bord auskam.

Ein Passant auf der Straße kann vielleicht eine V-2-Rakete sehen, wenn sie auf ihn zukommt, aber hören kann er sie nicht. Und selbst wenn die Leute es geschafft hätten, dieses Flugobjekt, das da lautlos auf sie zuraste, irgendwie zu identifizieren, wäre schon alles zu spät gewesen. Von Brauns suborbitale Überschallraketen sollten nicht nur das Leben Tausender un-

schuldiger Menschen auslöschen, sie legten auch das Fundament für die bemannte Raumfahrt. Wie in so vielen Geschichten von der engen Verbindung zwischen Wissenschaft und Kriegführung verdankt der technologische Fortschritt seine Förderung nicht selten seinem zerstörerischen Versprechen.

Zwar war die V-2 in der Tat eine tödliche Waffe, aber Historiker gehen davon aus, dass viel mehr Menschen beim Bau des Systems starben als durch seinen Einsatz im Krieg. Als wegen des Zweiten Weltkriegs Arbeitskräfte knapp wurden, was Hitler daran hinderte, seine neuen Waffen im gewünschten Tempo zu produzieren, holte sich von Braun Gefangene als Arbeitssklaven. Die Insassen von Konzentrationslagern in ganz Europa wurden zu Fabriken verfrachtet und gezwungen, die Waffen in überfüllten unterirdischen Tunneln zusammenzubauen, wo nur wenige die Qualen von Durst, Hunger, Krankheit, Kälte, Erschöpfung und Brutalität der Nazi-Bewacher überlebten. Diejenigen, die als nicht arbeitsfähig aussortiert wurden, wurden gleich in die Todeslager geschickt.

Mindestens 10 000 Menschen, möglicherweise auch doppelt so viele, kamen beim Bau der V-2 und ihrer Vorläufer unter den furchtbarsten vorstellbaren Bedingungen zu Tode.

Nachdem sich von Braun am Ende des Krieges den amerikanischen Truppen ergeben hatte, verlegte er seine Karriere in die Vereinigten Staaten. Zu Beginn des Koreakriegs wurde er zusammen mit seinen Mitarbeitern nach Huntsville in Alabama gebracht, wo sie Raketen für das Redstone-Arsenal der U.S. Army entwickelten. Schon bald wurde er Direktor des dort ansässigen neuen NASA Marshall Space Flight Center. Die Krönung seiner Errungenschaften war die Saturn-V-Rakete, die Menschen zum Mond brachte.

Seite 64: Dr. Robert H. Goddard steht neben einer mit einem Gemisch aus Flüssigsauerstoff und Benzin angetriebenen Rakete, die am 16. März 1926 in Auburn (Massachusetts) abgefeuert wurde und ganze 2,5 Sekunden lang unterwegs war – sie stieg rund 12 Meter hoch und legte eine Strecke von 56 Metern zurück

MENSCHLICHE COMPUTER

Zur Lösung der mit dem Orbitalflug und dem Wiedereintritt in die Erdatmosphäre verbundenen Fragen und Probleme der Weltraumfahrt brauchte es die verschiedensten Mathematiker und Techniker. Eine ganz entscheidende Rolle spielten bei diesem Unterfangen die »menschlichen Computer« – ein Team von Frauen, verpflichtet vom 1915 gegründeten Vorläufer der NASA, dem National Advisory Committee for Aeronautics (NACA). Ihre Aufgabe war es, von Hand akribische Berechnungen durchzuführen, die für die bemannte Raumfahrt entscheidend wichtig waren. *Hidden Figures – Unerkannte Heldinnen,* der erfolgreiche Film aus dem Jahr 2016 auf der Basis des gleichnamigen Buchs von Margot Lee Shetterly, stellte drei dieser wegweisenden Mathematikerinnen in den Mittelpunkt: Katherine Johnson (siehe Foto rechts), Mary W. Jackson und Dorothy Vaughan.

Eine Szene beschreibt einen denkwürdigen Moment der Geschichte zwischen Katherine Johnson und John Glenn, dem ersten Amerikaner, der die Erde im All umrundete. In den späten 1950er-Jahren begann die NASA mit der Nutzung elektronischer Computer zur Berechnung von Flugbahnen für ihre Raumfahrzeuge, aber wie bei jeder neuen Technologie gab es eine Menge Leute, die sich nicht ausschließlich auf diese ungewohnten Maschinen verlassen wollten, vor allem wenn die Präzision einer Gleichung über Leben und Tod entscheiden konnte. Vor Glenns historischer Reise in die Erdumlaufbahn im Jahr 1962 verlangte er, dass ein menschlicher Computer die elektronisch berechnete Bahn seines Fluges überprüfte. Johnson bestätigte die elektronischen Resultate mithilfe ihres mechanischen Taschenrechners und trug auf diese Weise dazu bei, das Vertrauen in die neue Technologie zu stärken. Und nach dem Motto »besser spät als nie« erhielt Katherine Johnson 2015, fünf Jahre vor ihrem Tod im Alter von 101 Jahren, die Presidential Medal of Freedom. 2019 bekam die Straße vor dem NASA-Hauptquartier in Washington, D.C. einen neuen Namen: Hidden Figures Way. Und 2021 benannte man das Hauptquartier selbst um: Es heißt nun Mary W. Jackson NASA Headquarters.

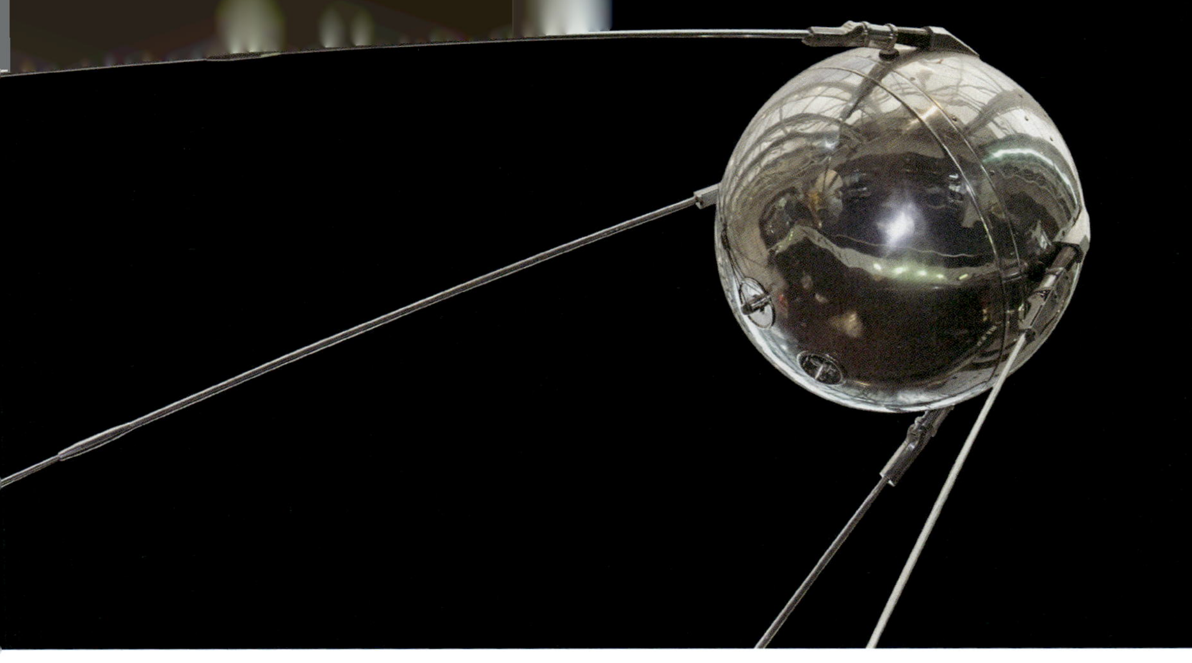

Sputnik, russisch für »Weggefährte«, »Begleiter« oder auch »Satellit«, war das erste künstliche Objekt, das in einer Erdumlaufbahn die Erde umkreiste. Die Sowjetunion schickte den Sputnik am 4. Oktober 1957 auf die Reise

HINAUF IN DEN ORBIT

Zwar war die V-2-Rakete der Nazis das erste von Menschen gemachte Objekt, das die Kármán-Linie erreichte, aber sie kam nie auf die erforderliche Geschwindigkeit, um in den Orbit zu gelangen, damit blieb es bei einem suborbitalen Triumph.

Das erste künstliche Objekt, das tatsächlich im Orbit die Erde umkreiste, war ein kleiner Satellit, den die Sowjetunion am 4. Oktober 1957 startete – eine Metallkugel mit einem Durchmesser von 58 Zentimetern, liebevoll »Sputnik« genannt, das russische Wort für »Weggefährte« oder »Begleiter«. Die niedliche Bezeichnung konnte allerdings nicht verhindern, dass der Satellitenstart den Rest der Welt in Angst und Schrecken versetzte. Vor allem jedoch war es der Auftakt zum Wettlauf ins Weltall, der seinen Teil zu den verhärteten Fronten im Kalten Krieg zwischen den USA und der Sowjetunion beitrug. Der erfolgreiche Start von Sputnik 1 stellte klar, welche Großmacht in Sachen Technologie und Waffentechnik die Nase vorn hatte.

Um den Sputnik quer durch die Atmosphäre zu schicken und den kleinen, glitzernden Globus im Orbit zu stationieren, montierten die sowjetischen Ingenieure das Objekt an der Spitze einer R-7-Rakete, der weltweit ersten ballistischen Interkontinentalrakete – 20-mal größer als die V-2. Natürlich war aller Welt klar, dass statt des Satelliten von der Größe eines Wasserballs problemlos auch eine Atomwaffe an der Spitze einer solchen Rakete Platz finden würde. Ganze dreieinhalb Jahre nach Sputnik 1 beförderte eine leicht veränderte Version der R-7 in einer weiteren atemberaubenden Weltpremiere den Kosmonauten Juri Gagarin in die Erdumlaufbahn: als erster Mensch, allerdings nur als fünfter Vertreter der Klasse der Säugetiere, nach Hunden, Mäusen, Affen und einem Meerschweinchen.

An Bord von Sputnik 1 befand sich ein schlichter Funksender, der mit der spärlichen Leistung von 1 Watt arbeitete – das ist weniger, als Ihr Smartphone im Energiesparmodus verbraucht. 1957 genügte diese Leistung gerade so, um einen Piepton als Funksignal auszusenden, der Amateurfunker fortwährend an die friedfertige Anwesenheit des Satelliten erinnerte. In tiefer Dämmerung und bei klarem Himmel konnte jeder Mensch mit scharfen Augen oder einem Fernglas, der sich unter der Flugbahn des ungewohnten Objekts aufhielt, die Kugel inmitten der vertrauten Kulisse des Sternenhimmels ausmachen – ein Vorgeschmack auf die vielen Tausend Objekte, die heute unseren einst ungetrübten Blick in den Kosmos verstellen.

WELTRAUMSCHROTT UND DER KESSLER-EFFEKT

Seit dem Start des ersten Satelliten im Jahr 1957 vollbringt der Mensch Pionierleistungen aller Art, um so viel als nur möglich von diesen Dingern in die Erdumlaufbahn zu packen. Mit der Miniaturisierung der Hardware werden Satelliten immer kleiner, billiger und dabei zugleich immer unverzichtbarer für Wissenschaft und Gesellschaft. Die Besiedelung des Orbits mit Satelliten nimmt exponentiell zu – von ungefähr 50 im Jahr 2000 auf etwa 100 im Jahr 2010 bis weit über 1000 im Jahr 2020, und 2022 waren es schon mehr als 2000. Die überwiegende Mehrheit davon gehört zu Elon Musks SpaceX und seinem Starlink-Netzwerk. Bei Raketenstarts werden nicht selten mehrere Satelliten auf einmal in den Orbit gebracht. Innerhalb weniger Jahrzehnte ist aus unserem einst unberührten Himmelsozean eine gefährliche Rennstrecke geworden.

DIE WICHTIGSTEN ORBITS

- **Niedrige Erdumlaufbahn (Low Earth Orbit – LEO)**
  Diese Region, knapp 2000 Kilometer über Meereshöhe, wird vom größten Teil aller Satelliten bevölkert. Sämtliche der bekanntesten Objekte, die die Erde umkreisen, befinden sich dort, darunter auch das Hubble-Weltraumteleskop und die ISS. In dieser Höhe dauert eine volle Erdumrundung circa 90 Minuten, somit erlebt man innerhalb von 24 Stunden dort oben 16 Sonnenaufgänge und Sonnenuntergänge. Auch wenn LEO der bei Weitem am dichtesten bevölkerte Orbit ist, sind viele Satelliten auch in höheren Regionen über der Erde stationiert, in Höhen, die sich für ihre jeweiligen Aufgaben besser eignen.

- **Mittlere Erdumlaufbahn (Medium Earth Orbit – MEO)**
  Mehr als 32 000 Kilometer über LEO angesiedelt liegt die Region der mittleren Erdumlaufbahn. Amerikas GPS-Satelliten (Global Positioning System) residieren in einer semi-synchronen Umlaufbahn ungefähr in der Mitte dieser Zone, in einer Höhe, in der sie alle zwölf Stunden eine Umrundung bewältigen, das heißt, sie erreichen an jedem Tag zweimal den gleichen Punkt über der Erde. GPS-Satelliten senden Funksignale an Empfangsgeräte am Boden, darunter auch an Ihr Smartphone, und bestimmen auf diese Weise exakte Positionen und Entfernungen auf der Erdoberfläche. Wenn Sie das nächste Mal auf der Suche nach einem Tinder-Date in einem Umkreis von höchstens 10 Kilometern von der Stelle sind, wo Sie gerade Ihren Kaffee schlürfen, können Sie Isaac Newton (der selbst anscheinend keinen Wert auf romantische Dates legte) für seine wertvollen Beiträge zum modernen Paarungsverhalten des Homo sapiens danken. Viele der anderen Navigationssatelliten, die es auf der Welt gibt, sind in der gleichen orbitalen Nachbarschaft zu Hause wie das GPS.

- **Geosynchrone Umlaufbahn (GSO)**
  Jenseits des MEO, in 36 000 Kilometern über Meereshöhe, umrunden Satelliten den Erdäquator alle 23 Stunden, 56 Minuten und 4 Sekunden – die exakte Dauer einer Erdumdrehung im Weltraum. Auch wenn sie immer am gleichen Ort über der Erdoberfläche zu schweben scheinen, müssen sie, um genau dies zu schaffen, mit einer Geschwindigkeit von 11 265 Kilometern pro Stunde um die Erde rasen, im Gleichschritt mit der Umdrehung der Erde.

Aber was ist mit der Erdneigung? Ein geosynchroner Satellit wird am Himmel taumeln, wenn die Erde ihre Jahreszeiten durchläuft. Ein Sonderfall des geosynchronen Orbits - der geostationäre Orbit (Geostationary Earth Orbit - GEO) - ergibt sich in dem Gürtel über dem Äquator, wo die Neigung der Erde nahe null geht. Fast alle Satelliten, die diese schmale und überaus gefragte Orbitalregion besiedeln, beliefern uns mit Kommunikation, TV-Übertragungen und Wettervorhersagen. Der eine oder andere Spionagesatellit ist dort auch zugange.

- **Polare Umlaufbahn**
  Ein Sonderfall des LEO, eine polare Flugbahn, verläuft senkrecht zum Äquator. Satelliten auf diesem Pfad überqueren bei jeder Runde den Nord- und den Südpol. Da die Erde innerhalb deren Orbits rotiert, wird ein polumlaufender Satellit im Unterschied zu allen anderen Satelliten letztendlich die gesamte Erdoberfläche bestreichen - ideal zur Überwachung von Ländern auf der anderen Seite der Erdkugel.

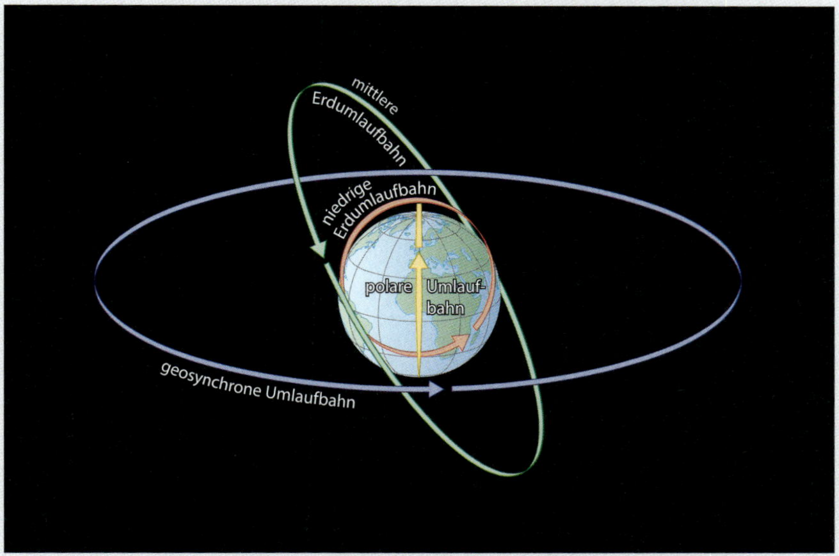

Eine grafische Darstellung der Flugbahnen von Satelliten im Orbit um die Erde: niedrige Erdumlaufbahn (rot), mittlere Erdumlaufbahn (grün), geosynchrone Umlaufbahn (blau) und polare Umlaufbahn (gelb)

Satelliten haben im Normalfall eine funktionale Lebensdauer von 10 bis 15 Jahren, Regierungen und Privatunternehmen wie SpaceX schicken sie allerdings in den Orbit ohne jeden Plan, sie von dort wieder herunterzuholen, wenn sie ihre Betriebsdauer hinter sich haben. Die ausgedienten Satelliten bleiben gefangen im orbitalen Strom, ähnlich wie Fahrzeuge, die auf einer Autobahn weiterrollen, während die Fahrer am Steuer eingeschlafen sind. In den niedrigen Umlaufbahnen geben sie irgendwann der atmosphärischen Reibung und Schwerkraft nach und verglühen in einem meteorischen Feuerwerk. In höheren Orbits dagegen, wo ihnen viel weniger atmosphärische Teilchen in die Quere kommen, können sie eine Ewigkeit verbleiben und ohne Sinn und Zweck weiter die Erde umkreisen.

Neben all den aufgegebenen, einst funktionsfähigen Satelliten tummeln sich in der Erdumlaufbahn auch noch Zehntausende gefährliche Bruchstücke und Splitter. Das Space Surveillance Network des US-Verteidigungsministeriums verfolgt die 30 000 Objekte mit einer Größe von mehr als 5 Zentimetern, die im Orbit unterwegs sind. Dazu kommen mehr als 100 Millionen weitere, über den Himmel verstreute und nicht überwachte Abfallteile im Größenbereich einiger Millimeter. Bei Orbitalgeschwindigkeiten vom Zehnfachen einer Gewehrkugel kann aber selbst etwas so Winziges wie ein Tupfen Lack einem Satelliten, einer Raumstation oder einem auf Weltraumspaziergang befindlichen Astronauten übel mitspielen.

Wenn zwei Objekte kollidieren, verbleiben nach dem Crash weit mehr Einzelteile als die ursprünglichen zwei »Unfallgegner« – sie zerbröseln in tausend Stücke. Wenn sich genug Satelliten und verstreute Einzelteile unkontrolliert im Orbit ansammeln, kann daraus ein Chaos katastrophalen Ausmaßes entstehen. Der NASA-Astrophysiker Donald J. Kessler warnte bereits 1978 vor diesem Szenario. Wenn die Fragmente nach einer Kollision einen in der Nähe befindlichen Satelliten zerstören und dann Teile des nun

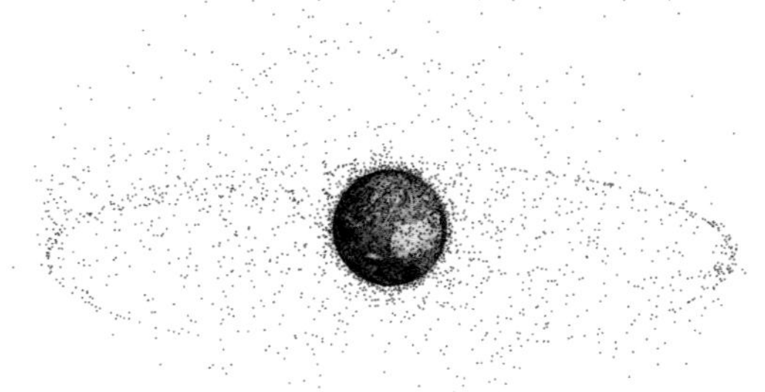

Der Weltraum in Erdnähe füllt sich immer mehr mit zurückgelassenem »Weltraumschrott«

ebenfalls zerfetzten Satelliten in weitere Satelliten in der Umgebung krachen, löst dies irgendwann, nämlich wenn ein bestimmter Schwellenwert erreicht ist, eine nicht mehr aufzuhaltende Kettenreaktion von Zusammenstößen aus. Am Ende würde eine einzige riesige Wolke aus Weltraummüll eine sichere Passage für alles und jeden unmöglich machen, und wir wären auf einmal gefangen in unserem selbstgebauten Schrottplatz-Gefängnis.

Der Science-Fiction-Thriller *Gravity* aus dem Jahr 2013 mit Sandra Bullock und George Clooney in den Hauptrollen beschrieb akkurat die verhängnisvollen Folgen dieses sogenannten Kessler-Effekts. Das Einzige, was in dem Film nicht so akkurat war, war Sandra Bullocks perfekt sitzende Frisur, die nicht so recht zum Schweben in der Schwerelosigkeit passen will.

AUCH ORBITS HALTEN NICHT EWIG

Drei Monate nach dem Start des Sputniks musste die kleine, silbern glitzernde Kugel der Sowjetunion vor den Kräften unserer Atmosphäre kapitulieren: Sie tauchte in einem Feuerball wieder zurück in Richtung Erde. Aufgrund seiner geringen Dichte zerfiel der Sputnik, wie eine Sternschnuppe, vollständig und lange, bevor er den Erdlingen unten am Boden irgendeinen Schaden hätte zufügen können. Doch sein feuriges Ableben war nicht vergebens. Wissenschaftler gewannen wertvolle Erkenntnisse darüber, wie weit die äußersten Ränder der Atmosphäre unserer Erde reichen. Sogar Hunderte Kilometer über der Erde, so wussten wir nun, schwirren noch Luftmoleküle in ausreichender Zahl herum, um Luftwiderstand zu bewirken. Wenn ein um die Erde kreisender Satellit mit diesen Teilchen zusammenstößt, verliert er im Lauf der Zeit an Energie und Höhe, bis er sich nicht mehr im Orbit halten kann. Wenn es diesen Luftwiderstand nicht gäbe, würde der Satellit bis ans Ende aller Tage im Orbit kreisen – sofern ihm dort kein anderes Hindernis in die Quere kommt und ihn vom Kurs abbringt.

Jedes Objekt, das die Erde umkreist, insbesondere diejenigen in der niedrigen Umlaufbahn wie die ISS und das Hubble-Weltraumteleskop, muss sich mit Newtons erstem Grundgesetz der Bewegung herumschlagen – das uns lehrt, dass jede von außen einwirkende Kraft die Bewegung eines Objekts verändert. Besagtes Objekt muss folglich jeden durch herumirrende Moleküle verursachten Reibungseffekt zu kompensieren suchen, will es nicht das gleiche Schicksal erleiden wie der Sputnik. Die ISS sinkt jeden Monat ungefähr drei Kilometer weiter in Richtung Erde. Um dem entgegenzuwirken, zündet sie in regelmäßigen Abständen Schubdüsen, um wieder in größere Höhen zu gelangen. In diesen Momenten werden die Astronauten an Bord durch die zusätzliche Beschleunigung in ihre Sitze gedrückt und erleben auf diese Weise kurzzeitig künstliche Schwerkraft. Um diesen Kampf gegen den atmosphärischen Luftwiderstand zu bestehen, ist die Weltraumstation konstant darauf angewiesen, dass neue Weltraummissionen für Treibstoffnachschub sorgen.

DIE RAKETENGRUNDGLEICHUNG

Wenn wir der Anziehung durch die irdische Schwerkraft ganz und gar entfliehen und zum Mond, zum Mars oder noch weiter hinaus aufbrechen wollen, brauchen wir ein (deutlich) größeres Raumschiff – und eine Menge mehr Treibstoff. Wir brauchen so etwas wie die Saturn-V-Rakete – fertiggestellt 1967 und außer Dienst genommen 1973 –, die die ersten Astronauten auf die Reise zum Mond schickte.

Entworfen von Wernher von Braun war die Saturn V so hoch wie ein Gebäude mit 35 Stockwerken – höher als die Freiheitsstatue – und wog vor dem Start rund 2,8 Millionen Kilogramm. Allein in den 40 Jahren, seit Robert Goddard seine im Hinterhof zusammengebastelte, 3 Meter lange Rakete gerade einmal 12 Meter in die Höhe katapultierte, hatten Wissenschaft und Technik, angetrieben und finanziert durch Kriege und Militär, gewaltige Fortschritte gemacht. In der Astrophysik ging es nicht mehr allein um den *Blick* nach oben. Inzwischen konnte man die *Reise* nach oben ins Auge fassen.

An der Spitze der Rakete befand sich die Kommandokapsel – mit den drei Astronauten darin – sowie die Mondfähre. Nur die Kommandokapsel kehrte vom Mond zur Erde zurück. 95 Prozent der Masse einer Saturn V bestanden aus dem Treibstoff, der benötigt wurde, um sich dem Klammergriff der irdischen Schwerkraft zu entziehen.

Newtons drittes Bewegungsgesetz lehrt uns, dass es zu jeder Kraft eine gleichwertige und in entgegengesetzter Richtung verlaufende Gegenkraft gibt. Wenn wir also einen 2800 Tonnen schweren Koloss antreiben wollen, damit er die Erdoberfläche hinter sich lassen kann, brauchen wir jede Menge Kraft, die in die entgegengesetzte Richtung zur Schwerkraft wirkt. Diese Kraft betrug knapp 3500 Tonnen Schub. Die Differenz zwischen dem Schub der Saturn V und ihrem Gewicht ist die Netto-Kraft, die das Ganze nach oben befördert – sie entspricht fast einer dreiviertel Million Kilogramm.

Wenn sich Raketenforscher ein Bild von der Treibstoffmenge machen wollen, die es für eine solche Mission braucht, müssen sie zunächst das Gewicht der Nutzlast berechnen und wie viel Treibstoff nötig ist, um diese Nutzlast ins All zu befördern. Genau hier liegt allerdings das Problem: Das Gewicht des Treibstoffs, der gebraucht wird, um die Nutzlast ins Weltall zu transportieren, kommt zur Gesamtnutzlast noch hinzu, unsere Experten müssen nun also berechnen, wie viel *mehr* Treibstoff sie brauchen, um diesen *zusätzlichen* Treibstoff nach oben zu bringen. Dieses Mehr an Gewicht bedeutet, dass wir nun noch mehr Treibstoff brauchen werden, um es bis in den Weltraum zu schaffen, und so geht das immer weiter. Damit stehen wir vor dem unbarmherzigen Raketenproblem, und wir brauchen eine Gleichung, die uns aus der Patsche hilft.

Newtons **drittes Bewegungsgesetz** lehrt uns, dass es zu **jeder Kraft** eine gleichwertige und in entgegengesetzter Richtung verlaufende **Gegenkraft** gibt. Wenn wir also einen 2800 Tonnen schweren Koloss antreiben wollen, damit er die Erdoberfläche hinter sich lassen kann, brauchen wir **jede Menge Kraft,** die in die entgegengesetzte Richtung zur Schwerkraft wirkt.

Das Teilgebiet der Mathematik mit Namen Analysis wurde im 17. Jahrhundert praktisch gleichzeitig und unabhängig voneinander von Isaac Newton und Gottfried Leibniz entwickelt, wenngleich Elemente davon bereits drei Jahrhunderte zuvor in Südindien beschrieben worden waren. Die Analysis, vorzüglich abgestimmt auf genau diese Art von Problem, gibt uns die Mittel an die Hand, um an die benötigte Gleichung zu kommen. Zwar haben mehrere Menschen unabhängig voneinander die mathematischen Details abgeleitet, ihre Anwendung auf das vorliegende Problem wird jedoch dem russischen Wissenschaftler Konstantin Ziolkowski zugeschrieben, der als Erster eine Gleichung im Kontext der Reise zu anderen Welten aufstellte.

AUS DER FORSCHUNG

FAHRSTUHL IN DEN WELTRAUM

Wenn wir ein ganz gewöhnliches Auto himmelwärts steuern könnten und *Tschitti Tschitti Bäng Bäng* unser Verkehrsmittel ins Weltall wäre, wären wir in rund einer Stunde am Ziel, ohne übermäßig zu rasen (im Feierabendverkehr würde es etwas länger dauern). Der Weltraum ist gar nicht so sehr weit weg. Allerdings lastet dieser dichte Ozean aus Luft auf unseren Häuptern, und die hartnäckige Schwerkraft hält die meisten von uns - Astronauten und Milliardäre einmal ausgenommen - hier unten am Boden fest.

Im Roman *Fahrstuhl zu den Sternen* von Arthur C. Clarke aus dem Jahr 1979 geht es um eine Zukunft, in der der Zugang zum Weltraum nichts weiter ist als eine simple Fahrt in einem Weltraumaufzug statt an Bord einer Rakete. Seitdem erkunden Forscher ebenso wie Schriftsteller die wissenschaftlich-technischen Besonderheiten, die es für eine solche Vorrichtung brauchen würde. Ein Weltraumaufzug (das Bild rechts unten zeigt eine künstlerische Umsetzung der Idee) kombiniert die Konzepte von Zentrifugalkraft, Gravitation und Orbitalgeschwindigkeit. In der Theorie könnten wir ein massives Objekt konstruieren (oder einen Asteroiden mit dem Lasso einfangen), das jenseits des geostationären Orbits als Gegengewicht zu einem am Erdboden fixierten Kabel oder Tau fungiert. In der richtigen Höhe angebracht könnte die nach außen (= oben) wirkende Zentrifugalkraft der Station beziehungsweise des Asteroiden das perfekte Gegengewicht zu der nach unten, zur Erde hin gerichteten Schwerkraft am anderen Ende liefern. Der Frachtraum - die Aufzugskabine - würde entlang des Kabels beziehungsweise Taus gen Himmel gleiten.

Der Treibstoff macht einen enormen Anteil am Gewicht einer Rakete aus - wir brauchen ihn ja nicht nur, um ans Ziel zu kommen, sondern auch, wie bereits beschrieben, um den Treibstoff selbst zu transportieren. Bei einem Weltraumaufzug würde das Treibstoffproblem hingegen praktisch keine Rolle spielen. Vielleicht könnten wir Solarstrom für den Aufstieg nutzen. Die Kosten pro Kilo Gewicht der Objekte, die in den Weltraum befördert werden sollen, könnten auf diese Weise nicht nur erschwinglich, sondern am Ende fast vernachlässigbar werden.

Hier ist noch eine weitere Möglichkeit: In Höhe der geostationären Orbits entlang des Aufzugs könnten wir eine Raumstation bauen, die als Zapfsäule, als Weltraumhafen zum Aussetzen neuer Satelliten oder sogar als Anlegestelle für ganze Raumschiffe dient. Jede Raketenbesatzung, die auf einen Kaffee vorbeikommt, könnte einfach wieder ablegen und ins All entschwinden, ohne sich jemals mit der Tyrannei der Raketengrundgleichung herumschlagen zu müssen.

Natürlich wären bei der Konstruktion eines Gebildes dieser Größe eine Menge Hindernisse zu überwinden. Das offensichtlichste davon: das Kabel oder Tau, das mehrere zehntausend Kilometer lang sein müsste, müsste erst einmal stark genug sein, um sein eigenes Gewicht zu tragen. Noch existiert kein Material, das dazu in der Lage wäre, allerdings lässt die aktuelle Forschung an Kohlenstoff-Nanoröhrchen darauf schließen, dass wichtige Schritte in diese Richtung führen. Zusätzlich müsste das Kabel sowohl die irdischen Wettereinflüsse als auch Sonneneruptionen und Kollisionen mit Weltraumschrott oder sogar mit ausgewachsenen Satelliten in hoher Orbitalgeschwindigkeit aushalten können.

Ungeachtet dessen arbeiten gegenwärtig mehrere Länder an Entwürfen für funktionsfähige Weltraumaufzüge. Wer auch immer den ersten Fahrstuhl ins All baut - bei den Chinesen heißt das Ding »Weltraumleiter« -, wird eine völlig neue Ära des Massentransitverkehrs und der Weltraumforschung einläuten.

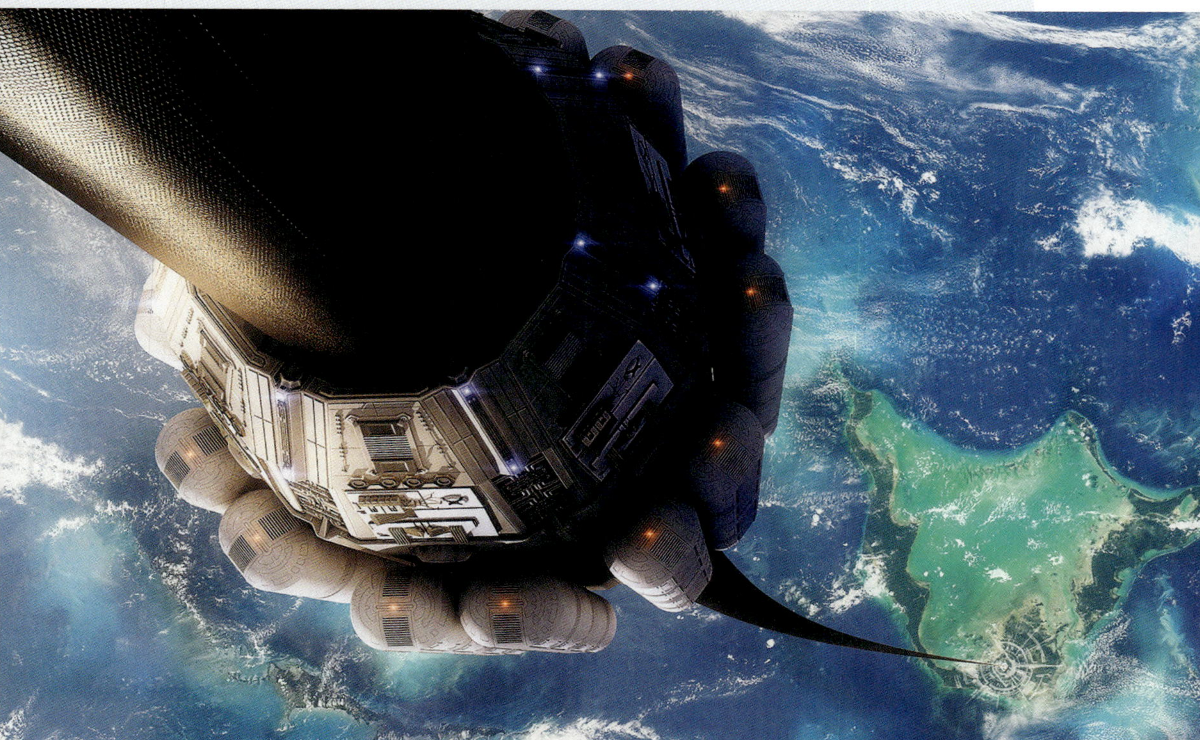

Ziolkowskis Raketengrundgleichung lehrt uns, dass der Treibstoffbedarf für das Anheben einer Nutzlast einer gegebenen Masse mit jedem Kilogramm Nutzlast exponentiell zunimmt. Um ein wenig irdischen Einblick in diese Herausforderung zu gewinnen, wollen wir uns vorstellen, wie wir mit dem Auto quer über den (amerikanischen) Kontinent fahren – eine Strecke von mehreren Tausend Kilometern –, und zwar mit einer einzigen Tankfüllung. Das wird nicht gehen. Der Tank ist dafür schlicht zu klein. Wir brauchen also einen sehr, sehr viel größeren Kraftstofftank – so groß, dass der Sprit den allergrößten Anteil des Fahrzeuggewichts insgesamt ausmacht, was den Kraftstoffverbrauch je gefahrenem Kilometer natürlich erhöht, das heißt, wir brauchen einen entsprechend *noch* größeren Tank.

Heutzutage würde ein Raumfahrtunternehmen vielleicht 20 000 Dollar dafür verlangen, 1 Kilogramm Nutzlast in den Orbit zu bringen, allerdings existieren bereits deutlich preisgünstigere Alternativen, nicht zuletzt dank der unternehmerischen Anstrengungen zur Wiederverwendung von Raumfahrtkomponenten unter Führung von SpaceX. Die astronomischen Kosten, vor allem in der Frühzeit der Weltraumprogramme, sind der Grund, warum Astronauten stets schlank waren, und die ganze Elektronik war auf Miniaturformat reduziert. Tatsächlich sind Smartphones und andere innovative elektronische Geräte, die heute in jede Hosentasche passen, letztlich Nachfahren geschrumpfter Technologie, die in den Anfängen des Wettlaufs ins Weltall ihre Pionierzeit erlebten.

WAS UNS METEORITEN LEHREN

Jetzt wissen wir also in etwa, was es braucht, um in die Erdumlaufbahn zu gelangen und bis zum Mond zu reisen. Aber wie kommen wir wieder nach Hause? Astronauten buchen schließlich eine Rückfahrkarte und kein One-Way-Ticket.

Um ein Raumschiff, das mit 27 000 Kilometern pro Stunde im Orbit unterwegs ist, sicher zum Stehen zu bringen, braucht es ein Bremssystem. Eine einfache Lösung könnte so aussehen, dass Triebwerke einfach in entgegengesetzter Richtung gezündet werden (gemäß Newtons drittem Bewegungsgesetz), bis es quasi auf ein kontrolliertes Schritttempo heruntergebremst ist. Dafür wäre allerdings ein unverschämt hoher Kraftstoffaufwand erforderlich – exakt die gleiche Menge, die notwendig war, um das Schiff überhaupt erst von der Erde ins All zu schießen. Und da es im Orbit oder auf dem Mond bisher noch keine Tankstellen gibt, müssen wir den ganzen Sprit schon vom Beginn der Reise an mitschleppen. Auch hier ist die Raketengrundgleichung nicht unser Freund.

Was gibt es sonst noch für Optionen? Vielleicht geben uns die Sternschnuppen – Meteore – einen Hinweis. Wenn diese kinetischen Weltraumgeschosse in die Erdatmosphäre eintreten, verglühen sie – von hier unten sieht es aus wie eine grelle Explosion am Himmel. Was die Sternschnuppe jedoch eigentlich vorführt, ist ein fortschreitender Energieaustausch. Die kinetische Energie eines Meteoroids verwandelt sich in Hitze, wenn das Ding mit der Reibung der Erdatmosphäre in Berührung kommt – manchmal lässt der Meteoroid auch ein paar unverglühte Gesteinsbrocken auf die Oberfläche unseres Planeten fallen, das nennen wir dann Meteoriten. (Es ist im Grunde die gleiche Energieumwandlung, die passiert, wenn wir unsere kalten Hände aneinander reiben – wir erzeugen Reibung, und Reibung erzeugt Wärme.)

Diese Felsbrocken reisen in einer Geschwindigkeit von 48 000 Kilometer pro Stunde und mehr durch das Vakuum des Weltalls, bis sie mit der Erdatmosphäre kollidieren. Sie schießen ohne größeres Hindernis durch die Exosphäre und die Thermosphäre, weil in diesen Schichten kaum Luft vorhanden ist, doch sobald die Steine aus dem All die Mesosphäre durchdringen, bekommen wir unser kleines Feuerwerk geboten. Zusätzlich zu der starken Reibung, die bei diesen Begegnungen auftritt, werden die Gasmoleküle, die sich vor dem rasenden Meteoroiden befinden, schnell zusammengepresst. Und da komprimiertes Gas über 1600 Grad Celsius heiß werden kann, verdampft der Meteoroid in der glühend heißen Luft, bevor er zu einem Meteoriten werden kann.

Zum Glück sind die meisten Meteoriten nicht größer als eine Erbse. Asteroiden dagegen, ihre größeren Verwandten, können die Atmosphäre durchdringen und große Krater in die Erdoberfläche schlagen – und tun es gelegentlich auch. Ein berühmter Fall vor 65 Millionen Jahren schrieb gewissermaßen das letzte Kapitel im Buch der damals die Erde beherrschenden Dinosaurier.

Eine Raumkapsel stößt beim Wiedereintritt in die Erdatmosphäre mit mehreren Tausend Kilometern pro Stunde durch Luftmoleküle. Die intensive Reibungsenergie bringt den Hitzeschutzschild zum Glühen

Eine Raumkapsel verhält sich beim Wiedereintritt in die Erdatmosphäre im Grunde wie ein riesiger Meteoroid. Raketenwissenschaftler, von der Tyrannei der Raketengrundgleichung gewissermaßen zum Einfallsreichtum genötigt, sahen darin nicht etwa ein Problem, sondern eine Chance. Die Luft dient quasi umsonst als Bremsvorrichtung, als atmosphärischer Airbag. Der Hitzeschild der Kapsel wirkt im Prinzip wie eine gewöhnliche Reibungsbremse, wie wir sie bei irdischen Fahrzeugen kennen. Genau wie die Gummistopper zum Abbremsen von Rollschuhen Geschwindigkeitsenergie in Hitze umwandeln – über die Reibung am Asphalt, während die Rollschuhbremse darüber kratzt –, waren die Raumkapseln der Apollo-Ära mit einem speziellen wärmeableitenden Harz beschichtet, das die Hitze absorbierte, nach und nach verbrannte und sich abschälte, während sich die Kapsel ihren Weg durch die Atmosphäre bahnte. Je mehr Luftteilchen mit der Raumkapsel kollidieren, desto mehr Hitze entsteht im Austausch für die Bewegungs-

energie – also die Geschwindigkeit – und desto stärker wird die Raumkapsel abgebremst. Solange der Hitzeschild die Hitze abführt, wird das Fahrzeug immer langsamer werden, ohne durch die Hitze Schaden zu nehmen.

Vielleicht wäre »Luftbremse« ein besserer Begriff als Hitzeschild. (Wir nennen die Stopper von Rollschuhen schließlich auch nicht »Asphaltschild«). Das inzwischen außer Dienst gestellte Spaceshuttle der NASA, das in einer halben Stunde von 27 000 Kilometern pro Stunde auf null herunterbremsen konnte, war mit einem Hitzeschild der neuesten Generation ausgestattet, gefertigt aus einer Substanz namens Aerogel, die besser als jeder andere Stoff in der Lage ist, Hitze rasch zu absorbieren und wieder abzustrahlen. Wenn Sie mit dem Schweißbrenner auf ein Stück von diesem Zeug draufhalten, hat sich das Material in der Zeit, in der Sie den Schweißbrenner zur Seite legen und das Stück zur Hand nehmen, bereits wieder auf Zimmertemperatur abgekühlt.

Diese mit Atmosphärenbremsung arbeitenden Hitzeschilde wurden auf brillante Weise kombiniert mit dem aerodynamischen Gleiten eines Flugzeugs, wodurch die Notwendigkeit entfiel, das Raumfahrzeug nach der Landung aus dem Meer zu fischen. Nach dem Herunterbremsen von Mach 25 (25-fache Schallgeschwindigkeit) auf Mach 1 (einfache Schallgeschwindigkeit) generierten die gedrungenen Flügel des Shuttles genau wie bei einem gewöhnlichen Flugzeug genug Auftrieb und Luftwiderstand, um sanft gleitend zu landen und gemächlich zum Stehen zu kommen.

HINAUS IN DIE TIEFEN DES WELTALLS

Fünf Jahre nach dem letzten Mondspaziergang brach die Menschheit zu ihrer weitesten Reise in den Kosmos auf, allerdings war dabei keine Besatzung an Bord. Die beiden bescheidenen Raumsonden namens Voyager 1 und Voyager 2 hatten vielmehr Zeugnisse von der Existenz einer intelligenten Spezies dabei, die auf dem, von der Sonne aus gesehen, dritten Felsbrocken des Sonnensystems zu Hause ist.

Seit dem Start im Jahr 1977 rasen die beiden Voyagers ballistisch durch den interplanetaren und weiter in den interstellaren Raum, mit ihren berühmten goldenen Datenplatten im Gepäck. Diese Audio- und Bild-Discs, bespielt mit Klängen, Songs, Grüßen und Kunstwerken aus aller Welt, dienen der Verkündung unserer Anwesenheit für andere intelligente Lebensformen, bei denen sie vielleicht ankommen werden. Die gesamte Voyager-Mission als solche umfasst, ebenso wie die Fracht aus Technologie und Kultur, die menschliche Fantasie von der Reise hinauf in die unendlichen Weiten des Universums.

Von Pascals Aufstieg auf den Puy de Dôme über den (beinahe tödlich ausgegangenen) Flug von Glaisher und Coxwell mit dem Heliumballon bis an die Grenze der Stratosphäre bis zu Gagarins Rundflug um die Erde im Orbit haben die Menschen immer wieder neue Tore zum Himmel aufgestoßen und Wege hinaus in den Kosmos gefunden, auf unserer andauernden Reise in die Unendlichkeit und darüber hinaus.

Dädalus wäre stolz auf uns.

Seite 83: Dieses Poster ist eine Hommage an die größten Entdeckungen der Voyager-Raumsonden, wie die Vulkane auf dem Jupitermond Io, die Stickstoffatmosphäre des Saturnmondes Titan und die kalten Geysire auf dem Neptunmond Triton

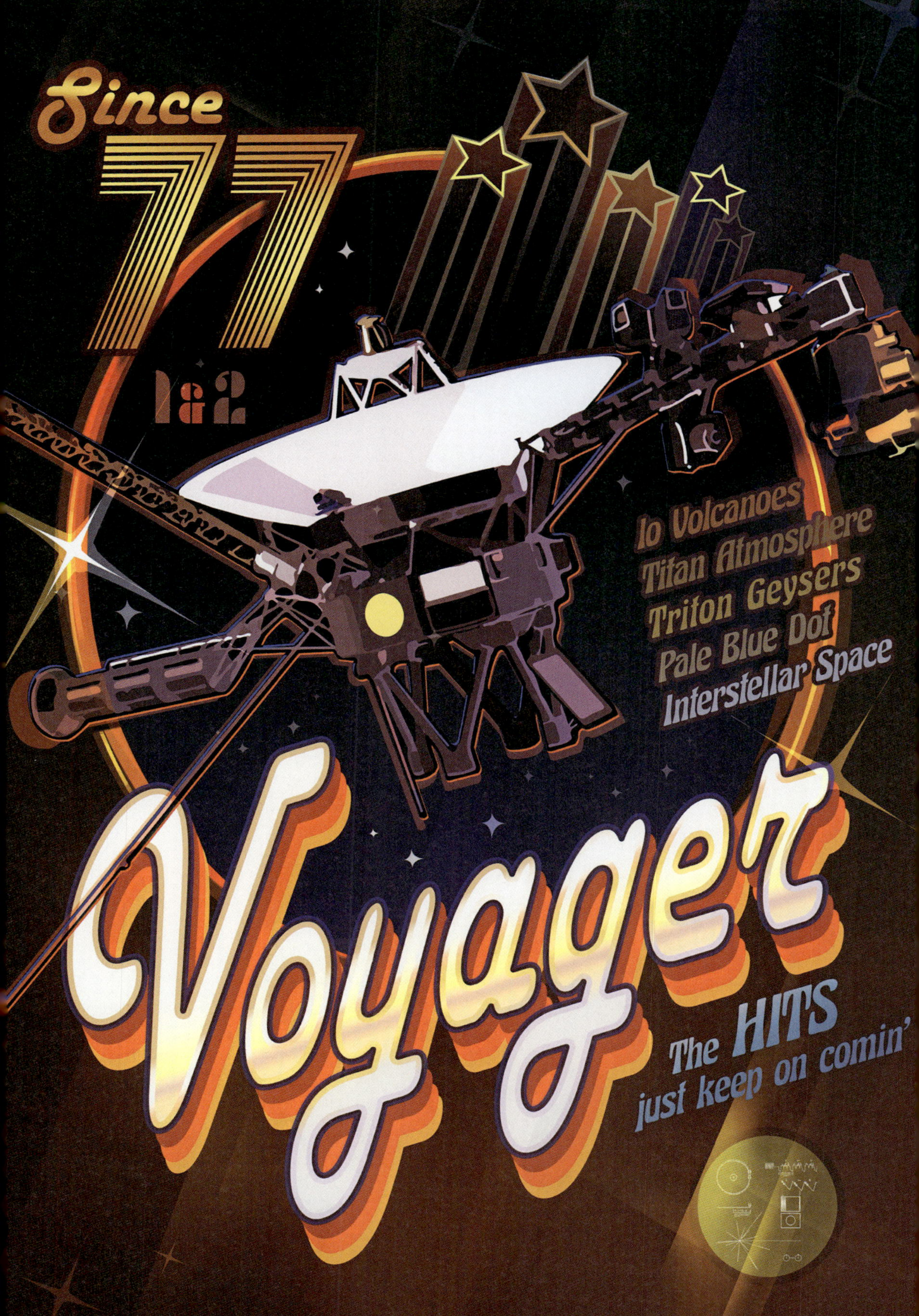
Since
77
1&2
Io Volcanoes
Titan Atmosphere
Triton Geysers
Pale Blue Dot
Interstellar Space
Voyager
The HITS
just keep on comin'

TEIL 2

UNTERWEGS IM HINTERHOF DER SONNE

»Die Erkundung liegt in unserer Natur. Wir begannen als Wanderer, und Wanderer sind wir noch immer. Wir haben lange genug an den Gestaden des kosmischen Ozeans verweilt. Endlich sind wir bereit, auf dem Weg zu den Sternen die Segel zu setzen.«

Carl Sagan, *Cosmos*

PRIMVM MOBILE
CRISTALLINE
FIRMAMENT
FIER
AER
YEARTH
CŒLIFER
ATLAS
Hic canet errantẽ Lunam, Solisq; labores
Arcturũq;, pluuiasq; hyad. gẽinosq; triões
ID.

Die Erkundung unseres Sonnensystems ist eine Geschichte mit vielen Anfängen, aber ohne ein Ende. Es ist eine Geschichte alter Ideen und Annahmen, verworfen und ersetzt durch Dinge, die einst undenkbar waren. Von dem Moment an, als die Erde von ihrem Thron als perfekter, unbewegter Mittelpunkt des Universums gestoßen wurde, begannen neue Technologien und Fortschritte in der Mathematik, unsere kosmische Identität in eine Geschichte einzubetten, die unermesslich viel spannender, unglaublicher und Demut gebietender war, als die Menschen es sich jemals hätten ausmalen können. In diesem Abschnitt bewegen wir uns aus der Atmosphäre hinaus ins größere Sonnensystem und zu den markanten Objekten, die darin herumschwirren, beginnend mit der Sonne selbst und weiter mit den Objekten, die sie in ihrer orbitalen Umklammerung festhält: den sonnennächsten Felsplaneten, den monströsen Gasriesen, den mysteriösen Eisriesen und den verlockenden Mondwelten, die sie umgeben. Die Erkundung des Sonnensystems bedeutet, sich der Geschichten und Fantasien altertümlicher Astronomen zu erinnern – der ersten Wissenschaftler, die es wagten, ein Modell des Universums anzudeuten – und die laufenden Missionen zu bestaunen, die uns immer neue dieser Mysterien enthüllen.

Seite 86: Atlas trägt den Himmel in Form einer Armillarsphäre, ein Modell der Objekte am Himmel mit der Erde im Zentrum (das Ptolemäische System, 1531), angefertigt von William Cuningham

Seite 84: Eine Fotografie der leuchtenden Coronastrahlen um die Sonne, aufgenommen in Indien während einer totalen Sonnenfinsternis am 16. Februar 1980 mit einer Kamera mit Spezialfilter

Frühe Astronomen, Philosophen und Science-Fiction-Autoren spekulierten über die Topografie und die Lebensformen, die wir auf anderen Planeten möglicherweise antreffen könnten: schöne Frauen, die die üppigen Dschungel der Venus bewohnen, oder intelligente Wesen, die komplexe Kanalsysteme in die Marsoberfläche graben. Bis weit ins 20. Jahrhundert leitete sich alles, was wir über die Zusammensetzung der Planeten wussten, aus dem ab, was wir mit bloßem Auge, mithilfe von Teleskopen und später auch der Spektroskopie auf große Entfernung ausmachen konnten.

Die Spektroskopie – sie zählte zu den ersten wichtigen Technologien der modernen Astrophysik – erlebte ihre Pionierzeit im 19. Jahrhundert. Sie kann Bewegungen, Temperaturen, Rotationsgeschwindigkeiten und vor allem die chemische Zusammensetzung von Objekten bestimmen, allein anhand der Analyse ihres absorbierten, abgestrahlten oder reflektierten Lichts. Sie funktioniert bei der Sonne selbst, bei anderen Sternen, Gaswolken und den Oberflächen und Atmosphären von Planeten, Monden und Kometen. Und sie funktioniert sogar bei ganzen Galaxien. Die Analyse von Spektren ist derart aufschlussreich, dass ihre Anwendung auf die Astronomie überhaupt erst den Begriff der »Astrophysik« hervorgebracht hat, ebenso wie die Wissenschaftszeitschrift *The Astrophysical Journal,* die im Jahr 1895 mit dem Untertitel *An International Review of Spectroscopy and Astronomical Physics* gegründet wurde. Die neue Wissenschaft warf vorherrschende Überzeugungen über den Haufen, versinnbildlicht in einem für uns heute fast schon absurd anmutenden Kommentar des französischen Philosophen Auguste Comte aus dem 19. Jahrhundert:

> »Was die Sterne angeht, ... werden wir niemals in der Lage sein, mit welchen Mitteln auch immer, ihre chemische Zusammensetzung zu erforschen ... Ich denke, jede Vorstellung von der tatsächlichen mittleren Temperatur der verschiedenen Sterne wird uns auf immer verwehrt bleiben.«

Vor dem Wettlauf ins Weltall lieferte uns die Spektroskopie gute, wenn auch nur begrenzte Informationen über die Zusammensetzung der Atmosphäre und der Oberfläche von Venus und Mars. Als die Menschheit dann über die Technologie verfügte, Sonden in andere Welten zu schicken und vor Ort

Proben einzusammeln, konnten wir beginnen, die Geschichte und die Geheimnisse unseres Sonnensystems zu einem klareren Bild zusammenzufügen. Auch wenn der Mensch seit der Landung der Apollo 17 im Dezember 1972 auf dem Mond keinen Fuß mehr auf einen anderen Himmelskörper gesetzt hat, haben die Miniaturisierung der Elektronik und jüngste Fortschritte in der Computertechnologie und der Robotik Raumsonden, auf fremden Planeten abgesetzte Rover und einen Mars-Helikopter möglich gemacht, die damit zu Forschern im Auftrag der Menschheit wurden. Sehen wir uns an, was sie entdeckt haben – und vor welche noch ungelösten (neuen) Mysterien sie uns gestellt haben.

UNSERE SONNE

Gefangen im orbitalen Karussell rund um unsere Sonne ziehen acht Planeten, mehrere Hundert Monde und zahllose Kometen und Asteroiden ihre mehr oder weniger schnellen Kreise und gehorchen dabei den Kräften der Gravitation. Alle diese Objekte sind gewissermaßen am gleichen Tag geboren. Vor viereinhalb Milliarden Jahren explodierte ein Stern in der Milchstraße, unserer heimatlichen Galaxie, und sandte im Verlauf seines gewaltsamen Todes Schockwellen aus. Ausgelöst durch diese Wellen kollabierte eine in der Nähe gelegene Wolke aus Gas und Staub, größtenteils bestehend aus Wasserstoff, einer Portion Helium und einem bisschen von anderen Elementen, zu einem abgeflachten Nebel – eine stellare und planetare Kinderkrippe, wenn man so will. Der Kollaps setzte sich fort, bis Druck und Schwerkraft dazu führten, dass über 99 Prozent der Masse dieses Nebels zu einem dichten, amorphen Haufen verschmolzen. Im Kern dieses zentralen Klumpens stiegen Druck und Temperaturen so stark an, dass Wasserstoffkerne verschmolzen, was eine gewaltige Energie emittierte und jeden weiteren Kollaps zum Stehen brachte. Die Sonne war geboren.

Die thermonukleare Fusion – die eingedämmten Atombombenexplosionen, die unentwegt innerhalb des heißen und dichten Kerns der Sonne stattfinden – ist die einzige Möglichkeit für die Sonne, sich ihrer eigenen Schwerkraft zu erwehren, das Einzige, was einen Kollaps der Sonne zu verhindern vermag. Der gewaltige Druck und Temperaturen von 15 Millionen Grad Celsius bringen die Wasserstoffkerne dazu, ihre natürliche gegenseitige Abstoßung – sie sind alle positiv geladen – zu überwinden und sich zu Heliumatomen zu verbinden, die eine etwas geringere Masse aufweisen als die Summe der ursprünglichen Wasserstoffatome. Die dabei »verlorene« Masse wird in Form von Energie abgestrahlt, wie es Einsteins berühmteste Gleichung vorschreibt. $E = mc^2$. Energie *(E)* steht auf der einen Seite des Gleichheitszeichens, die Masse *(m)*, dazu die Lichtgeschwindigkeit im Quadrat (c^2), auf der anderen. Während die Sonne in jeder Sekunde 600 Millionen Tonnen Wasserstoff umwandelt, produziert sie gerade genug Druck nach außen, um ihren Drang zum Zusammenbruch auszugleichen. Für ungefähr fünf Milliarden weitere Jahre, in denen unser Heimatstern sein stabiles Leben fortsetzen wird, werden wir Erdlinge in den Genuss eines konstanten Stroms ihrer Strahlungsenergie kommen.

EIN WINDIGER STERN

Es mag seltsam anmuten, aber tatsächlich haben alle Sterne ihre eigene Atmosphäre. Die äußerste Schicht der Atmosphäre unserer Sonne heißt Corona – ein Begriff, mit dem ein Großteil der Menschheit erst in den 2020er-Jahren vertraut wurde, als ein Virus gleichen Namens die ganze Welt erfasste. Sowohl die äußere Schicht der Sonne als auch die Viruspartikel, die diese jüngste globale Pandemie auslösten, verdanken ihre Bezeichnung dem lateinischen Wort für »Krone« wegen ihrer Ähnlichkeit mit dem royalen Kopfschmuck.

Die Sonnen-Corona kann mehrere Millionen Grad heiß werden – bei solchen Temperaturen können sich sogar Elektronen und Protonen von ihren angestammten Atomen lösen und mit Geschwindigkeiten von fast eineinhalb Millionen Kilometern pro Stunde ins All schießen. Dieser kontinuierliche Strom geladener Teilchen, der sogenannte Sonnenwind, erstreckt sich über Milliarden von Kilometern in alle Richtungen und hüllt jedes Objekt im Sonnensystem ein. Dort, wo sein Einfluss endet, liegt die offizielle Grenze zwischen unserem Sonnensystem und dem interstellaren Raum.

Während der Sonnenkern weiter eifrig damit beschäftigt ist, sich selbst zu atomisieren, reagieren die übrigen 99 Prozent der Sonne auf die Hitze

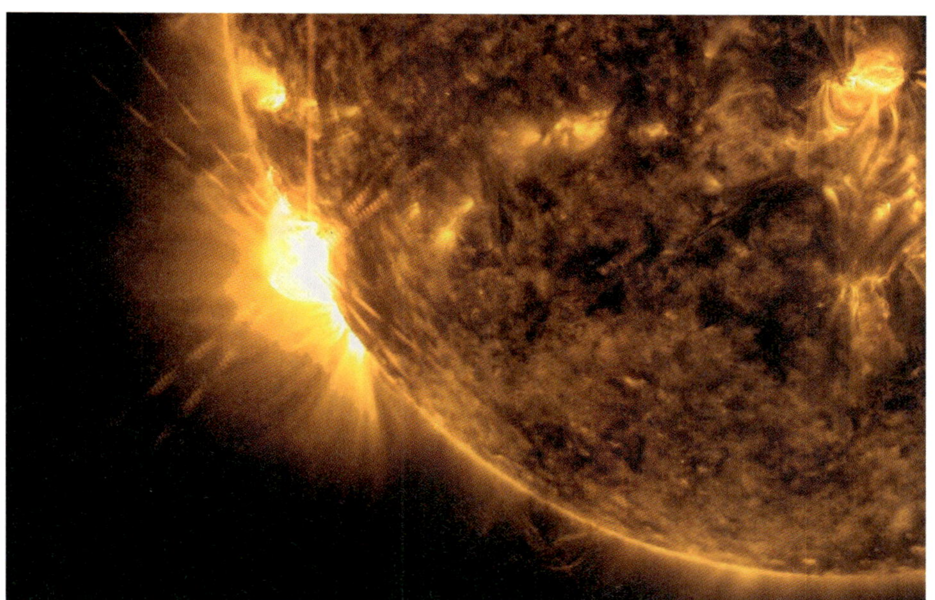

Eine Sonneneruption, die als heller Blitz sichtbar wird, aufgenommen vom NASA Solar Dynamics Observatory im Jahr 2022

und den Druck, die dabei entstehen. Kräfte tief im Innern des Kerns wirbeln die Oberfläche und das mobile Magnetfeld der Sonne auf. Ungefähr alle elf Jahre tauschen die magnetischen Pole der Sonne komplett ihre Plätze. Der Platztausch als solcher verläuft nicht plötzlich oder katastrophal; er markiert einfach nur den Übergang von einem Sonnenzyklus zum nächsten. Anfangs gibt es eine Phase der Ruhe, solares Minimum genannt, die dann einer Periode zunehmend intensiver Sonnenfleckenaktivität Platz macht, welche schließlich im solaren Maximum kulminiert. Und dann könnte tatsächlich Unheil drohen.

Das Ganze spielt sich wie folgt ab: Aufgewühlte Klumpen elektrisch geladenen Plasmas werden gelegentlich in Form coronaler Massenauswürfe (Coronal Mass Ejections – CME) ausgespuckt. Die ebenso unvermittelte wie heftige Eruption einer solchen CME kann Schockwellen durch den sich langsamer bewegenden Sonnenwind jagen; wenn eine CME in Richtung Erde zielt, ist er als Sonnensturm sicht- und spürbar, und er kann zerstörerisches Potenzial haben. Zum Glück für uns Erdlinge bietet jedoch das Magnetfeld, das unseren Planeten umhüllt, Schutz vor dem Anprall ionisierender Strahlung. Zwar werden die meisten der geladenen Teilchen dadurch von der Erde weggelenkt, aber einige schaffen es in unsere obere Atmosphäre. Dort stoßen sie mit Gaspartikeln zusammen und kreieren eine der eindrucksvollsten Lightshows, die unser Planet zu bieten hat. Das Nordlicht und das Südlicht, *aurora borealis* beziehungsweise *aurora australis*, treten als atemberaubende Schleier in grün, rot und violett vor einem ansonsten dunklen Nachthimmel in Erscheinung.

Doch nicht jede Form von »Sonnenwetter« ist so ästhetisch und so harmlos. Der englische Astronom Richard Carrington aus dem 19. Jahrhundert verbrachte mehrere Jahre mit der Kartierung der vielen dunklen Flecken, die auf der Sonnenoberfläche zu sehen waren. Er bediente sich einer raffinierten Technik: Er richtete sein Teleskop auf die Sonne und projizierte das Abbild dann zurück durch das Okular auf eine Leinwand. Durch das Studium dieses an die Wand geworfenen Bilds konnte er die Oberflächenmerkmale ausmachen, ohne seine Augen zu schädigen. (Es ist keine gute Idee, direkt in die Sonne zu schauen, schon gar nicht mit einem Teleskop, wenn Sie vorhaben, danach jemals wieder irgendetwas anderes zu sehen.)

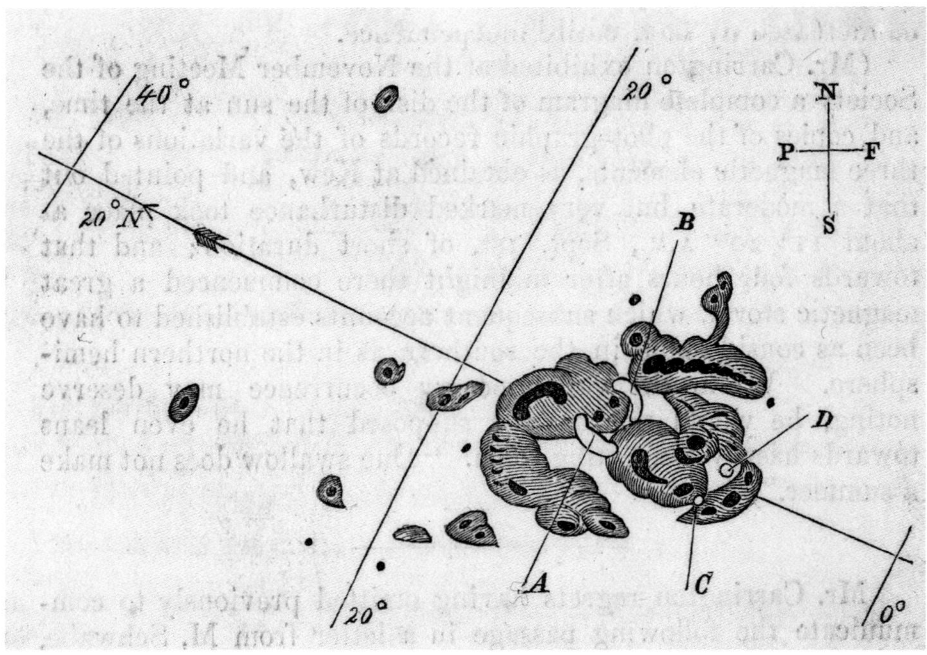

Ein Schaubild einer Gruppe von Sonnenflecken auf der Grundlage der Beobachtungen des britischen Astronomen Richard Christopher Carrington (Quelle: *Memoirs of the Royal Astronomical Society*, 1861)

Eines Tages im Jahr 1859, im Laufe von Carringtons meist eher langweiligen Beobachtungen, tanzten plötzlich weiße Lichtpunkte über die dunkleren Flecken, nur um ein paar Minuten später wieder zu verschwinden. Was er hier beobachtet hatte, war eine Sonneneruption – die erste, die jemals entdeckt wurde. Diese Eruptionen fallen zwar zeitlich tendenziell mit CMEs zusammen, sind aber dennoch ein separates Phänomen. Sonneneruptionen enthalten im Unterschied zu CMEs keine Plasmapartikel, sondern lediglich Energie, größtenteils in Form von Röntgenstrahlen, die mit Lichtgeschwindigkeit unterwegs sind. Eine Sonneneruption braucht circa 500 Sekunden, bis sie die Erde erreicht, denn die Sonne ist 500 Lichtsekunden von uns entfernt; eine CME hingegen könnte für die gleiche Strecke einen Tag oder länger benötigen.

Im Fall der Beobachtung von Carrington kam es zusammen mit der beobachteten Sonneneruption tatsächlich zu einer unbemerkten CME, die sich auf den Weg in Richtung Erde gemacht hatte, wo sie als mächtigster jemals registrierter Sonnensturm ankommen sollte. Auf der ganzen Welt waren Nord- und Südlichter zu sehen, die als elektrisch geladene Teilchen den ganzen Globus einhüllten. Diese Teilchen pflanzten sich auch durch Telegrafenleitungen fort. Es gab Berichte von Stromschlägen, die Telegrafisten bewusstlos machten, und von Funkenschauern, die ihre Schreibtische in Brand setzten.

Käme es heute zu einem solchen Ereignis, dann könnte angesichts unserer Abhängigkeit von einem jederzeit und überall verfügbaren Stromnetz und von GPS-Satelliten ein wahrhaft apokalyptisches Chaos ausbrechen. Kredit- und andere Bankkarten würden von einem Moment auf den anderen nicht mehr funktionieren. Und Ihre Kryptowährung könnten Sie komplett vergessen. Flugzeuge könnten nicht mehr fliegen, Treibstoff- und Nahrungsvorräte würden bald knapp werden, die Gesellschaft insgesamt käme unvermittelt zum Stillstand – und kaum ein

Käme es heute zu **einem solchen Ereignis,** dann könnte angesichts unserer Abhängigkeit von einem jederzeit und überall verfügbaren Stromnetz und von GPS-Satelliten ein wahrhaft **apokalyptisches Chaos** ausbrechen. … Und Ihre Kryptowährung könnten Sie komplett vergessen.

Radio- oder Fernsehsender wäre noch in der Lage, über die Situation zu berichten. Und über der Erde hätte ein zufällig gerade mit einem Weltraumspaziergang beschäftigter Astronaut höchstens ein paar Minuten Vorwarnzeit, um sich vor der tödlichen Strahlung in Sicherheit zu bringen.

Können wir uns vor derartigen Katastrophen schützen? Vielleicht. Wenn wir mehr über die Sonne wissen, sind wir vielleicht eher in der Lage, Sonnenzyklen vorherzusagen und uns auf das damit verbundene »Sonnenwetter« einzurichten. Die Parker Solar Probe der NASA machte sich zu genau diesem Zweck auf die Reise, und 2021 flog sie durch die Corona der Sonne hindurch und wurde zum ersten Raumfahrzeug, das unseren Heimatstern streifte. Wie bei allen Rand- und Grenzbereichen ist die exakte Trennlinie zwischen dem Sonnenwind und der Atmosphäre der Sonne schwer zu bestimmen. Die Parker-Sonde half uns, den unscharfen Rand dieser theoretischen Grenze genauer zu definieren – die Astrophysiker sprechen hier von der kritischen Alfvén-Oberfläche, wo die Teilchen des Sonnenwinds beginnen, dem Einfluss der Schwerkraft und des Magnetfelds der Sonne zu entfliehen und sich auf ihre Reise durch das ganze Sonnensystem begeben.

Fast zwei Jahrhunderte sind vergangen, seit Richard Carrington die ersten Sonneneruptionen kartierte, und mehr als zwei Jahrtausende, seit der chinesische Astronom Gan De als Erster Flecken auf der Sonne dokumentierte. Das Verhalten dieser solaren Wutausbrüche bleibt indessen für uns unvorhersehbar. Wie und warum bilden sie sich gerade dort, wo sie entstehen? Welche davon könnten katastrophale Folgen für die Erdenbewohner nach sich ziehen? Wir warten auf die wissenschaftlichen Entdeckungen von Missionen wie der Parker Solar Probe, die uns den Blick auf das notwendige Wissen eröffnen könnten, damit wir die künftigen Stürme vorherhersagen und beherrschen können, die diese gigantische Atombombe am Himmel zu uns schickt.

Die weniger als ein Prozent Materie, die sich vor 4,6 Milliarden Jahren weigerten, in der Bildung der Sonne aufzugehen, formten sämtliche anderen Himmelskörper in unserem Sonnensystem. Zwar besitzt jeder unserer Planeten und Monde seine eigenen, einzigartigen Eigenschaften und Oberflächen, aber alle bestehen aus dem gleichen Mix aus Elementen wie jener primordiale Nebel.

Die Entstehungsgeschichte der Himmelskörper, die um die Sonne kreisen, ist nach wie vor heiß umstritten. In einem Punkt ist man sich immer-

RÄTSEL DES KOSMOS

WELCHE FARBE HAT DIE SONNE?

Wenn Sie in der Schule Bilder der Sonne gezeichnet haben, haben Sie dafür vermutlich einen gelben Farbstift zur Hand genommen. Wahrscheinlich zeigte so ziemlich jedes Gemälde, jede Himmelskarte, jede alte astronomische Zeichnung und jedes Modell, das Sie kennen, die Sonne als gelben Kreis. Deshalb wird es Sie vielleicht überraschen, dass die Sonne in Wirklichkeit weiß ist. Sie emittiert jede Farbe des Regenbogens, und wie Isaac Newton schon Ende des 17. Jahrhunderts zeigte, kulminierend in seinem bahnbrechenden Werk *Opticks* von 1704 (dt. Wilhelm Abendroth (Hrsg.), *Sir Isaac Newton's Optik oder Abhandlung über Spiegelungen, Brechungen, Beugungen und Farben des Lichts*, Leipzig 1898), erzeugt eine gleichmäßige Kombination aller dieser Farben weißes Licht. Dass die Sonne gelb aussieht, hat denselben Grund wie die Tatsache, dass der Himmel für uns blau aussieht.

Wenn das weiße Sonnenlicht die Atmosphäre passiert, streuen die Luftmoleküle die kürzeren blauen Wellen vorzugsweise in alle Richtungen und nehmen dadurch ein wenig von der Energie heraus, die ansonsten bis zur Erde gelangen würde. Unser blauer Himmel ist, wenn man so will, geklautes Sonnenlicht. Beim Sonnenaufgang oder -untergang, wenn die Sonne tief über dem Horizont steht, muss ihr Licht fast 40-mal mehr Atmosphäre durchqueren, bis es unser Auge erreicht, verglichen mit der Mittagsstunde, wenn sie direkt über uns steht. Der Himmel taucht sich in ein immer tieferes Blau, während die blauen Lichtwellen immer wieder neu verstreut und verteilt werden, und die Sonne spielt immer mehr ins Bernsteinfarbene und verwandelt den Horizont in jene atemberaubende Kulisse aus purpurrot und orange.

hin einig: Das frühe Sonnensystem war das reinste Chaos. Die Teilchen, die nicht mit der Sonne verschmolzen, verbanden sich zu Brocken und Klumpen, die wir als Planetesimale bezeichnen; einige verbanden sich weiter zu größeren Gebilden, den sogenannten Protoplaneten. In diesem Tollhaus voller durcheinander gewürfelter Objekte kam es immer wieder zu Kollisionen – manche wurden dabei in Stücke zerfetzt, andere aus ihrer Umlaufbahn gekegelt. Manche stürzten in die Sonne und gingen in deren Masse auf; andere Objekte wurden gänzlich aus dem Gravitationsfeld der Sonne herausgeschleudert. Einige kleinere dieser herausgeschleuderten Brocken wurden zu streunenden Asteroiden, dazu bestimmt, zu interstellaren Eindringlingen zu werden. Die größeren wurden zu streunenden Planeten – Himmelsvagabunden ohne einen Stern, den sie ihre Heimat hätten nennen können.

Bis zu 30 Planeten könnten an diesem unbarmherzigen kosmischen Billardspiel beteiligt gewesen sein, nur 8 davon haben überlebt. Die Mannschaftsaufstellung dieser Überlebenden umfasst die vier inneren Felsplaneten – Merkur, Venus, Erde und Mars; die zwei Gasriesen – Jupiter und Saturn; und die beiden Eisriesen – Uranus und Neptun.

MERKUR, DER ERSTE DER FELSPLANETEN DES INNEREN SONNENSYSTEMS

Die vier sonnennächsten Planeten, auch als »erdähnliche« Planeten bezeichnet, haben alle einen großen metallischen Kern, eine felsige Oberfläche markanter Topologie und wenige oder gar keine Monde. Unter all diesen – genau genommen unter allen acht Planeten unseres Sonnensystems – hat der Merkur den schlechtesten Ruf. Er ist der mickrigste von allen und hat noch dazu die pockennarbigste Oberfläche. Mit seinen extremen Temperaturen und der kläglich dünnen Atmosphäre ist der Merkur zutiefst öde und ungastlich. Aber das ist noch nicht einmal das Schlimmste, was manche Leute ihm vorwerfen. Ungefähr dreimal in jedem Jahr, jeweils für ein paar Wochen, scheint sich dieser winzige Planet rückwärts über den Himmel zu bewegen – ein Ereignis, das gemeinhin als »rückläufiger Merkur« tituliert wird. Verwirrt durch dieses bizarre Phänomen gaben Menschen in alter Zeit (nicht wenige tun es heute noch) dem rückläufigen Merkur die Schuld an aller Unbill, die ihnen widerfährt.

Da steckt natürlich eine Geschichte dahinter.

Über den größten Teil der Menschheitsgeschichte war die Welt nichts weiter als das, was wir mit unseren Sinnen unmittelbar wahrnahmen. Die wissenschaftliche Methode – das Bestreben, eine Hypothese durch wiederholte Experimente zu überprüfen – setzte sich erst im 17. Jahrhundert durch. Deshalb kam Aristoteles mit der Behauptung durch, schwere Gegenstände

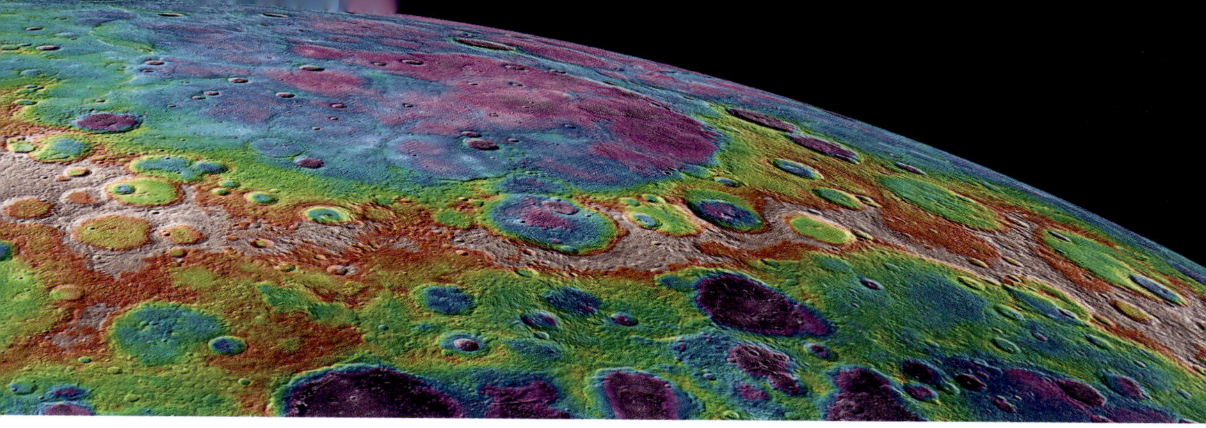

Die Regenbogenfarben der kolorierten Topografie des Merkurs, wobei violett die größten Vertiefungen und weiß die höchsten Erhebungen symbolisiert

würden schneller zu Boden fallen als leichte, was ihm die Leute über zwei Jahrtausende aufs Wort glaubten. Ein paar simple Versuche mit Gesteinsbrocken unterschiedlicher Größe hätte augenblicklich den Irrtum in seinem Denken bloßlegen können.

Tausend Jahre lang hielt man die Erde für den unbeweglichen Mittelpunkt des Universums, eine Ansicht, die Aristoteles allgemein verbreitete und Ptolemäus später ausschmückte. Alle hielten das für eine offenkundige Tatsache, da alle Himmelskörper und Sternbilder um die Erde herum zu wandern schienen. Das galt als Selbstverständlichkeit – bis im 16. Jahrhundert der polnische Astronom Nikolaus Kopernikus den radikalen Gedanken ins Spiel brachte, die Sonne, und nicht etwa die Erde, läge im Zentrum des Universums, und dass gemeinsam mit allen anderen Planeten auch unser eigener sich um dieses leuchtende Rund drehte.

Für das bloße Auge scheinen sich sieben unterschiedliche Lichtpunkte wie umherziehende Vagabunden quer durch die ansonsten harmonisch angeordneten Sternbilder zu bewegen. Die alten Griechen nannten diese Himmelskörper *planetes* (Wanderer oder Wandelsterne): Sonne, Mond, Merkur, Venus, Mars, Saturn und Jupiter. Im Laufe eines Jahres scheint die Sonne auf ihrer Wanderung – aus der Sicht des irdischen Beobachters – zwölf Sternbilder zu passieren. Der wandernde Mond kann auf seiner einen Monat dauernden Reise über den Himmel »neu« sein oder »voll« oder irgendetwas dazwischen. Der Merkur und die anderen wandernden Lichtpunkte scheinen periodisch die Richtung ihrer Pfade umzukehren, bevor sie ein weiteres Mal auf ihrem Himmelsweg umkehren. So stellte sich die Sache für die geozentrische Welt dar, dann wird es wohl auch so gewesen sein. Daher der Gedanke der Rückläufigkeit, der ebenso wie andere Begriffe, wie beispielsweise »Sonnenaufgang« und »Sonnenuntergang«, noch heute verwendet wird – diese geozentrischen Bezeichnungen stammen aus einer Zeit vor unserer Kenntnis des eigenen heliozentrischen Sonnensystems und des Kosmos insgesamt.

Als die Erde vom Mittelpunkt des bekannten Universums zu einem gewöhnlichen Planeten degradiert wurde, der eine Umlaufbahn um die Sonne beschreibt wie jeder andere auch, erkannten wir auch, was es mit der mysteriösen Rückläufigkeit in Wirklichkeit auf sich hatte: Das Ganze war eine schlichte optische Täuschung. Da sich Erde und Merkur relativ zueinander bewegen und beide um die Sonne kreisen, registrieren wir den Merkur sowohl vor als auch hinter der Sonne – eine Perspektive, die unsere Vorfahren in der Antike natürlich nicht mit ihrer Weltsicht in Einklang bringen konnten.

Genau wie Satelliten in der niedrigen Erdumlaufbahn schneller unterwegs sind als jene in höheren, weiter draußen liegenden Umlaufbahnen, bewegen sich Planeten, die ihre Bahn näher an der Sonne ziehen, schneller als ihre weiter entfernten Verwandten. Die Menschen der Antike benannten den schnellsten planetaren Wanderer nach dem mit Flügelschuhen gewandeten römischen Gott der Schnelligkeit und der Reisenden: Merkur. Ein Erdenjahr entspricht etwas mehr als vier Jahren auf dem Merkur – das bedeutet, der Merkur dreht vier Runden um die Sonne, während wir eine drehen –, und nicht zufällig scheint der Merkur drei- oder viermal in jedem Jahr den Rückwärtsgang eingelegt zu haben. Wenn also der Merkur während seiner Sonnenumrundung die Erde passiert und in Richtung der Rückseite der Sonne abbiegt, sieht es so aus, als würde er die Richtung wechseln und in die entgegengesetzte Richtung wandern.

Sie können sich das sehr einfach bildlich zurechtlegen: Stellen Sie sich ein Karussell auf dem Jahrmarkt vor – mit bemalten Holzpferden und allem, was dazugehört. Ihre Freundin sitzt auf einem dieser Pferde und dreht ihre Runden, während Sie im Publikum stehen. Wenn sie direkt vor Ihnen vorbeikommt und winkt, bewegt sie sich offenbar von links nach rechts. Aber wenn sie eine halbe Runde weiter auf der Rückseite des Karussells ist, bewegt sie sich aus Ihrer Sicht nun von rechts nach links. Ihnen ist schon klar, dass das Pferd sich nicht plötzlich selbstständig gemacht hat und nun in die andere Richtung galoppiert. Es umrundet einfach den Mittelpunkt der Umlaufbahn – im Gegensatz zu Ihnen.

Aus einer Perspektive mit der Sonne als Mittelpunkt bewegt sich der Merkur auch nicht rückwärts. Was wir als »Rückläufigkeit des Merkurs« bezeichnen, ist einfach abhängig von unserer Perspektive auf die Sonne und die Planeten, keine Umkehrung von Merkurs Orbitalrichtung. An der Bewegung des Merkurs in solchen Phasen ist absolut nichts Ungewöhnliches, abgesehen vom menschlichen Drang, der Sache eine Bedeutung zuzuschreiben – ein Drang, der sich auf eine Zeit der Unwissenheit zurückführen lässt, als wir noch alle dachten, das Universum würde sich um uns drehen.

Da Merkur und Venus der Sonne näher sind als die Erde, verlieren wir ihren Pfad im grellen Glanz des Sonnenlichts ab und an aus dem Blick, bis sie auf der anderen Seite wieder zum Vorschein kommen. Während dieser ganzen Zeit scheinen sie, wie das Pferd auf der anderen Seite des Karussells, in die andere Richtung zu wandern als zuvor. Die Planeten, die weiter von der Sonne entfernt sind als die Erde, scheinen relativ zur Erde ebenfalls diese rückläufige Bewegung an den Tag zu legen, das jedoch liegt an unserer eigenen Bewegung um die Sonne, weil wir schneller unterwegs sind als die sonnenferneren Planeten.

Wenn jeder Planet relativ zu jedem anderen Planeten im Sonnensystem rückläufig unterwegs ist, warum sollten wir dann ausgerechnet Merkur alle Schuld in die Flügelschuhe schieben? Die Häufigkeit, mit der ein Planet relativ zur Erde den Rückwärtsgang einzulegen scheint, steht in direkter Korrelation zu seiner Orbitalgeschwindigkeit relativ zur Erde. Folglich geht Merkur jedes Jahr öfter rückwärts als alle anderen Planeten. Der weit entfernte und ganz langsame Neptun geht nur einmal pro Jahr rückwärts – er zeigt dieses Verhalten in dem halben Jahr, das die Erde damit verbringt, ihre halbe Runde um die entfernte Seite der Sonne (aus der Sicht von Neptun!) zurückzulegen.

Wenn jeder Planet relativ zu jedem anderen Planeten im Sonnensystem **rückläufig unterwegs** ist, warum sollten wir dann ausgerechnet **Merkur alle Schuld in die Flügelschuhe schieben?**

Mithin wandert die meiste Zeit zumindest ein Planet rückwärts relativ zur Erde, was für das Pech aller möglichen Leute endlose Erklärungen liefert. Vielleicht drückte es Shakespeare am besten aus: »Nicht durch die Schuld der Sterne, lieber Brutus, durch eigne Schuld nur sind wir Schwächlinge.«

RÄTSEL DES KOSMOS

WIE EINSTEIN DEM PLANETEN VULKAN DEN GARAUS MACHTE

Wahrscheinlich kennen Sie aus der Serie *Raumschiff Enterprise* den fiktionalen Planeten Vulkan, den Heimatplaneten von Lieutenant Spock. Die Einheimischen dort, die *Vulkanier*, sind eine logisch denkende, emotionslose außerirdische Rasse mit spitzen Ohren und markant nach oben geschwungenen Augenbrauen. Über ein Jahrhundert, bevor die erste Folge von *Raumschiff Enterprise* über die Bildschirme flimmerte, hielt man Vulkan aber tatsächlich für einen realen Planeten in unserem Sonnensystem.

Kopernikus' heliozentrisches Modell des Universums, Keplers Gesetze der Planetenbewegung und Newtons Gesetze der Physik hatten das Sonnensystem in einen dem Wissen zugänglichen Ort verwandelt – größtenteils jedenfalls. Mitte des 19. Jahrhunderts war der französische Astronom und Mathematiker Urbain Le Verrier ganz erstaunt, als er versuchte, eine Erklärung für eine lästige, alljährlich auftretende Abweichung in der Umlaufbahn des Merkurs zu finden. Bei der Beobachtung der Umlaufbahn des Merkurs mühten sich die Astronomen immer wieder vergebens, diese exakt vorherzusagen, zumal sich die Bahnen der anderen erdnahen Planeten alle wie erwartet verhielten. Auch Newtons Mechanik half da irgendwie nicht weiter. Die einzige Erklärung für diese Abweichung, postulierte Le Verrier, war ein verborgener, glühend heißer Planet, der zwischen dem Merkur und der Sonne liegen musste und an Merkur zerrte, sodass dieser Dinge anstellte, die Newtons Gesetzen glatt zu widersprechen schienen. Er taufte den Planeten Vulkan, nach dem römischen Gott des Feuers. Auf den ersten Blick musste diese Behauptung sonderbar erscheinen – wenn es tatsächlich einen weiteren Planeten im inneren Sonnensystem gab, hätte der nicht schon längst jemandem auffallen müssen?

Mit bloßem Auge oder gar mit einem Teleskop einen solchen Planeten zu beobachten, würde sich allerdings als sehr schwierige Aufgabe erweisen. Das blendend grelle Licht der Sonne käme uns da in die Quere. Die einzige Chance, einen Planeten zu erkennen, der so nahe an der Sonne seine Bahn zieht, wäre im Dämmerlicht früh morgens oder spät abends, oder aber während einer totalen Sonnenfinsternis.

Le Verrier hatte sich bereits großes Renommee erworben, weil er allein auf der Grundlage der unregelmäßigen Umlaufbahn des Uranus die Existenz des Neptuns vorhergesagt hatte. Aufgrund seines hohen öffentlichen Ansehens waren die Wissenschaftler grundsätzlich geneigt, ihm zu glauben, und der mysteriöse Planet Vulkan schaffte es in die Lehrbücher, obwohl noch kein verlässlicher, auf Beobachtung gegründeter Beweis dafür existierte.

1915 legte Albert Einstein seine allgemeine Relativitätstheorie vor, die unter anderem auch eine Erklärung für das Verhalten der Schwerkraft unter extremen Bedingungen lieferte - etwa einer großen Nähe zur Sonne. Mit diesem neuen Verständnis des Universums ließ sich auch die merkwürdige Bahn des Merkurs erklären, und damit war es für immer vorbei mit den Fantasien von einem real existierenden Planeten Vulkan.

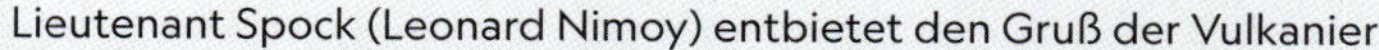

Lieutenant Spock (Leonard Nimoy) entbietet den Gruß der Vulkanier

DIE ERFORSCHUNG DES MERKURS: DIE SCHWERKRAFT HILFT

Der Merkur ist nach wie vor der am wenigsten erforschte der sieben ursprünglich bekannten, klassischen Planeten. Nicht weil diese winzige Welt voller Krater uninteressant wäre – ganz im Gegenteil –, nur die Anreise zu diesem inneren Planeten gestaltet sich etwas kompliziert. Tatsächlich erreichte unser erster Orbiter den Merkur erst 2011 – Jahrzehnte nachdem der Mensch auf dem Mond gelandet war. Viel einfacher ist es zum Jupiter zu gelangen, der etwa siebenmal weiter von der Erde entfernt ist. Das liegt an einer verblüffenden Tatsache: Es ist billiger und treibstoffeffizienter, dem Sonnensystem zu entfliehen, als auf seinem innersten Planeten zu landen.

Wie wir inzwischen wissen, bewegen sich Objekte in einer Umlaufbahn umso schneller, je näher sie der Quelle der Schwerkraft sind. Durch seine hohe Umlaufgeschwindigkeit und seine geringe Masse (er ist nicht viel größer als unser Mond) ist es für ein Raumschiff schwer, den Merkur zu treffen. Sobald es die Erdumlaufbahn verlassen hat – das heißt, es hat Fluchtgeschwindigkeit erreicht –, ist ein Raumschiff mit einer Geschwindigkeit von mindestens 40 000 Kilometern pro Stunde (oder vielleicht etwas anschaulicher: 11,2 Kilometer pro Sekunde) unterwegs. Wenn es sich der Sonne nähert, wird es durch deren starke Anziehungskraft weiter beschleunigt. Die geringe Schwerkraft des Merkurs bedeutet jedoch, dass sich ein Objekt viel, viel langsamer bewegen muss, um in seine Umlaufbahn gezogen zu werden. Ein ungebremster Orbiter, der auf Merkur zusteuert, würde sehr wahrscheinlich daran vorbeisausen. Irgendwie muss es gelingen, ihn abzubremsen. Doch hier kommt uns wieder die unvermeidliche Raketengrundgleichung in die Quere: Das Raumfahrzeug müsste mehr Treibstoff – und damit viel mehr Gewicht – mitführen, nur um zu bremsen, damit wäre es jedoch beim Starten zu schwer. Obendrein gibt es auf dem Merkur so gut wie keine Atmosphäre, womit auch dieser Bremseffekt entfällt. Angesichts dieses kniffligen Problems haben die Wissenschaftler ein außerordentlich ausgeklügeltes Manöver entwickelt. Man nutzte die Schwerkraftunterstützung, um ohne Treibstoff abzubremsen – derselbe Trick, der die Voyager 1 und 2 beschleunigte, als sie vor Jahrzehnten an den äußeren Planeten vorbeiflogen und das Sonnensystem verließen.

Wie hat die Voyager das damals geschafft? Im Jahr 1977 gab es eine ungewöhnliche Planetenkonstellation von Jupiter, Saturn, Uranus und Neptun, die nur alle paar Hundert Jahre auftritt. Die Wissenschaftler der NASA wussten, dass sich ihnen die extrem seltene Gelegenheit bot, die Energie der in einer Linie angeordneten Planeten zu nutzen, um ein Raumschiff mit mehr als 60 000 Kilometern pro Stunde (16,7 Kilometer pro Sekunde) aus dem Sonnensystem zu schleudern und so die Einschränkungen der Raketengrundgleichung zu überwinden.

Eigentlich würde man annehmen, dass bei einer kosmischen Steinschleuder die Schwerkraft eines Planeten ein ankommendes Objekt anzieht und es auf der anderen Seite mit größerer Geschwindigkeit wieder wegschleudert. Aber nein. Die gleiche Schwerkraft, die Objekte anzieht, wirkt auch den Kräften entgegen, sich von dem Planeten zu entfernen. Erinnern Sie sich an unser Gedankenexperiment über den Sprung durch die Erde? Man kann nur so lange Geschwindigkeit aufnehmen, bis der Planet einen wieder zu sich heranzieht, in einem perfekten und nie endenden Zyklus. Die Nettogeschwindigkeit, die allein durch die Schwerkraft erreicht wird? Genau null.

Woher kommt also die Zentrifugalkraft? Wenn man sich einem Planeten auf seiner Umlaufbahn von hinten nähert, also von der sonnenabgewandten Seite, wird man von dem sich bewegenden Planeten mitgerissen und kann so etwas von seiner Umlaufgeschwindigkeit mitnehmen. Ohne diese Schwerkraftunterstützung wären Voyager 1 und 2 auf einer Umlaufbahn um die Sonne irgendwo zwischen Jupiter und Saturn stecken geblieben.

Mithilfe der von den beiden Voyagern perfektionierten Beschleunigungstechnik fanden die Wissenschaftler heraus, wie man eine Raumsonde auf dem Weg zum Merkur ausreichend abbremsen kann. Doch wie geht das, wie kann man die Schwerkraftunterstützung nutzen, um zu bremsen, anstatt zu beschleunigen? Ganz einfach: Man nähert sich einem Planeten in seiner Umlaufbahn frontal (von der Sonne zugewandten Seite) und nicht von der sonnenabgewandten Seite. So erreicht man den gewünschten Bremseffekt. Die Sonde wird abgebremst und überträgt einen Teil ihrer Umlaufgeschwindigkeit auf den Planeten. Der wird ein winziges bisschen schneller, die Raumsonde wird langsamer.

Im Jahr 2004 startete die NASA den Orbiter MESSENGER mit Richtung auf Merkur. Sieben Jahre später, nach mehreren schwerkraftunterstützten

Abbremsmanövern um die Erde, die Venus und den Merkur, gelangte MESSENGER in die Umlaufbahn um sein Ziel. Vier Jahre lang umkreiste er den pockennarbigen Planeten, nahm Tausende von Bildern auf, beantwortete alte Fragen und warf neue auf.

Trotz seiner Nähe zur Sonne ist es auf dem Merkur nicht so höllisch heiß, wie man vielleicht denkt. Er ist sogar »kühler« als die Venus. Da, wo die Sonne tagsüber scheint, erreichen die Oberflächentemperaturen zwar glühende 420 Grad Celsius, aber in den tiefen, ewig schattigen Tälern sinken die Temperaturen auf etwa minus 140 Grad Celsius. Eine fast absurde Folge dieser niedrigen Temperaturen ist, dass MESSENGER Hinweise auf Wassereis entdeckte, das in den kalten Polen des Planeten eingeschlossen ist.

Trotz seiner Nähe zur Sonne ist Merkur **nicht so höllisch heiß,** wie man vielleicht denkt. Er ist sogar »kühler« als die Venus. Da, wo die Sonne tagsüber scheint, erreichen die Oberflächentemperaturen zwar **glühende 420 Grad Celsius,** aber in den tiefen, ewig schattigen Tälern sinken die Temperaturen auf etwa **minus 140 Grad Celsius.**

Obwohl die MESSENGER-Mission nur für ein Jahr ausgelegt war, übertraf sie alle Erwartungen und lief sogar noch drei weitere Jahre. Irgendwann ging jedoch der Treibstoff zur Neige, und da die Sonde der Schwerkraft nichts mehr entgegenzusetzen hatte, begann sie einen Kollisionskurs mit dem verkraterten Planeten und hinterließ dort im April 2015 schließlich selbst einen eigenen Krater.

Die Europäische Weltraumorganisation (ESA, European Space Agency) und die Japanische Agentur für Luft- und Raumfahrt (JAXA, Japan Aerospace Exploration Agency) fliegen nun gemeinsam zum Merkur, um dort weiterzuforschen, wo MESSENGER aufgehört hat – im wahrsten Sinne des Wortes. Ein Ziel der Mission mit der Bezeichnung BepiColombo ist es, die letzte Ruhestätte von MESSENGER zu finden und zu untersuchen. Durch den Aufprall wurde wahrscheinlich der Untergrund aufgewirbelt und Material aus tieferen Schichten gelöst, die möglicherweise zu neuen Erkenntnissen über diesen geheimnisvollen Planeten führen. Vielleicht ist das Vermächtnis von MESSENGER noch nicht abgeschlossen, denn in den Überresten seines Untergangs könnten neue kosmische Entdeckungen auf uns warten.

WISSENSCHAFTSGESCHICHTE

DIE ERSTE SCIENCE-FICTION-GESCHICHTE

Im Jahr 1608, zwei Jahre bevor Galilei den Beweis erbrachte, dass sich die Erde um die Sonne bewegt, schrieb der große deutsche Mathematiker Johannes Kepler eine Geschichte, die manche für die erste echte Science-Fiction-Geschichte überhaupt halten. Er nannte sie *Somnium (Der Traum).*

Die Geschichte handelt von einem isländischen Jungen und seiner kräuterkundigen Mutter, einer Hexe. Die beiden haben die Fähigkeit, nicht menschliche Wesen, sogenannte Dämonen, zu beschwören, die zwischen der Erde und dem Mond hin- und herreisen, den diese dämonischen Wesen die »Insel Levania« nennen. Eines Nachts bittet die Hexe einen dieser Dämonen, zu beschreiben, wie das Sonnensystem für die Bewohner von Levania aussieht. »Für ihre Bewohner«, schrieb Kepler, »scheint Levania unbewegt inmitten der sich bewegenden Sterne zu stehen, nicht anders als unsere Erde für uns Menschen.«

Für uns mag dieser Satz harmlos erscheinen. Wir wissen, dass, egal wo wir stehen – auf der Erde, dem Mond oder einem anderen rotierenden Himmelskörper –, sich alle anderen Objekte um uns herum zu bewegen scheinen, was in Wirklichkeit aber nicht so ist. Die damalige Gesellschaft hatte sich jedoch dem Glauben verschrieben, dass Gott die Erde zum perfekten und unbeweglichen Zentrum des Universums gemacht hatte. Für Keplers Zeitgenossen war deswegen seine Beschreibung ungemein aufrührerisch, ja nahezu ketzerisch, selbst wenn sie sich in einem belletristischen Werk befand.

Da Kepler wusste, dass seine provokanten Worte als Blasphemie interpretiert werden könnten, war er darauf bedacht, sein Manuskript nur an einige wenige Forscherfreunde zu geben. Doch trotz seiner Vorsicht geriet es in die falschen Hände. Einige Leute sahen verwerfliche Ähnlichkeiten zwischen der Hauptfigur und Kepler selbst. Seine Mutter wurde beschuldigt, die dämonenbeschwörende Hauptperson dieser Geschichte zu sein. Sie wurde wegen Hexerei angeklagt und in den Kerker geworfen. Nach sechs Jahren schwieriger, juristischer Auseinandersetzungen wurde sie endlich freigesprochen, verstarb jedoch nur ein Jahr später. Das Manuskript blieb zu Keplers Lebzeiten unveröffentlicht.

Trotz der Schwierigkeiten, die sich aus den Implikationen seines Romans ergaben, gab Kepler sein heliozentrisches Weltbild nie auf.

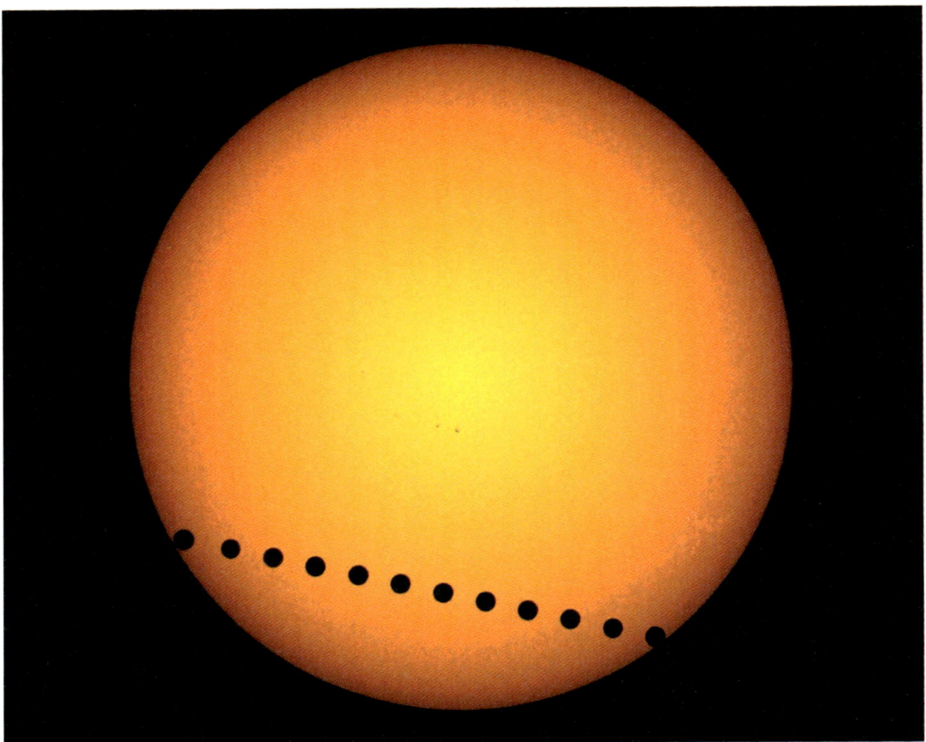

Ein zusammengesetztes Bild des Venustransits (in schwarz) vor der Sonne vom Jahr 2004, dem ersten Sonnentransit des Planeten seit 1882

VENUS – EINE UMTRIEBIGE LADY

Sowohl Merkur als auch Venus erscheinen kurz vor der Morgendämmerung in der Nähe der aufgehenden Sonne, verschwinden dann für Wochen oder Monate und tauchen in der Abenddämmerung in der Nähe der untergehenden Sonne wieder auf. Da beide sich in unmittelbarer Nähe zur Sonne befinden, entfernen sie sich von der Erde aus gesehen nie allzu weit von ihr.

Einige antike Zivilisationen, darunter die Griechen und Römer, glaubten, die Venus sei in Wirklichkeit zwei separate Sterne. Die leuchtende, silbrige Venus, das hellste Objekt an unserem Himmel nach Sonne und Mond, erschien ihnen als ein Morgen- und ein Abendstern. Die alten Griechen nannten ihre abendliche Erscheinung Hesperus und ihre morgendliche Erscheinung Phosphoros (lateinisch Lucifer, was »Lichtbringer« bedeutet). Nachdem die Römer diese beiden getrennten Erscheinungen später als ein und dasselbe Objekt erkannt hatten, benannten sie den wechselhaften Himmelskörper schließlich um zu Venus, nach ihrer Göttin der Liebe und Schönheit.

Es gab aber auch einige andere frühe Zivilisationen – die Babylonier, die Aborigines und die Torres-Strait-Insulaner, sowie viele indigene Kulturen Mittelamerikas, insbesondere die Maya –, die schon sehr früh davon überzeugt waren, dass die gelegentlich verschwindenden Lichter von ein und demselben Objekt ausgehen.

DIE PHASEN DER VENUS

Als Galileo Galilei 1610 die Venus durch sein verbessertes Fernrohr betrachtete, wurde er Zeuge einer Besonderheit dieses umtriebigen Planeten, was schließlich dazu beitrug, das geozentrische Universum zu stürzen. Er sah, dass die Venus genau wie der Mond Phasen aufweist. Wenn sich die Sonne beispielsweise links von der Venus befand (durch Galileis Instrument gesehen), war die linke Seite der Venus beleuchtet, während die rechte Seite im Dunkeln lag: eine halbe Venus. Die verschiedenen, aufeinanderfolgenden Konstellationen von Sonne und Venus führen dazu, dass die Venus die gleichen Phasen aufweist, die wir bereits vom Mond kennen. Galilei schloss sinnigerweise daraus, dass sich die Venus um die Sonne und nicht um die Erde drehen muss. Das war ein Nagel im Sarg des geozentrischen Weltbildes von Ptolemäus und ein solider Beweis für das heliozentrische Modell, fast 70 Jahre nachdem es Nikolaus Kopernikus postuliert hatte.

Galilei war zwar sehr erpicht darauf, seine neue Entdeckung zu veröffentlichen, zuerst zögerte er jedoch noch. Er schickte seinem Freund Johannes Kepler ein als Anagramm verschlüsseltes Rätsel. Zugegeben, eine etwas seltsame Art, einen wissenschaftlichen Durchbruch zu verkünden, aber in den Tagen vor dem Urheberrecht, vor Patenten und Peer-Reviews war dies eine gängige Praxis. Er schrieb: *»Haec immatura a me iam frustra leguntur o.y.«*, was so viel heißt wie: »Diese sind noch zu jung, um von mir gelesen zu werden.« Kepler versuchte erfolglos, die Buchstaben so umzustellen, dass er die Botschaft entschlüsseln konnte. Als Galilei von der Richtigkeit seiner Entdeckung absolut überzeugt war, vertauschte er selbst die

Buchstaben, um seine verborgene Botschaft zu vermitteln: *Cynthiae figuras aemulatur mater amorum*, was bedeutet: »Die Mutter der Liebe ahmt die Formen der Cynthia nach.« Venus ist in diesem Rätsel natürlich die Mutter der Liebe, und in der römischen Mythologie wurde die Mondgöttin oft Cynthia genannt. Das vollständig gelöste Rätsel enthüllte also Galileis Entdeckung: Venus ist ganz ähnlich wie der Mond.

DER VENUSTRANSIT

Im Jahr 1639 wurde ein 20-jähriger englischer Hauslehrer Zeuge eines kosmischen Ereignisses, das niemand vor ihm je beobachtet hatte. Der junge Jeremiah Horrocks, ein eifriger Leser der neuesten astronomischen Schriften, analysierte die aktuellsten Planetentafeln und berechnete, dass die Venus im Begriff war, direkt vor der Sonne vorbeizuziehen. Mehrere Stunden lang erschien dieser Planet, den man zuvor nur als schimmernde Kugel in der Nacht wahrnehmen konnte, als winziger schwarzer Punkt, der vor der Sonne vorüberzog.

Er richtete sein Teleskop auf die Sonne aus und projizierte das Bild auf ein Blatt Papier. So beobachtete Horrocks den Transit, ohne seine Augen zu gefährden. Mit allergrößter Wahrscheinlichkeit waren er und sein Begleiter William Crabtree damals die einzigen Menschen auf der Erde, die das Himmelsspektakel verfolgten. Auf der Grundlage seiner Beobachtungen schätzten Astronomen dann die Entfernung der Erde zur Sonne, die Größe der Venus und die Größe des gesamten Sonnensystems bis hin zu Saturn, dem damals am weitesten entfernten der bekannten Planeten.

Horrocks starb 14 Monate später. Leider haben nur wenige Aufzeichnungen seiner ursprünglichen Arbeiten und Beobachtungen die Jahrhunderte überdauert, viele gingen durch den Großen Brand von London verloren. Wir werden wohl nie erfahren, was seine Aufzeichnungen enthielten oder wie er den weiteren Verlauf astronomischer Entdeckungen geprägt hätte, wäre ihm ein längeres Leben vergönnt gewesen. Seine nur teilweise geretteten und erst posthum veröffentlichten Arbeiten zeugen von einem Geist und einem Leben, das genauso selten, ungewöhnlich und so tragisch flüchtig war wie ein Venustransit.

Beim Venustransit von 1769 war es den Sternguckern dank neuerer Messinstrumente möglich, die Entfernung zwischen Erde und Sonne genau zu bestimmen und so einen genaueren Wert für die Größe des Sonnensystems zu ermitteln. Astronomen wurden zu zahlreichen Orten auf der ganzen Welt entsandt, an denen der Transit zu sehen war, von Norwegen und Sibirien bis Baja California und Indien. Der berühmt-berüchtigte britische Entdecker James Cook, der zusammen mit dem Astronomen Charles Green an Bord der *HMS Endeavour* in See stach, um den Transit 1769 von Tahiti aus zu dokumentieren, leitete die bekannteste Expedition. Dieses Mal hielten die Briten genau fest, was sie sahen.

Mit den gesammelten Daten des Venustransits, die bei diesen simultan stattfindenden Expeditionen gewonnen wurden, und bei denen auch der genaue Zeitpunkt und die Koordinaten auf der Erdoberfläche dokumentiert wurden, konnten die Astronomen mithilfe der guten alten Trigonometrie einen genauen Wert für die Entfernung der Erde von der Sonne ermitteln.

Obwohl inzwischen neue Technologien den Venustransit als bevorzugte Methode zur Bestimmung unseres Platzes im Universum abgelöst haben, werden diese seltenen Ereignisse weiterhin geschätzt, um den Kosmos besser zu verstehen. Der nächste Transit wird wohl im Dezember 2117 stattfinden. Wenn sich die Ambitionen der Raumfahrt-Enthusiasten durchsetzen, könnte der Mensch bis dahin eine multiplanetare Spezies sein, die in der Lage ist, Transite von der Erde, dem Mond und dem Mars aus zu beobachten.

DIE ERFORSCHUNG DER VENUS

Vor dem Wettlauf im All verhüllte eine dichte, reflektierende, geheimnisvolle Atmosphäre den nächsten Nachbarn der Erde, die Venus. Von der Erde aus kann man höchstens die Größe, die Entfernung und die chemische Zusammensetzung der oberen Atmosphärenschichten feststellen. Ende 1962, anderthalb Jahre nachdem Juri Gagarin als erster Mensch in die Erdumlaufbahn geschickt worden war, startete die erste Sonde zu einem anderen Planeten. Die NASA-Sonde Mariner 2 flog an der Venus vorbei und erfasste unterwegs deren Temperatur: insgesamt glühend heiße 230 Grad Celsius. Spätere Messungen kamen sogar auf doppelt so hohe Werte.

RÄTSEL DES KOSMOS

VENUSIANER

Ve-nu-sian \vi-'nü-zhən\ adj (1874): vom oder in Bezug auf den Planeten Venus

Einen Außerirdischen, der von der Venus stammt, kann man als »Venusianer« bezeichnen, aber nur, weil die Ärzteschaft das korrekte lateinische Adjektiv bereits für sich beansprucht hat (venerische Krankheiten). Wenn wir den Regeln der lateinischen Grammatik folgen würden, müsste eine Person oder Sache, die mit der Venus zu tun hat - dem Planeten, der nach der Göttin der Liebe und der Schönheit und allem, was dazugehört, benannt ist -, eigentlich »venerisch« genannt werden.

Bald darauf begann die Sowjetunion ihr Venera-Programm mit einer Reihe von Venussonden und Landegeräten. Dadurch veränderte sich unser Verständnis unseres Nachbarplaneten grundlegend. 1967 war Venera 4 die erste Sonde, die in die Atmosphäre eines anderen Planeten eindrang. 1970 gelang Venera 7 die erste weiche Landung auf der Oberfläche eines anderen Planeten. Sie maß eine Oberflächentemperatur von fast 480 Grad Celsius und einen enormen atmosphärischen Druck, 90-mal so hoch wie auf der Erde. Außerdem wurde eine giftige Atmosphäre entdeckt, die zu 97 Prozent aus Kohlendioxid besteht. Die erfolgreiche Mission von Venera 7 zerstörte alle verbleibenden Hoffnungen, dass die Venus Heimat einer Kolonie schöner Frauen oder überhaupt von schönem, weiblichem oder wie auch immer geartetem Leben sein könnte. Fünf Jahre später machte Venera 9 die allerersten Bilder von der Oberfläche eines anderen Planeten aus und enthüllte damit die felsenübersäte Trostlosigkeit der Venus – ganz anders als der tropische Ozeanplanet, auf dem es vor Leben wimmelt, wie es sich Science-Fiction-Autoren ausgemalt hatten.

EINE LEKTION FÜR DIE ERDE VON DER VENUS

Bevor die Mariner- und Venera-Sonden ihre Daten über die sengenden Oberflächentemperaturen zur Erde funkten, sagte ein amerikanischer Astrophysik-Doktorand namens Carl Sagan voraus, dass die dichte Atmosphäre der Venus den Planeten ungewöhnlich heiß machen und einen unkontrollierbaren Treibhauseffekt verursachen könnte. Obwohl die Erde ein gewisses Maß an Treibhauseffekt benötigt, um eine Umwelt zu schaffen, in der das uns vertraute Leben gedeihen kann, gibt es einen Kipppunkt: Steigt der Gehalt von Treibhausgasen zu sehr, verdampft das Wasser auf der Erdoberfläche und der nun ausgetrocknete Planet würde noch mehr einfallende und infrarote Energie unter seiner dichten Atmosphäre einfangen.

Die Definition eines Treibhausgases ist, dass es Infrarotstrahlung absorbiert und emittiert, während es andere Lichtfrequenzen durchlässt. Falls Sie denken, entweder Kohlendioxid oder Methan sind die stärksten Treibhausgase, muss ich Sie leider enttäuschen, weit gefehlt, es ist keines von beiden. Die klare Nummer eins unter den Treibhausgasen ist Wasserdampf. Wenn also ein Planet, der Wasser enthält, so heiß wird, dass sein gesamtes Oberflächenwasser verdunstet und zu atmosphärischem Wasserdampf wird, dann wird der Treibhauseffekt schnell rasant ansteigen.

Genau das ist das Schicksal der Venus. Einst eine Wasserwelt, vielleicht sogar üppig bewachsen und voller Leben, so wie unsere Erde, ist die Venus heute eine trostlose, vulkanische Höllenlandschaft mit einer durchschnittlichen Oberflächentemperatur, die heiß genug ist, um Blei zu schmelzen. Sagan fragte sich, was passieren könnte, wenn sich der moderate Treibhauseffekt unseres Planeten durch die ungezügelte Verbrennung fossiler Brennstoffe weiter verstärken würde, wobei lange im Boden gespeicherter Kohlenstoff als Kohlendioxid in die Atmosphäre gelänge. Seine Berechnungen veranlassten ihn, 1985 in einer Rede vor dem amerikanischen Kongress vor den Gefahren der anthropogenen Klimakatastrophe zu warnen.

Aber könnte die Erde wirklich jemals das Schicksal der Venus erleiden?

Jedes Jahr stoßen die Erdbewohner mehr als 50 Milliarden Tonnen wärmespeichernder Treibhausgase in die Atmosphäre aus. Kohlendioxid aus der Verbrennung fossiler Brennstoffe (Kohle, Erdgas und Erdöl) macht drei Viertel dieser Emissionen aus. Wie der Name schon sagt, sind fossile Brennstoffe aus uralten Überresten von Pflanzen und Tieren entstanden. Trotz des Logos eines gewissen großen Ölkonzerns waren es gewiss keine brüllenden Reptilien oder feuerspeienden Fabelwesen, aus denen Erdöl entstanden ist. Fast das gesamte Erdöl und der größte Teil des Erdgases, mit dem wir unsere Autos, Flugzeuge und die Heizung in unseren Häusern betreiben, stammt von winzigem Plankton, uralten mikroskopisch kleinen pflanzlichen und tierischen Organismen – dem Phytoplankton, das sich dank der Sonneneinstrahlung und Kohlendioxid vermehrt, und dem Zooplankton, das sich vom Phytoplankton ernährt. Unsere Kohle dagegen stammt aus den unterirdisch gelagerten Überresten vielzelliger Waldpflanzen.

Das Rezept für fossile Brennstoffe: Man sammle reichlich pflanzliches oder tierisches Material, übe immensen Druck über Jahrmillionen hinweg darauf aus und erhitze es dann so lange, bis die gewünschte Konsistenz erreicht ist.

Vor 300 Millionen Jahren blühte das Leben – wirklich bizarres und fantastisches Leben – in den feuchten Sümpfen und dem warmen, flachen Ozean, der den größten Teil des Erdballs bedeckte. Fossilien von damals erzählen von einer sauerstoffreichen, feuchten Atmosphäre, in der falkengroße Libellen und fußlange Skorpione durch üppig bewaldete Feuchtgebiete flitzten. Milliarden Bäume, von denen einige Arten mehr als 30 Meter hoch waren, entzogen der Luft Kohlendioxid und entwickelten kräftige Fasern – das so genannte Lignin –, die ihr Gewicht trugen und dennoch im Wind flexibel waren. Aber mit ihren dünnen, hoch aufragenden Stämmen und überraschend flachen Wurzeln fielen diese schnell wachsenden Bäume leicht um – und sammelten sich in den sauerstoffarmen Gewässern darunter an. Im Laufe der Zeit verschluckten Schlick und steigende Meere die

Das Rezept für **fossile Brennstoffe:** Man sammle reichlich pflanzliches oder tierisches Material, übe immensen Druck über **Jahrmillionen** hinweg darauf aus und erhitze es dann so lange, bis die gewünschte Konsistenz erreicht ist.

Seite 113: Darstellung einer Landschaft aus der Karbonzeit mit Pflanzen und Insekten von vor etwa 280 bis 340 Millionen Jahren

Megatonnen verrottenden Pflanzenmaterials, das durch immense Hitze und Druck komprimiert wurde. Sie wurden zu kohlenstoffreicher Kohle, die 300 Millionen Jahre später als Brennstoff für unsere menschliche Aktivitäten dient. Dieses Erdzeitalter der weit verbreiteten Baumablagerungen wird Karbon genannt. Nahezu die gesamte Kohle, die wir heute nutzen, stammt aus dieser Zeit.

Der größte Teil der weltweiten Öl- und Gasvorkommen stammt aus der Zeit rund 100 Millionen Jahre nach dieser Epoche, während der Herrschaft der Dinosaurier im Mesozoikum, dem Zeitalter der Reptilien. Die wärmeren Ozeane jener Zeit ließen das Plankton gedeihen. Wie die Bäume des Karbonzeitalters waren auch ihre versunkenen Überreste über Dutzende von Millionen Jahren hinweg extremem Druck und Hitze ausgesetzt. Während ein Teil des Erdgases aus den späten Phasen des Kohlezersetzungs- und Bildungsprozesses stammt, bildete sich fast das gesamte Öl aus Plankton. Diese Organismen – das einzellige, Photosynthese betreibende Phytoplankton, das sich von Sonnenlicht und Kohlendioxid ernährt, und das Zooplankton, das sich vom Phytoplankton ernährt – basieren wie wir und alles andere Leben auf Kohlenstoff. Wenn die komplexen Kohlenstoffmoleküle des Lebens verbrennen, setzt die chemische Reaktion CO_2 frei. Als ein Nebenprodukt – und zwar ein besonders nützliches für den fleißigen Menschen – fällt dabei jede Menge Energie in Form von Wärme ab.

Da unser Rezept für fossile Brennstoffe Millionen von Jahren benötigt, sind diese Brennstoffe eine nicht erneuerbare Ressource. Mit anderen Worten: Die Menge, die wir während der Lebensspanne unserer Spezies auf der Erde vorfinden werden, ist begrenzt. Während der sogenannten Energiekrise in den 1970er-Jahren machten Analysten der U.S. Energy Information Administration beunruhigende Vorhersagen darüber, wie wenig Öl und Gas noch für den menschlichen Verbrauch zur Verfügung steht, und schlugen Alarm über einen schnell schwindenden Rohstoff.

In der Zwischenzeit haben findige Menschen jedoch viel Geld in die Erforschung neuer, innovativer Fördermethoden investiert, um unseren wachsenden Bedarf (und unsere Gier) zu decken. Die Einführung des Hydraulic Fracturing (auch bekannt als Fracking, das in den 1860er-Jahren erfunden wurde) nach dem Zweiten Weltkrieg machte die Gewinnung ehemals schwer zugänglicher Brennstoffvorkommen möglich. Während das

Angebot in die Höhe schnellte, sanken die Brennstoffpreise relativ gesehen. Fossile Brennstoffe werden bedauerlicherweise in absehbarer Zeit nicht verschwinden, solange neue Wege zur Gewinnung fossiler Brennstoffe finanziert werden und die menschliche Gesellschaft für den Transport, die Produktion, das Heizen und Kühlen sowie für fast alle anderen Aspekte des täglichen Lebens auf sie angewiesen ist.

Aber angenommen, die fossilen Brennstoffe gehen uns doch einmal aus. Würden die Menschen alle in der Erdkruste gebundenen Kohle-, Öl- und Gasvorräte verbrennen, würde der Planet in einen Zustand zurückkehren, der dem von vor 300 Millionen Jahren vage ähnelt. Das Leben würde immer noch gedeihen – nur nicht so, wie es heute aussieht.

Um die Erde jedoch in eine zweite Venus zu verwandeln, müssten wir die zehnfache Menge an fossilen Brennstoffen verbrennen, die unser Planet heute enthält. Der Slogan »Rettet die Erde«, so lobenswert er auch sein mag, geht an der Sache vorbei und übersieht eine viel beunruhigendere Tatsache: Wir sind der Erde total egal. Sie hat Milliarden von Jahren vor uns bestanden und wird auch noch Milliarden von Jahren nach dem letzten Atemzug des *Homo sapiens* weiterbestehen. Wie Dr. Ian Malcolm in dem Film *Jurassic Park* von 1993 sagt: »Das Leben findet einen Weg.« Aber »Leben« kommt zur Not auch ohne die Menschheit aus, vielleicht sogar überraschend gut.

DAS ERDE-MOND-SYSTEM

»Wir sind den ganzen weiten Weg gereist, um den Mond zu erforschen. Und was wir tatsächlich entdeckt haben, war die Erde.«

William Anders, Apollo-8-Astronaut (Fotograf von »Earthrise«, dem Foto, das vom Time Magazine *zu den 100 einflussreichsten Bildern aller Zeiten gekürt wurde)*

Als Neil Armstrong als erster Mensch seinen Fuß auf die Oberfläche des Mondes setzte, trug er in der linken Tasche seines Raumanzugs einen ausziehbaren Metalllöffel, an dem eine kleines Täschlein befestigt war. Seine erste und dringlichste wissenschaftliche Aufgabe, noch bevor er die amerikanische Flagge aufstellte oder seinen legendären Sprung machte, bestand

darin, ein wenig Mondstaub aufzusammeln und in dieses Täschlein zu stecken. Der Grund? Sollte die Mission schiefgehen und er und sein Moonwalker-Kollege Buzz Aldrin sich eilig aus dem Staub machen müssen, hätten die Wissenschaftler auf der Erde wenigstens ein kleines bisschen Material für ihre Untersuchungen. Bei der Betonung der politischen Implikationen und den bunten Konfetti-Paraden im Fernsehen vergessen wir oft, dass die Mondlandung in erster Linie eine wissenschaftliche Mission war.

Der mit Mondstaub gefüllte Beutel kam zusammen mit 22 Kilogramm Mondkieseln und Bodenproben zurück zur Erde. Anhand dieser Proben und weiterer 360 Kilogramm Mondmaterial von den fünf nachfolgenden Apollo-Missionen wurde nicht nur die Entstehungsgeschichte des Mondes, sondern auch die des gesamten Sonnensystems neu geschrieben – und wer weiß, vielleicht sogar die Entstehungsgeschichte des Lebens. Bevor die Menschen in Regionen außerhalb der Atmosphäre unseres eigenen Planeten reisten, wusste man wenig über andere Welten unseres Sonnensystems oder darüber, wie sie zu dem wurden, was sie heute sind und wo sie sind.

Bevor die Apollo-Missionen Mondgestein zur Erde brachten, um es gründlich zu untersuchen, vertraten die Wissenschaftler drei Hypothesen über die Entstehung des Mondes:

1. Der Mond entstand in Erdnähe, und zwar zur gleichen Zeit wie die Erde.
2. Der Mond entstand an einem anderen Ort, wurde aber von der Schwerkraft der Erde eingefangen, als er in deren Umlaufbahn geriet.
3. Die Erde drehte sich einst so schnell, dass Teile von ihr weggeschleudert wurden und den Mond bildeten.

Die Analyse des Mondgesteins, von dem man annahm, dass es eines dieser Grundkonzepte bestätigen würde, gab stattdessen Anlass zu einer völlig neuen Annahme: die Hypothese eines gigantischen Einschlags.

Man stelle sich das in etwa so vor: Etwa 100 Millionen Jahre nach der Entstehung unserer Sonne kreisten im frühen Sonnensystem viele junge

Seite 116: Die heftige Kollision eines marsgroßen Objekts mit der jungen Erde könnte die Trümmer weggeschleudert haben, aus denen schließlich der Mond entstanden ist

RÄTSEL DES KOSMOS

EIN LEBEN OHNE DEN MOND

Wie auch immer der Mond entstanden sein mag, fest steht, dass ohne ihn das Leben auf der Erde unmöglich oder zumindest für uns unvorstellbar wäre. Durch die Neigung der Erdachse von 23,5 Grad entstehen unsere Jahreszeiten. Ist die nördliche Hemisphäre der Sonne zugewendet, dann ist dort Sommer; wenn sie sich von der Sonne weg neigt, ist dort Winter. Das Gleiche gilt für die südliche Hemisphäre.

Der Äquator, auf alle Zeiten zwischen den beiden Hälften gefangen, kennt keine Jahreszeiten. Ohne die konstante Anziehungskraft des Mondes, die die Neigung der Erdachse stabilisiert, würde die Erdachse dramatisch wackeln und die Erde würde schnell wechseln vom Zustand der Jahreszeitenlosigkeit zu einer ausgewachsenen Eiszeit. In einer solch instabilen Umgebung hätten wahrscheinlich alle Lebensformen große Schwierigkeiten, überhaupt zu entstehen, geschweige denn über längere Zeit zu überleben und sich weiterzuentwickeln.

Planeten – die sogenannten Protoplaneten – in einer Art kosmischem Billardspiel ständig ziemlich wild umher und prallten dabei immer wieder aufeinander. Das taten sie so lange, bis schließlich alle Himmelskörper ihre heutigen Positionen und Umlaufbahnen erreicht hatten. Ein etwa marsgroßer Protoplanet stieß wahrscheinlich seitlich auf die fast voll ausgebildete Erde, wodurch ein Trümmerring entstand, der unseren Mond hervorbrachte und das Schicksal der Erde auf immer veränderte. Wissenschaftler haben diesen hypothetischen Protoplaneten sogar mit einem Namen aus der griechischen Götterwelt geehrt: Theia, nach der Mutter von Selene, der Göttin des Mondes.

Man kann sich das in etwa so vorstellen: Es gab einen leuchtenden Bogen am Himmel, in dem neu entstandene Ringe aus Gesteinstrümmern wirbelten. Innerhalb dieser Ringe aus Trümmern wurden mithilfe der Schwerkraft große Teile größer, während kleinere Teile verschwanden. Das Material in diesem Ring verschmolz schnell zu einem einzigen riesigen Objekt – unserem Mond. Der zunehmende Druck und die Reibung erzeugten so viel Energie, dass der Mond zu einem Ball aus glühendem Magma wurde. Der neue Mond war etwa 20-mal näher an der Erde als jetzt, wodurch er 400-mal heller war.

Das Schicksal von Theia selbst bleibt ein Rätsel. Wenn sie überhaupt existierte, zerfiel sie höchstwahrscheinlich beim Einschlag, und ihre Masse und sonstige Bestandteile gingen in der Entstehung der jungen Erde und des neuen Mondes auf. Und auch wenn die Geschichte eines gigantischen Einschlags immer wieder angefochten und modifiziert wurde, unter anderem durch laufende Untersuchungen von Apollo-Gestein, bleibt sie die führende Hypothese für die Entstehung des Mondes.

Die Zusammensetzung der Gesteinsproben vom Mond, die Apollo zur Erde brachte, sind der Erdkruste auffallend ähnlich – ein wichtiges Indiz für die sogenannte Kollisionstheorie. Wäre der Mond ein vagabundierendes Objekt gewesen, das von der Schwerkraft der Erde eingefangen wurde, wären die Materialabweichungen größer. Die Proben deuten auch darauf hin, dass die Mondoberfläche einst ein Magmaozean war, in dem die schwereren Mineralien nach unten sanken und die leichteren nach oben drifteten. Ja tatsächlich, Gestein kann schwimmen – aber nur innerhalb eines dichteren Ozeans. Den überzeugendsten Beweis für einen gigantischen Einschlag liefern jedoch die seismologischen Messgeräte, die von den Apollo-Astronauten aufgestellt wurden. Die Daten aus diesen Geräten zeigen einen kleinen Mondkern mit sehr wenig Eisen – eine erstaunliche Entdeckung bei einem so großen Objekt.

In Anbetracht seiner Lage im Sonnensystem ist der Mond im Vergleich zu seinem Heimatplaneten **und auch überhaupt als ein Trabant** recht groß. Sein Durchmesser ist **halb so groß wie der des Mars,** der selbst von zwei asteroidengroßen, kartoffelförmigen Monden umkreist wird.

In Anbetracht seiner Lage im Sonnensystem ist der Mond im Vergleich zu seinem Heimatplaneten und auch überhaupt als ein Trabant recht groß. Sein Durchmesser ist halb so groß wie der des Mars, der selbst von zwei asteroidengroßen, kartoffelförmigen Monden umkreist wird. Mit anderen Worten: Wäre der Mond nicht aus der Erdkruste entstanden, sondern gleichzeitig mit der Erde, müsste er einen Kern aus schweren Elementen enthalten, wie alle anderen kugelförmigen Objekte im Sonnensystem, die aus den Bestandteilen unseres ursprünglichen Sonnennebels entstanden sind.

Das heißt aber nicht, dass alle Zweifel ausgeräumt sind. Die Hypothese eines gigantischen Einschlags lässt sich mit mehreren geochemischen Ungereimtheiten nicht vereinbaren, und Apollo hat leider nur auf einem kleinen Teil des Mondes Proben entnommen. Die Entstehungsgeschichte des Mondes bleibt also weitgehend hypothetisch, zumindest so lange, bis Menschen für umfassendere Probenentnahmen und weitere Untersuchungen dorthin zurückkehren.

DIE GEZEITENKRAFT

Als Isaac Newton erkannte, dass der fallende Apfel dem gleichen Gesetz folgt, das unseren Mond in seiner Umlaufbahn hält, entwickelte er daraus eine Gleichung zur Berechnung der Schwerkraft zwischen zwei beliebigen Objekten im Universum. Anhand dieser Newton'schen Gleichung kann man zeigen, dass die Schwerkraft umso größer ist, je näher zwei Objekte beieinander liegen. Wenn man zum Beispiel auf der Erde steht, ist die Anziehungskraft der Erde an den Füßen etwas stärker als am Kopf. Die Erde zieht unmittelbar über dem Boden mit einer 0,00006 Prozent stärkeren Kraft als in Kopfhöhe, ein winziger Unterschied.

Aber alle Objekte spüren diesen simplen Unterschied in der Schwerkraft, der als Gezeitenkraft bezeichnet wird, da sie von der Schwerkraft aller anderen Objekte im Universum angezogen werden. Die Gezeitenkräfte sind die direkte Ursache für eine Vielzahl kosmischer Phänomene, die ansonsten scheinbar nichts miteinander zu tun haben.

Die Gezeitenkraft hängt stark von der Entfernung ab – eine geringfügige Vergrößerung der Entfernung zwischen zwei Objekten kann einen großen Unterschied in der Stärke der Gezeitenkraft ausmachen. Wäre der Mond beispielsweise doppelt so weit von uns entfernt wie heute, dann wäre seine Gezeitenkraft auf die Erde achtmal schwächer. Bei seiner derzeitigen durchschnittlichen Entfernung von 384 000 Kilometern von der Erde schafft es der Mond, beträchtliche atmosphärische, ozeanische und krustale Gezeiten zu erzeugen, indem er den Teil der Erde, der dem Mond am nächsten

Die 72 Kilometer dicke äußerste Schicht des Mondes ist dicker als die Erdkruste. Darunter befinden sich ein 1000 Kilometer dicker Mantel und ein kleiner, fester, stark eisenhaltiger Kern

ist, stärker anzieht als die Teile der Erde, die weiter entfernt sind. Die Sonne hingegen ist so weit entfernt, dass ihre Gezeitenkraft auf die Erde trotz ihrer starken Schwerkraft nur halb so groß ist wie die des Mondes.

Die sichtbarsten Folgen sind die Gezeiten der Ozeane, wenn sie vom Mond angezogen werden. Während sich die feste Erdmasse der Erde weiterdreht, schieben die Kontinentalplatten Trillionen Tonnen Meerwasser in den Ozeanen der Erde vorwärts. Dieser »Krieg der Kräfte« erzeugt eine ozeanische Auswölbung, die sich immer etwas vor der Position des Mondes auf seiner monatlichen Umlaufbahn befindet. Die Rotation innerhalb dieser Ausbuchtung verursacht auf der Erde eine enorme Reibung, da das Meerwasser gegen die Festlandsockel und -küsten schwappt. Die Folge? Im Laufe der Zeit dreht sich die Erde immer langsamer. Heute werden die Tage mit einer Nettorate von etwa zwei Millisekunden pro Tag und Jahrhundert länger. Das hört sich nicht nach viel an, aber bei dieser Geschwindigkeit summieren sich die vollen Sekunden schnell, nach einem Jahrhundert ist jeder Tag zwei Millisekunden länger. Nach zwei Jahrhunderten sind die

Tage vier Millisekunden länger, und so weiter. Seit 1972 passen wir unsere tägliche Zeitrechnung offiziell mit Schaltsekunden an, die nach dem Kalender alle paar Jahre – je nach Bedarf – Ende Juni oder Dezember hinzugefügt werden.

Gehen wir nun in der Zeit zurück und stellen wir uns den Zustand der Gezeiten bei der Entstehung des Mondes vor. Wäre er etwa 20-mal näher an der Erde als heute, wäre die Gezeitenkraft des Mondes 8000-mal stärker. Einige Theorien gehen davon aus, dass die Erde früher viel schneller rotierte und ein Tag vier bis sechs Stunden dauerte, anstatt wie heute 24 Stunden. Seit damals sind wir immer langsamer geworden.

Stellen wir uns den Zustand der Gezeiten bei der **Entstehung des Mondes** vor. Wäre er etwa 20-mal näher an der Erde als heute, wäre die **Gezeitenkraft** des Mondes 8000-mal stärker.

Der beste Beweis für die Verlangsamung der Erdrotation stammt aus detaillierten Aufzeichnungen von totalen Sonnenfinsternissen, die viele Jahrhunderte zurückliegen. Wenn die Erde in der Vergangenheit tatsächlich viel schneller rotierte, dann müsste eine totale Sonnenfinsternis von der Erdoberfläche aus gesehen damals an einem anderen Punkt sichtbar gewesen sein als dem, den wir bei unserer derzeitigen Rotationsgeschwindigkeit erwarten würden.

Und historische Aufzeichnungen zeigen genau das – die frühesten aufgezeichneten Finsternisse waren entlang der Erdoberfläche um knapp 10 000 Kilometer westlich von dem Ort versetzt, an dem man sie auf dem heutigen, sich langsamer drehenden Planeten beobachten würde.

In der Zwischenzeit wirkt das ausgebuchtete Schwerefeld der Erde, das sich in seiner Umlaufbahn etwas vor dem Mond befindet, wie eine Energiepumpe, die den Mond langsam in eine immer größere Umlaufbahn schaukelt. Brauchen Sie einen Beweis dafür? Als Neil Armstrong und Buzz Aldrin 1969 das »Meer der Ruhe« auf dem Mond besuchten, ließen sie dort unter anderem eine mit Spiegeln versehene Platte zurück, die das Licht genau in die Richtung reflektiert, aus der es kommt. Kurz nach der Mondlandung fing man an, damit Messungen vorzunehmen. Zunächst im McDonald-Observatorium in Texas und heute in Observatorien in Frankreich, Deutschland und Italien. Von dort werden viele Hochleistungslaser zum Mond hinaufgebeamt, und das reflektierte Signal wird sorgfältig aufgezeichnet.

Da wir die Lichtgeschwindigkeit kennen, können wir so die Entfernung des Mondes mit nie dagewesener Genauigkeit berechnen. Aufgrund unserer jahrzehntelangen Messungen mit mehreren Reflektoren wissen wir nun, dass sich der Mond spiralförmig mit einer Geschwindigkeit von etwa 3,8 Zentimetern pro Jahr von uns entfernt, genau wie es die Gezeitentheorie vorhersagt. Die Erdrotation wird sich weiter verlangsamen, und der Mond wird sich weiter in einer Spiralbewegung entfernen, bis irgendwann einmal ein Tag auf der Erde genau einem Mondmonat entspricht. Bis dahin wird eine Erdumdrehung mehr als 1000 Stunden dauern, was eine Addition von insgesamt vier Millionen Schaltsekunden pro Tag erfordern würde. Es besteht jedoch kein Grund zur Panik. Wir haben noch mehr als eine Billion Jahre Zeit, darüber nachzudenken.

Inzwischen hat die Auswirkung der Gezeitenkraft der Erde auf den Mond ihre Arbeit längst beendet: Die Rotation des Mondes hat sich verlangsamt und entspricht genau seiner Umlaufzeit um die Erde. Wenn dies bei einem Objekt in der Umlaufbahn der Fall ist, zeigt es dem Himmelskörper, den es umkreist, immer dieselbe Seite – man spricht dann von »gebundener Rotation«. Aus diesem Grund hat der Mond von der Erde aus gesehen eine Seite, die uns permanent zugewandt ist, und eine stets abgewandte Seite; von der uns zugewandten Seite des Mondes aus gesehen geht die Erde nie unter. Während eines vollen Mondmonats erhalten jedoch alle Seiten des Mondes Sonnenlicht. Entgegen dem Volksmund und dem Titel eines der meistverkauften Rockalben von Pink Floyd aus dem Jahr 1973, *The Dark Side of the Moon*, gibt es also keine »dunkle Seite« des Mondes und es hat sie auch noch nie gegeben.

Denken Sie auch daran, dass die Erde noch viel langsamer werden muss. Wenn sich ihre Rotation verlangsamt, bis sie genau mit der Umlaufzeit des Mondes übereinstimmt, wird sich die Erde nicht mehr innerhalb ihres ozeanischen Gezeitenwulstes drehen, und das Erde-Mond-System wird eine doppelte Gezeitenbindung erreicht haben. Zufälligerweise sind doppelte Gezeitenbindungen energetisch günstig – so ähnlich wie ein Ball, der am Fuße eines Hügels zur Ruhe kommt. Sie sind im Universum in eng kreisenden Doppelsternsystemen häufig anzutreffen. Sogar in unserem eigenen

Sonnensystem gibt es ein paar. Erde-Mond und Pluto-Charon sind umeinander kreisende Paare, bei denen sich der Trabant in der Nähe befindet und relativ groß ist, im Vergleich zu seinem Wirtplaneten, eine Konfiguration, die zu starken Gezeitenkräften führt. Während die Erde den Mond gezeitenabhängig gebunden hat, besteht bei Pluto und Charon eine wechselseitige Gezeitenbindung.

Manchmal fragt man sich, ob die Gezeitenkräfte des Mondes das menschliche Verhalten beeinflussen können. Die Antwort lautet: Ja – vorausgesetzt, man hat einen sehr, sehr großen Kopf. Wenn Ihr Schädel einen Durchmesser von, sagen wir, 13 000 Kilometern hätte (das ist in etwa der Durchmesser der Erde), dann würden die Gezeitenkräfte des Mondes Ihnen in der Tat einen messbar länglichen Schädel verleihen und unvorstellbare Auswirkungen auf Ihre geistigen Fähigkeiten haben. Für den gewöhnlichen *Homo sapiens* ist der Unterschied in der Wirkung der Mondgravitation von einer Seite des Kopfes zur anderen jedoch unglaublich gering und drückt den Kopf gerade mal um ein Tausendstel Millimeter zusammen. Das Gewicht Ihres eigenen 4,5 Kilogramm schweren Kopfes übt eine Kraft aus, die deutlich größer ist als die Gezeitenkraft des Mondes – eine Tatsache, mit der sich Leute, die über Werwölfe und andere vom Mond verursachte Verhaltensstörungen schreiben, nicht so recht abfinden können oder wollen.

DER MARS

Zwar trug die Venus dazu bei, die Idee des Geozentrismus zumindest unter den Astronomen über den Haufen zu werfen, doch Johannes Keplers Analyse des Mars stellte ein Konzept auf den Kopf, das sogar noch tiefer im damaligen Weltbild verankert war: die Kreisbewegung der Planeten.

Grundlegend für die antiken und mittelalterlichen Ansichten über das Sonnensystem war die Faszination mit Kugeln und Kreisen, die als die vollkommenen, natürlichen Formen galten. Um die rückläufigen Bewegungen der Himmelskörper zu erklären, ordnete Ptolemäus die Kulisse der Sterne und die wandernden Planeten einzelnen Kristallkugeln zu. Jeder Himmelskörper befand sich in einer eigenen Kugel aus einer unsichtbaren Substanz, dem Äther. Alles bewegte sich in einem perfekten Kreis um die Erde.

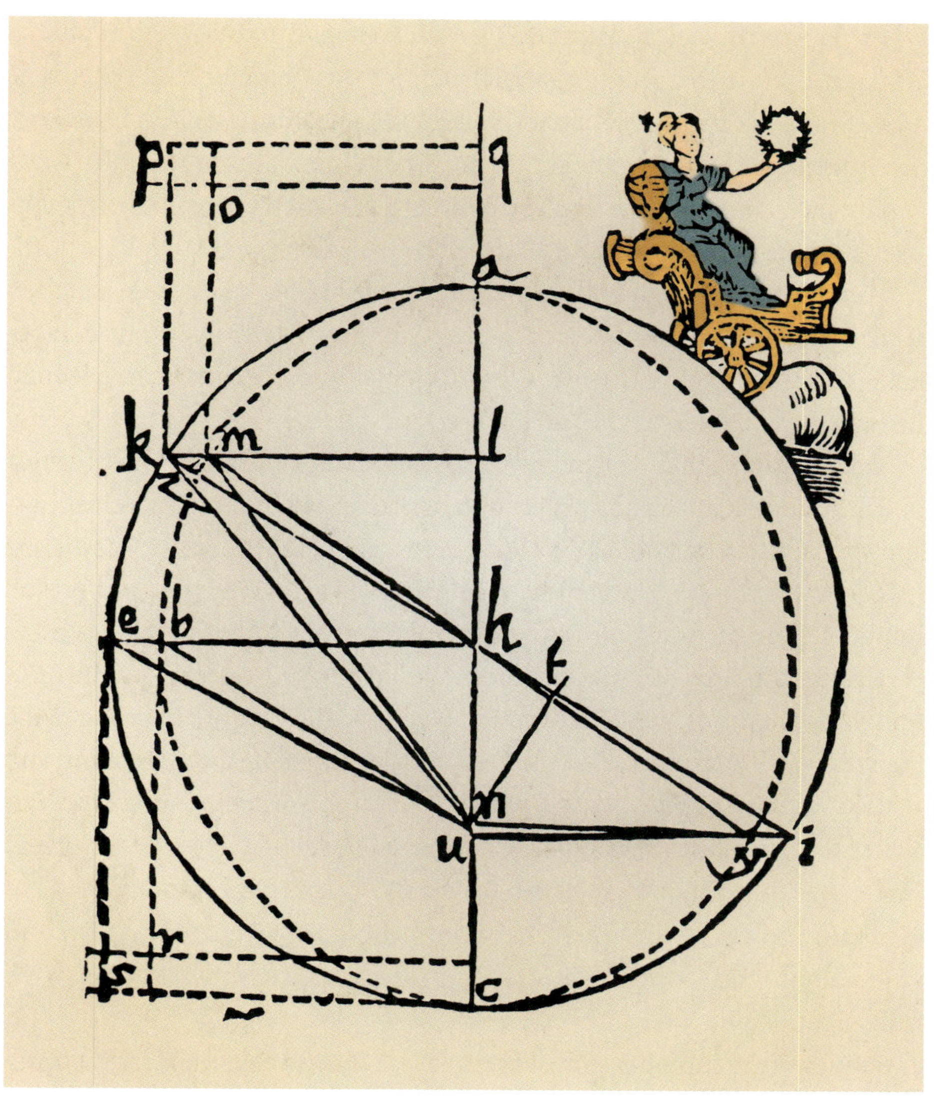

Der deutsche Astronom Johannes Kepler (1571–1630) stellte die drei grundlegenden Gesetze der Planetenbewegung auf, hier dargestellt anhand der Umlaufbahn des Mars

Als Kopernikus sein vereinfachtes heliozentrisches Modell vorschlug, behielt er das Konzept der Kreisbewegung bei. Sphären und Kreise waren so tief im astronomischen Denken verwurzelt, dass es fast ebenso unvorstellbar war, das Konzept von kreisförmigen Bahnen aufzugeben, wie die Annahme, dass die Erde im Zentrum des Universums sein könnte. Doch als sich die Messmethoden weiterentwickelten, veränderte sich auch die Vorstellung von der Bewegung der Planeten.

Im Jahr 1601 zog Johannes Kepler nach Prag, um für Tycho Brahe zu arbeiten, den weltberühmten Hofastronomen des Heiligen Römischen Reiches. Brahe widmete sich der sorgfältigen Beobachtung und Vermessung der Himmelskörper. Mithilfe seiner hochmodernen »Sehrohre« und immer genaueren Daten über die Planetenbewegungen stieß er auf ein verwirrendes Problem: den Mars. Das ptolemäische, geozentrische Modell des Universums hatte gut genug funktioniert, um die Menschen in dem Glauben zu lassen, das Universum sei doch insgesamt recht geordnet. Mit den genaueren Messungen, die Brahes Instrumente ermöglichten, traten jedoch unerklärliche Ungereimtheiten auf.

Brahe untersuchte das kopernikanische Modell, das ptolemäische Modell und sogar seine eigene Kombination aus beidem. Aber egal, was er versuchte, der Mars tauchte darin nie an der errechneten Stelle auf. Also übertrug Brahe das Mars-Problem seinem neuen Assistenten, während er sich mit dem Sonnensystem als Ganzem beschäftigte.

Um das Problem dieses widerspenstigen Planeten zu lösen, musste Kepler mit dem grundlegendsten Prinzip brechen, auf dem die hypothetische Struktur und Bewegung des Universums beruhte: auf der Annahme von kreisförmigen Bahnen. Nur eine Umlaufbahn in Form eines abgeflachten Kreises – eine Ellipse – konnte die anomale Bewegung des Mars erklären. Im Gegensatz zu einem Kreis, der nur einen zentralen Brennpunkt hat, hat eine Ellipse zwei Brennpunkte. In unserem Sonnensystem befindet sich an einem Brennpunkt die riesige Sonne, am anderen Brennpunkt finden wir – nichts, nur leeren Weltraum.

Kepler veröffentlichte seine Erkenntnisse 1609 in seinem Werk *Astronomia Nova (Neue Astronomie)*, in dem er auch die ersten beiden Gesetze der Planetenbewegung niederschrieb, denen zehn Jahre später das dritte folgte:

1. Das Gesetz der Umlaufbahnen: Alle Planeten bewegen sich auf elliptischen Bahnen um die Sonne.
2. Das Gesetz der Flächen: Eine Linie, die einen Planeten mit der Sonne verbindet, durchquert gleiche Flächen in gleicher Zeit. Mit anderen Worten: Je näher ein Planet an der Sonne ist, desto schneller bewegt er sich.

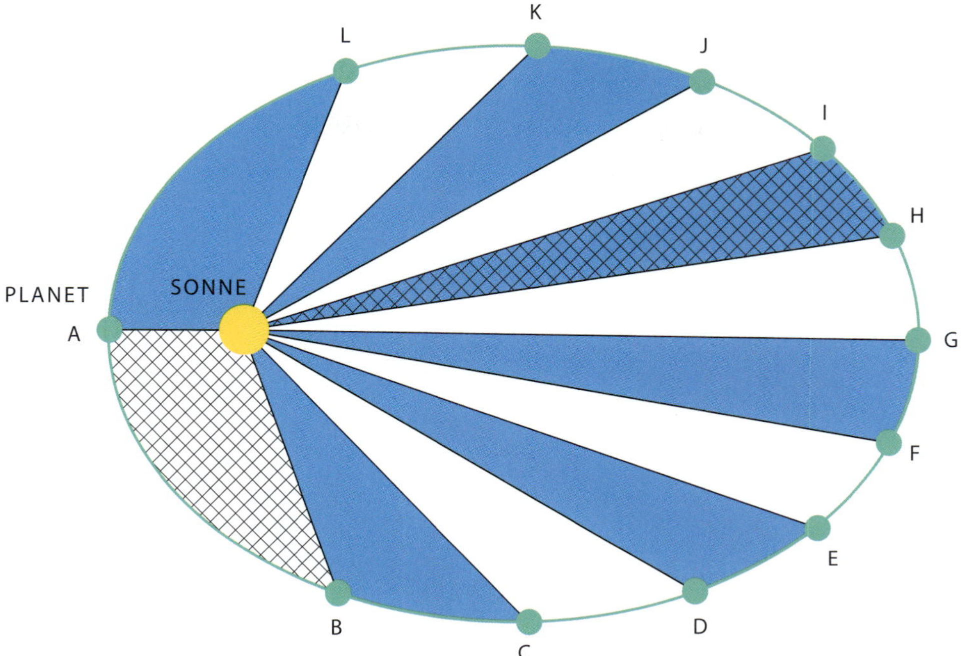

Nach dem zweiten Kepler'schen Gesetz sind alle dargestellten Dreiecke flächenmäßig gleich groß

3. Das Gesetz der Perioden: Dauer und Verlauf der Umlaufbahn eines Planeten korrelieren mathematisch. Je größer die Umlaufbahn ist, desto länger braucht der Planet, um sie einmal zurückzulegen.

Diese drei Gesetze der Planetenbewegung bildeten die Grundlage für Isaac Newtons Entdeckung der drei Gesetze der Bewegung und der Schwerkraft einige Jahrzehnte später.

Doch die meisten großen Denker jener Zeit, darunter Galilei und Descartes, hingen aus metaphysischen, philosophischen oder religiösen Gründen so sehr an der Vorstellung von vollkommen kreisförmigen Bewegungen der Himmelskörper, dass Keplers radikal neue Konzepte nur langsam Fuß fassen konnten. Nach und nach setzten sich jedoch das kopernikanische System und auch Keplers Gesetze durch, was zu neuen Entdeckungen führte, und im 18. Jahrhundert schließlich in dem gipfelte, was der Philosoph Thomas Paine das Zeitalter der Vernunft nannte – die Aufklärung.

Das riesige Canyonsystem Valles Marineris auf dem Mars erstreckt sich über fast 3200 Kilometer und lässt den Grand Canyon zwergenhaft klein erscheinen

MARSMENSCHEN – EINE FIKTION

In unserer Zeit, mehr als 400 Jahre nachdem Kepler das Rätsel des Mars geknackt hat, ist der rote Planet nach wie vor der am besten untersuchte Himmelskörper neben der Erde mit ihrem Mond. Bevor es zahlreiche Vorbeiflüge von Orbitern gab und eine Armada von Rovern losgeschickt wurde, um ihn aus der Nähe zu erkunden, hofften die Menschen, auf dem Mars eine erdähnliche Welt zu entdecken, die womöglich von intelligentem, außerirdischem Leben bevölkert ist.

Der niederländische Mathematiker Christiaan Huygens vollendete 1695, in seinen letzten Lebenstagen, die erste wissenschaftliche Spekulation zu diesem Thema. Sie wurde posthum veröffentlicht und trug den Titel *Cosmotheoros: Oder: Welt-betrachtende Muthmassungen von denen himmlischen Erd-Kugeln und deren Schmuck.*

Jahrzehnte zuvor hatte Huygens mit einem besseren Teleskop als Galilei erstmals die Ringe des Saturns und seinen Mond Titan entdeckt. Er schätzte, die Dauer eines Marstages sei genau so lang wie die eines Erdentages, und zeichnete die erste Karte der riesigen Zentralebene des roten Planeten, Syrtis Major. Für Huygens und viele andere Denker seiner Zeit war die Vorstellung, es könnte außerirdisches Leben auf all diesen neuen Welten geben, ebenso offensichtlich wie aufregend. Doch Huygens ging noch einen Schritt weiter, er argumentierte, die Existenz von Leben jenseits der Erde wäre nicht nur mit den christlichen Schriften vereinbar, sondern sogar ein unvermeidlicher Teil dieser Lehren:

> »Sollten nun in denen Planeten nichts als grosse Wüsteneyen und Einöden, todte und unnütze Klumpen und nichtes dazwischen anzutreffen seyn, woraus die Weißheit des allerhöchsten Baumeisters ganz gewiß und klar hervor leuchtet; so würden sie ohne Zweiffel an Würde und Schönheit viel geringer, als unsere Erdkugel, und mit derselben nicht zu vergleichen seyn: welches aber, wie vorgemeldet, wider die Vernunft lauffet.«

Ende des 19. Jahrhunderts waren die Teleskope technisch so weit fortgeschritten, dass einige topografische Merkmale des Mars erkennbar waren. Als der italienische Astronom Giovanni Schiaparelli den Mars während der Opposition zur Erde betrachtete – die größte Annäherung an die Erde, die alle 26 Monate stattfindet –, war er überrascht, Netze von geraden Kanälen zu sehen, die die Oberfläche durchziehen. Als er seine Entdeckung publizierte, benutzte er das italienische Wort *canali,* um zu beschreiben, was er sah. Wenn Sie kein Italienisch können, aber glauben, es zu können, könnten Sie dieses Wort fälschlicherweise mit »Kanal« übersetzen, im Sinne von einer künstlich angelegten Wasserrinne – *canali* war ein Wort, das zu Schiaparellis Zeiten in aller Munde war, da der Suezkanal, dieses Wunderwerk menschlicher Ingenieurskunst, gerade fertiggestellt worden war.

Kanäle auf dem Mars sind das eine. Dass es sich dabei aber um künstlich angelegte Kanäle oder gar Kanalsysteme handeln soll, ist etwas völlig anderes.

Wie so oft ging die menschliche Fantasie mit dem einen oder anderen durch. Der amerikanische Astronom Percival Lowell, dem etwas mehr Italienischunterricht durchaus gut getan hätte, schlug eine Hypothese zur Entstehung der Kanäle vor, nach der intelligente Marsmenschen Wasserstraßen gruben, die die Oberfläche des Planeten durchzogen, um kostbares, lebensspendendes Wasser von den eisigen Polen des Planeten in die Äquatorregionen zu leiten, wo es dringend gebraucht wurde. Inspiriert von dieser Idee schrieb der legendäre Science-Fiction-Autor H. G. Wells eines der bekanntesten Bücher aller Zeiten, *Der Krieg der Welten,* in dem von einer Invasion der Erde durch feindliche, intelligente Marsmenschen berichtet wird, die auf der Suche nach einer neuen Heimat sind, weil ihr eigener Planet austrocknet und unbewohnbar wird.

Trotz Lowells Beharrlichkeit – und seiner jahrelangen Kartierung der Linien, die er zu sehen glaubte – konnten die meisten Astronomen die Existenz dieser angeblichen Kanäle nicht bestätigen. Selbst die sorgfältigsten und genauesten Beobachtungen des Mars bei direkter Opposition zur Erde, durchgeführt mit den leistungsfähigsten Teleskopen, erbrachten keinen Nachweis für deren Existenz. Doch Lowells Linien fanden Anklang bei der breiten Öffentlichkeit, bei Science-Fiction-Fans und erschienen sogar auf den Planungskarten für die Mariner-4-Mission der NASA zum Mars.

Ende der 1960er-Jahre hatten die späteren Mariner-Missionen und die moderne Teleskoptechnologie jedoch genügend Bilder von der Marsoberfläche eingefangen, um der Idee der Kanäle ein Ende zu bereiten. Es wurde deutlich, dass es sich lediglich um optische Täuschungen handelte, die vor allem der menschlichen Tendenz geschuldet sind, das zu sehen, was wir zu sehen wünschen, und nicht unbedingt das, was wirklich ist.

Da Lowells Beobachtungen aus der Zeit vor der astronomischen Fotografie stammen, berichtete er über etwas, was er zu sehen glaubte, und nicht über das, was tatsächlich vorhanden war. Als sie mit empi-

Da Lowells Beobachtungen aus der Zeit vor der astronomischen Fotografie stammen, berichtete er über etwas, **was er zu sehen glaubte,** und nicht über das, was tatsächlich vorhanden war. Als sie mit empirischen Beweisen konfrontiert wurden, entpuppten sich seine unrichtigen, aber hartnäckigen Behauptungen als optische **Täuschungen.**

Die Farbzeichnung von Percival Lowell (1905) zeigt die Kanäle, die seiner Meinung nach die Oberfläche des Mars durchziehen

rischen Beweisen konfrontiert wurden, entpuppten sich seine unrichtigen, aber hartnäckigen Behauptungen als optische Täuschungen – eine demütigende Lektion. Lassen Sie uns lieber unsere Erkundung des Sonnensystems und des Weltraums fortsetzen.

DIE ERFORSCHUNG DES MARS

Die allerersten Nahaufnahmen des Mars von Mariner 4 im Jahr 1965 zeigen eine Oberfläche mit zahlreichen Kratern. Die Sonde lieferte auch Informationen über die dünne Atmosphäre, die eisigen Temperaturen und das schwache Magnetfeld dieses Planeten und zerstörte damit die letzten Hoffnungen, dass es dort vielleicht fortgeschrittene Lebensformen geben könnte. Dennoch bleibt der Mars der erdähnlichste Planet, den wir kennen.

RÄTSEL DES KOSMOS

DER TRIPELPUNKT VON WASSER

Wer schon einmal eine Mahlzeit in großer Höhe zubereitet hat, weiß, dass man die Kochzeiten anpassen muss, weil das Wasser bei niedrigerem atmosphärischem Druck bei einer tieferen Temperatur kocht als auf Meereshöhe. Kocht man sich also auf einem Berggipfel einen Tee, ist das kochende Wasser nicht so heiß wie unten im Tal, deswegen sollte man den Tee etwas länger ziehen lassen. Steigt man noch höher, sinkt der Druck weiter und damit auch der Siedepunkt des Wassers. Irgendwann erreicht man einen atmosphärischen Druck, bei dem der Siedepunkt gleich dem Gefrierpunkt ist. Sollte man jemals so hoch in die Atmosphäre aufsteigen, könnte man gleichzeitig Eis, Dampf und flüssiges Wasser in einem Becken beobachten. Die Temperatur und der Druck, bei denen ein Stoff in diesen drei Aggregatzuständen koexistieren kann, nennt man seinen Tripelpunkt.

Die Marsoberfläche wäre ein geeigneter Ort für dieses Experiment. In manchen Gegenden auf dem Mars kann man einen Eiswürfel in ein Gefäß mit kochendem Wasser werfen und zusehen, wie die beiden Aggregatzustände koexistieren. Würde man versuchen, Tee in diesem Marswasser aufzubrühen, würde die geringste Druckschwankung das flüssige Getränk spontan entweder in festes Eis oder in Dampf verwandeln, ein unangenehmes Roulette-Erlebnis beim Teeschlürfen.

Er könnte sogar irgendwann in seiner frühen Entwicklung wie die Erde ausgesehen haben – eine fruchtbare Welt mit Seen und Gletschern, vielleicht sogar mit Vegetation.

Ein Jahrzehnt, nachdem Mariner 4 seine ersten unscharfen Bilder vom Mars zu uns auf die Erde gefunkt hatte, enthüllte die Viking-Mission – zwei Orbiter, jeder mit seinem eigenen Landegerät – die Physiografie und Entwicklungsgeschichte des Planeten im Detail. Täler und Gräben auf der Oberfläche des roten Planeten lassen auf ein riesiges Netz von ehemals existierenden Flüssen, Seen und wattartigen Gebieten schließen.

Als der Mars im Laufe der Äonen abkühlte, verfestigte sich sein Kern, und der Planet konnte sein schützendes Magnetfeld nicht mehr aufrechterhalten. Nach unserem bisherigen Kenntnisstand existiert ein Magnetfeld nur bei einem Kern aus geschmolzenem Metall. Es schirmt die Oberfläche eines Planeten vor den hochenergetischen Teilchen des Sonnenwindes ab, die sonst die Oberfläche verwüsten würden. Aber der Mars hat keine derartige Schutzhülle mehr. Der größte Teil seiner Atmosphäre und fast das gesamte flüssige Oberflächenwasser sind vor Äonen verdampft und haben nur ihre Spuren hinterlassen. Das noch vorhandene Wasser ist entweder in den Eiskappen der Pole eingeschlossen oder liegt tief im Untergrund verborgen.

Heute hat der Mars eine eisige Oberfläche mit einer durchschnittlichen Temperatur von minus 60 Grad Celsius, so kalt, dass das gefrorene Sibirien im Vergleich dazu geradezu wohltemperiert erscheint. Hier auf unserer Erde gibt es keine Menschen, die den Nord- oder Südpol besiedeln wollen, wo vergleichbare Temperaturen herrschen. Sollte der Mensch jedoch jemals zu einer multiplanetaren Spezies werden, wäre der Mars das naheliegendste Migrationsziel.

EIN TERRAFORMTER MARS

Der Mars wird mit einem Erde-2.0-Starterpaket geliefert: ein bisschen Atmosphäre, ein gewisses Maß an Schwerkraft und (so nehmen wir jedenfalls an) Wassereis teilweise unter der Oberfläche, das dort als Permafrost versteckt ist. Man füge lediglich etwas Wärme hinzu und schon hätten wir flüssiges Wasser – dafür wäre jedoch zunächst ein wenig Montagearbeit erforderlich.

Wenn wir Menschen dort oben jedoch nicht permanent in künstlichen Habitaten leben und von diesen komplett abhängig sein wollen, müssen wir herausfinden, wie wir auf der Oberfläche leben und atmen können, indem wir die Marswelt an unsere empfindlichen menschlichen Körper anpassen. Mit anderen Worten: Wir müssen ihn terraformen. Der Traum von Elon Musk, den Mars mithilfe von Atomwaffen in eine gastfreundliche Temperaturzone zu verändern, ist ein recht drastischer Ansatz für das Terraforming. Es klingt zwar wie die Idee eines Superschurken aus einem Comic, könnte aber funktionieren – zumindest im Prinzip.

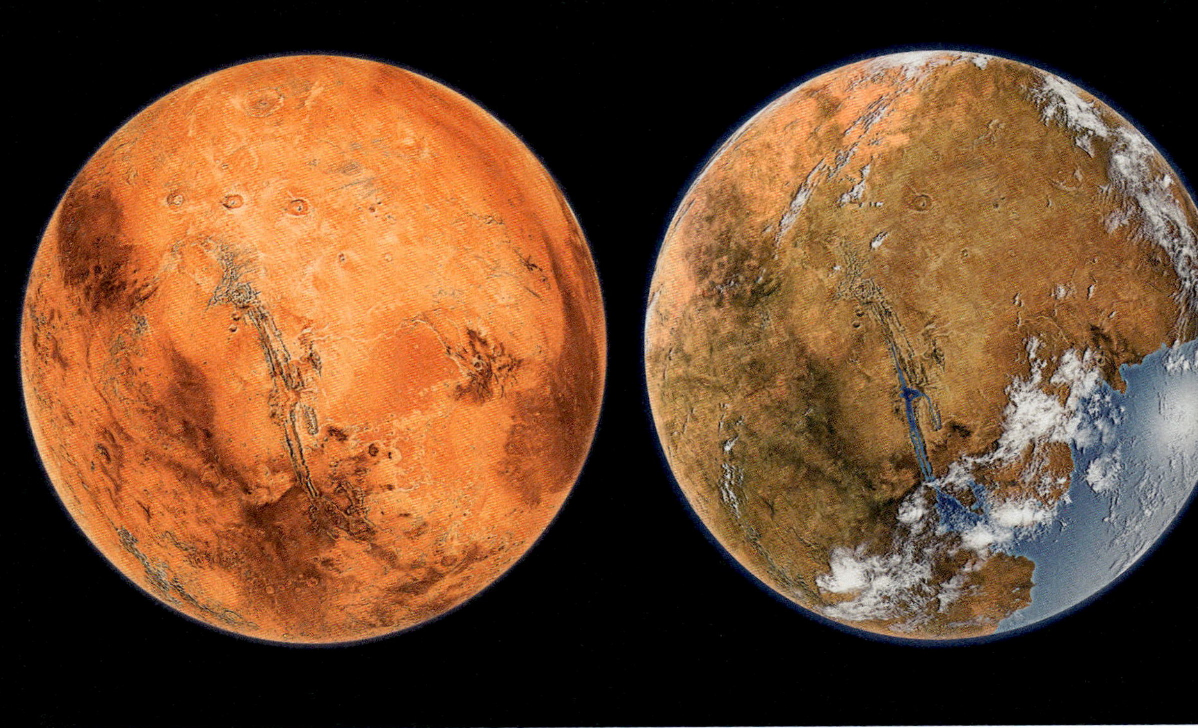

Wie könnte das aussehen? Zeitraffer-Simulation eines terraformten Mars

Wir wissen schon seit geraumer Zeit von den Eiskappen auf dem Mars, und unsere Mars-Rover und Orbiter entdecken darüber hinaus immer wieder H_2O unter der Oberfläche. Also, ja, wenn man ausreichend Bomben in der Nähe der Marspole zündet, dort, wo sich die größten, uns bekannten Eisvorräte befinden, würde ein Großteil des Eises schmelzen und große Mengen an Kohlendioxid und Wasserdampf würden freigesetzt – Treibhausgase, die den Planeten einhüllen und dazu beitragen würden, Wärme zu speichern. Diese Methode birgt jedoch einige Probleme:

1. Es könnte ein neuer Kalter Krieg ausgelöst werden.
   Tausende von Kernwaffen müssten detonieren, um ausreichend Hitze zu erzeugen. Während die Logistik des Transports so vieler Bomben durch den Weltraum an sich schon unplausibel erscheint, müsste jemand für die Entwicklung und Überwachung ihrer Herstellung verantwortlich sein – und wenn uns die Geschichte etwas lehrt, können die Ängste, die mit dem Bau von Atomwaffen verbunden sind, genauso zerstörerisch für die Menschheit sein wie die tatsächliche Detonation dieser Bomben.

2. Es könnte einen nuklearen Winter auslösen.
   Der Mars ist staubig. Die von den Bomben aufgewirbelten Gesteinsbrocken könnten das Sonnenlicht blockieren, und die Temperatur des Planeten würde dramatisch absinken, anstatt anzusteigen. Das passierte, als vor etwa 66 Millionen Jahren ein Asteroid auf der mexikanischen Halbinsel Yucatán einschlug und die meisten Dinosaurier und drei Viertel aller anderen Lebensformen auf der Erde auslöschte. Es wurde so viel Asche und Staub in die Atmosphäre geschleudert, dass sich der Himmel verdunkelte und die Photosynthese zum Erliegen kam. Dadurch wurde die Basis der Nahrungskette ausgeschaltet und eine Welle des Massensterbens breitete sich über die ganze Erde aus, die sich durch den Baum des Lebens nach oben arbeitete.

3. Es würde die Oberste Direktive infrage stellen.
   Jeder *Star-Trek*-Reisende unterlag der Obersten Direktive, einem Paragrafen des Weltraumgesetzes, der es ausdrücklich verbietet, sich in fremde Planeten oder fremdes Leben einzumischen. Sollten wir uns auch daran halten? Das Office of Planetary Protection der NASA arbeitet daran, Richtlinien aufzustellen, die verhindern sollen, dass außerirdisches Leben die Erde kontaminiert und umgekehrt, dass ir-

disches Leben andere Orte im Sonnensystem kontaminiert, die möglicherweise Leben beherbergen. Wir können immer noch nicht mit Sicherheit sagen, ob auf dem Mars Leben existiert (oder jemals existiert hat). Wenn ja, welche ethischen Folgen hätte die Veränderung oder Zerstörung der Umwelt dieser Lebewesen? Leben auf dem Mars, so es denn existiert, könnte aus Sicht der Erdlinge eine Art Tümpelschmodder sein. Hat Tümpelschmodder ein Recht auf Leben?

Hier ist eine sanftere, wenn auch ebenso bizarre Alternative, die durchaus funktionieren könnte: die Installation riesiger Weltraumspiegel. Der amerikanische Ingenieur Robert Zubrin und der NASA-Planetenforscher Christopher McKay haben vorgeschlagen, einen gigantischen Spiegel genau so in einer Umlaufbahn um den Mars zu positionieren, dass das Sonnenlicht reflektiert und zu den Marspolen gelenkt wird. Dadurch würde das Eis dort zum Schmelzen gebracht. Solange der Spiegel dort verbleibt, wo er hingehört, würde diese Methode eine weitaus geringere Gefahr für zukünftige menschliche Siedler darstellen. Klingt gut. Aber unser alter Widersacher, die Raketengrundgleichung, wird diesem Plan wahrscheinlich einen Strich durch die Rechnung machen. Einen Spiegel mit der angedachten Größe – knapp 130 Kilometer breit und einige Hunderttausend Tonnen schwer – könnte man unmöglich von der Erde aus starten. Eine solche Nutzlast schafft keine Rakete. Man müsste dessen Konstruktion in den Weltraum verlegen und möglichst Materialien verwenden, die im Weltraum vorhanden sind – was viel billiger als der Transport von der Erde wäre.

Ein unausweichliches Problem bei jedem Terraforming-Plan ist, dass der Mars nicht genug CO_2 enthält, um die nötige Erwärmung auszulösen. Einige Wissenschaftler sind sogar der Meinung, wir müssten mehr CO_2 freisetzen, als die Menschen jemals auf der Erde freigesetzt haben.

Sollte die Menschheit genug Know-how im Bereich des Geo-Engineerings entwickeln, um den Mars zu terraformen (quasi als Fluchtplan, nachdem wir unsere kostbare Erde zerstört haben), dann sollten wir doch auch in der Lage sein, diese Intelligenz zu nutzen, um die Erde bewohnbar zu erhalten und uns selbst davor zu bewahren, einen Planeten B zu benötigen.

DER ASTEROIDENGÜRTEL

Zwischen den Umlaufbahnen von Mars und Jupiter liegt ein Ring aus Gesteinsbrocken, Asteroiden und einem Zwergplaneten, welche die vier inneren Gesteinsplaneten von den vier äußeren gashaltigen Riesen trennen. Diese Trennlinie besteht aus Resten des kosmischen Billardspiels, das vor viereinhalb Milliarden Jahren stattfand. Lange bevor diese entdeckt wurden, kam Johannes Kepler zu dem Schluss, dass der Raum zwischen Mars und Jupiter viel zu leer sei. Zwischen diesen beiden müsse ein Planet existieren, dachte er. Andere Astronomen stimmten ihm zu, und zwei Jahrhunderte lang war man auf der Suche nach dem fehlenden Planeten.

Am Neujahrstag des Jahres 1801 entdeckte der italienische Priester und Astronom Giuseppe Piazzi bei der Katalogisierung von Sternpositionen zufällig eine Himmelsanomalie – einen »neuen Stern«, der »ein wenig schwach und farbig wie Jupiter« war, wie er in sein Tagebuch schrieb. Als sich das Licht vor dem Hintergrund der übrigen Sterne bewegte, wusste er, dass er etwas Neues in unserem Sonnensystem entdeckt hatte. Zunächst hielt er das sich bewegende Licht für einen Kometen und machte die astronomische Welt auf seine Entdeckung aufmerksam, die er Ceres Ferdinandea nannte. Schließlich deuteten verbesserte Berechnungen von dessen Umlaufbahn jedoch auf etwas viel Größeres als einen Kometen hin – etwas, das wir heute im 21. Jahrhundert als Zwergplaneten bezeichnen. Schon bald wurden weitere »Planeten« in derselben Himmelsregion entdeckt, und eine Zeit lang zählte unser Sonnensystem elf Planeten: Merkur, Venus, Erde, Mars, Vesta, Juno, Ceres, Pallas, Jupiter, Saturn und Uranus.

Dem britischen Astronomen William Herschel fiel auf, dass diese Neuentdeckungen nur im Teleskop als Lichtpunkte erschienen, genau wie Sterne. Ihm wurde klar, dass sie viel kleiner sein mussten als echte Planeten, was sie tatsächlich auch waren. Und so schlug Herschel vor, sie Asteroiden zu nennen – »sternähnlich«, vom griechischen *aster*, was »Stern« bedeutet. Mitte des 19. Jahrhunderts wurden so viele weitere vermeintliche Planeten entdeckt, dass die Astronomen bereitwillig Herschels Klassifizierung übernahmen. Heute wissen wir, dass der Asteroidengürtel – die Region zwischen Mars und Jupiter – Hunderttausende von Objekten beherbergt. Eines davon trägt sogar den Namen 13123 Tyson.

POTENZIELL GEFÄHRLICHE ASTEROIDEN UND KOMETEN

Man stelle sich Folgendes vor: Ein riesiger Asteroid kommt auf uns zu, und die Gesetze der Orbitalmechanik lassen keine Hoffnung, dass er uns verfehlt. Er ist groß, sagen wir einmal, er hat einen Durchmesser von 800 Metern. Er nähert sich mit einer Geschwindigkeit von zigtausenden Kilometern pro Stunde. Wie würden wir mit dieser Bedrohung umgehen?

Mehrere High-Budget-Filme haben sich mit diesem Szenario auseinandergesetzt, darunter der mit vielen Stars besetzte Film *Don't Look Up* (2021), der die momentane Wissenschaftsfeindlichkeit in Amerika persifliert. Die Filme *Deep Impact* (1998) und *Armageddon* (1998) basieren auf wissenschaftlichen und technischen Versuchen, einen todbringenden, stellaren Eindringling zu vernichten.

Das Drehbuch und viele Szenen von *Armageddon* setzen sich großzügig über mehr physikalische Gesetze pro Minute hinweg als jeder andere Film, der jemals gedreht wurde. Aber das macht es umso interessanter, ihn zu analysieren. *Armageddon* begegnet dem Problem eines drohenden Asteroideneinschlags, indem eine Crew von Bohrinselarbeitern zu Astronauten ausgebildet wird. Sie soll ein tiefes Loch in einen bedrohlich näherkommenden Asteroiden bohren und eine Atombombe darin platzieren, bei deren Detonation der Asteroid in zwei Teile explodieren soll. Die Idee ist, dass die beiden Hälften dann von der Erde wegfliegen. Mal abgesehen von der Frage, ob es nicht einfacher wäre, Astronauten zum Bohren eines Asteroiden auszubilden als Ölbohrer zu Astronauten – so ein Asteroid würde dummerweise leider nicht in zwei Teile auseinanderbrechen. Nein, er würde in unzählige Teile zerbersten, von denen viele nur noch schneller auf die Erde zusausen würden.

Eine Gruppe von Physikstudenten der Universität Leicester im Vereinigten Königreich hat errechnet, dass für die *Armageddon*-Lösung eine Bombe erforderlich wäre, die etwa eine Milliarde Mal stärker ist, als die stärkste Bombe, die je auf der Erde gezündet wurde. Wie gesagt, der Film geht äußerst großzügig mit den Gesetzen der Physik um.

WISSENSCHAFT À LA HOLLYWOOD

MIT KARACHO DURCH DEN ASTEROIDENGÜRTEL

Wir alle kennen die Szene: Ein Raumschiff rast durch den Weltraum, vielleicht auf der Flucht vor Feinden. Plötzlich taucht ein dichtes Feld aus riesigen, taumelnden Asteroiden auf, die drohen, das Raumschiff zu zerstören und alle an Bord zu töten, wie in *Star Wars: Episode V - Das Imperium schlägt zurück* aus dem Jahr 1980, wo Han Solo und seine Crew von einer Gruppe imperialer TIE-Jäger verfolgt werden. »Sie werden doch nicht durch ein Asteroidenfeld fliegen«, sagt eine höchst alarmierte Prinzessin Leia. Han Solo antwortet: »Die wären verrückt, wenn sie uns folgen würden, oder?« C3PO mischt sich hilfsbereit ein: »Sir, die Chancen, unbeschadet ein Asteroidenfeld zu durchfliegen, stehen etwa 3720 zu 1.« Natürlich stellt sich heraus, dass das Asteroidenfeld mit seinen zahllosen taumelnden Felsbrocken Solos Pilotenkünsten nichts anhaben kann. »Sag mir nie, wie die Chancen stehen«, erwidert Solo. Ein Klassiker.

Der allgegenwärtige Tropus der bedrohlichen Asteroiden verleitet die Menschen zu der Annahme, dass es sich um eine relativ wahrscheinliche und ziemlich extreme Bedrohung handelt. Sorgfältige Beobachtungen unseres eigenen Sonnensystems zeigen jedoch, dass es ein Asteroiden-Minenfeld, so wie in Filmen dargestellt, nicht gibt. Würden wir alle Asteroiden und den einsamen Zwergplaneten aus dem Asteroidengürtel auf einen großen Haufen werfen, würde die gesamte Materie etwa 3 Prozent der Gesamtmasse des Erdmondes ausmachen. Wenn man sich vorstellt, dass so ein kleiner Teil des Mondes über die riesige Fläche des Asteroidengürtels verteilt ist, kann man verstehen, wie albern und unsinnig diese Vorstellung wirklich ist. Es ist nicht nur unwahrscheinlich, dass eine Sonde, die durch den Asteroidengürtel geschickt wird, mit einem Asteroiden kollidiert - es ist höchst unwahrscheinlich, dass sie sich einem Asteroiden bis auf eine halbe Million Kilometer nähert. Außerdem ist ein äußerst sparsam bestückter Asteroidengürtel nicht nur ein einmaliges Phänomen in unserem eigenen Sonnensystem, sondern der kosmische Trend. Jeder Bereich im Weltraum, der so viel Material enthält wie in den Hollywood-Filmen, wäre dank der Schwerkraft längst zu einem größeren Objekt zusammengewachsen. Würde *Star Wars* in der Realität stattfinden, würden Han Solo und sein Team das »Asteroidenfeld« nicht einmal bemerken.

Die besten Lösungen sind weit weniger dramatisch. Ein leichter Stupser in eine andere Richtung würde genügen, um einen Asteroiden von seinem Kurs abzulenken. Dieses Ablenkungsmanöver könnte durch folgende Taktiken erfolgen:

1. Man besprüht ihn mit Farbe.
   So lächerlich es auch klingen mag, aber Sprühfarbe könnte einen Asteroiden von seiner Bahn auf die Erde ablenken. Dazu müsste man nur die eine Hälfte des Asteroiden weiß anmalen. Die hellere Seite würde mehr Sonnenenergie reflektieren als die dunklere, was zu einem Impulsungleichgewicht führen würde. In ausreichender Stärke und über einen längeren Zeitraum hinweg würde dies den Asteroiden vom Kurs abbringen. Aber was ist, wenn wir nicht rechtzeitig eine riesige Paintball-Pistole auf ihn richten können?

2. Man kann ihn abbremsen.
   Wir könnten eine Reihe von Objekten installieren, die dem Asteroiden quasi als Stolpersteine in den Weg gelegt werden. Jede Kollision würde einen Teil der kinetischen Energie absorbieren und den Gesteinsbrocken leicht abbremsen, während sich die Erde ungestört auf ihrer üblichen Umlaufbahn aus der Gefahrenzone bewegt. Was aber, wenn die Stolpersteine nicht präzise platziert sind, und der Asteroid nicht mit ihnen kollidiert?

3. Man zerschmettert ihn mit einer Raumsonde.
   Im November 2021 wurde mit dem NASA-Projekt DART (Double Asteroid Redirection Test) getestet, ob eine Raumsonde von der Größe eines Autos, das in die Seite eines entgegenkommenden Asteroiden prallt, ausreicht, um dessen Kurs zu ändern. Zehn Monate später verfolgten Erdlinge 11 Millionen Kilometer entfernt den Livestream der DART-Raumsonde, als sie sich ihrem Ziel Dimorphos näherte, einem Mond des Asteroiden Didymos. Eine graue, zerklüftete Welt tauchte

Seite 140: Eine künstlerische Darstellung des mit Gesteinsbrocken übersäten Asteroidengürtels um den Stern Vega auf, die immer größer wurde und immer näher kam, bis die Übertragung auf einen Schlag endete. Volltreffer!

Könnte ein vergleichsweise kleines Objekt wirklich den Kurs eines Asteroiden verändern? Es wäre quasi so, als würden ein paar gutgebaute Spieler vom American Football mit dem Kopf voraus auf die Große Pyramide von Gizeh rennen. Wir wissen jedoch, selbst ein Objekt mit einer relativ kleinen Masse, das mit 24 000 Kilometern pro Stunde durch das Vakuum des Weltraums rast, kann ernsthaften Schaden anrichten. Tage später nach der Kollision von DART mit Dimorphos zog ein 10 000 Kilometer langer Schweif aus Staub und Trümmern über unseren Himmel, ein letzter Gruß der pulverisierten DART-Raumsonde. Wissenschaftler bestätigten eine Bahnverschiebung des Asteroiden – eine weitere kosmische Premiere für die Menschheit.

4. Man vernichtet ihn.
   Anders als bei *Armageddon* könnte man eine Atombombe direkt über der Oberfläche des Asteroiden platzieren. Ihre Detonation würde einen Teil der Oberfläche zum Verdampfen bringen und so die Flugbahn des Objekts verändern.

5. Man setzt die Schwerkraft gegen ihn ein.
   Da alles im Universum Schwerkraft ausübt, könnte man ein Raumschiff starten, das sich dem entgegenkommenden Asteroiden nähert, ihn aber nicht berührt. Die beiden Objekte würden sich gegenseitig anziehen; um auf Kurs zu bleiben, würde unser Raumschiff jedoch eine Reihe von Jets abfeuern – und dabei einen geringen Abstand zum Asteroiden beibehalten, um ihn ganz allmählich sanft von seinem ursprünglichen Kurs abzulenken.

In jedem Fall gilt: Je früher wir handeln, desto größer ist die Chance, einen bedrohlichen Asteroiden erfolgreich ablenken zu können. Je weiter das entgegenkommende Objekt entfernt ist, desto geringer ist die notwendige Ablenkung, um ihn vom Kollisionskurs mit der Erde abzubringen. Je näher er uns kommt, desto stärker muss die Kursänderung sein.

Eine Illustration der NASA-Raumsonde Double Asteroid Redirection Test (DART) vor dem Einschlag in das binäre Asteroidensystem Didymos

Vor seinem Tod im Jahr 2018 warnte der Astrophysiker Stephen Hawking, dass die größte Bedrohung für die Menschheit ein Asteroideneinschlag sei. Zwei Jahre zuvor hatte die NASA eine Abteilung eingerichtet, die sich ausschließlich der Überwachung und Verhinderung dieses Szenarios widmete: das Planetary Defense Coordination Office. Soweit bekannt, gab es zur Zeit der großen Dinosaurier kein solches Programm; hätten sie es gehabt, gäbe es sie wahrscheinlich noch. Schließlich lebten sie fast 200 Millionen Jahre lang auf der Erde, bevor der Asteroid bei Chicxulub einschlug. Seither sind nur 66 Millionen Jahre vergangen. Das bedeutet übrigens, dass wir Menschen heute zeitlich gleich weit entfernt von einem *T. rex* leben, wie der erste *T. rex* und der letzte *Stegosaurus* voneinander. So verblüffend lange haben die verschiedenen Dinosaurierarten die Erde bevölkert.

Raumfahrtagenturen auf der ganzen Welt entdecken und verfolgen routinemäßig potenziell gefährliche Asteroiden, sogenannte PHAs (potentially hazardous asteroids) und Kometen. Diese beunruhigende Untergruppe der erdnahen Objekte umfasst derzeit etwa 2300 Asteroide. Obwohl fast keiner von ihnen im kommenden Jahrhundert eine ernsthafte Bedrohung für uns darstellt, ist es möglich oder sogar wahrscheinlich, dass bisher unentdeckte PHAs in den Weiten des Weltraums lauern. Sollte diese Gefahr akut werden, wäre es besser, wir wären darauf vorbereitet – und würden auf die Wissenschaftler hören.

DIE GASRIESEN

Jenseits des Asteroidengürtels befindet sich das Reich der Gasriesen und der gefrorenen Welten, die aus gasartigen Materialien bestehen. Dort herrschen Jupiter und Saturn – und noch weiter entfernt die Eisriesen Uranus und Neptun.

Wie bei so vielen Geschichten über unsere Nachbarn im Sonnensystem ist auch die Entstehung dieser Gaskugeln umstritten. Einst nahm die Wissenschaft an, dass sich alle Planeten unseres Sonnensystems genau dort gebildet haben, wo sie heute zu finden sind. Man glaubte, die auf den Umlaufbahnen verteilte Materie habe sich langsam zu einer Reihe separater, großer Körper zusammengefügt. Doch die Gesteinsproben des Mondes und auch die vielen Krater, die sich auf den felsigen inneren Planeten befinden, deuten auf einen viel turbulenteren Anfang hin.

Eine der führenden Hypothesen, das sogenannte Nizza-Modell – benannt nach der Küstenstadt an der Côte d'Azur, in der diese Idee ausgebrütet wurde –, wurde zum Teil dadurch inspiriert, dass viele bekannte Exoplaneten die Größe eines Jupiters haben und sehr nahe an ihrem Wirtsstern kreisen. Man nimmt an, dass sich die riesigen, äußeren Planeten einst in viel größerer Nähe zur Sonne befanden. Die Sonne war außerdem von einem großen Ring aus eisigen Planetesimalen und anderen Trümmerstücken umgeben, die bei der Entstehung des frühen Sonnensystems übrig geblieben waren. Die Riesenplaneten zerrten mit ihrer Schwerkraft an einigen der äußeren Trümmer und katapultierten sie in Richtung des inneren Sonnensystems. Dies führte zu der späten Kollisionsperiode des Sonnensystems. Als Reaktion darauf entfernten sich die Umlaufbahnen der Giganten langsam immer weiter von der Sonne. Zahlreiche kleine Interaktionen im Laufe der Zeit, zusammen mit dem Gravitationsspiel zwischen diesen Planeten, führten nach dieser Theorie dazu, dass sich schließlich alle Objekte unseres Sonnensystems an ihre heutige Position bewegten. Wenn diese Hypothese zutrifft, hätte dieses intensive Bombardement und die Umverteilung der Materie auch Wassereis und die Bausteine des Lebens zu den inneren Planeten gebracht.

DER JUPITER

Wenden wir uns der Existenz eines Objektes zu, das nicht nur 1300-mal größer ist als die Erde, sondern auch doppelt so massereich wie alle anderen Planeten zusammen. Dieses Objekt ist der Planet Jupiter, benannt nach dem höchsten römischen Gott. Als Galilei den Jupiter zum ersten Mal durch sein Teleskop beobachtete, war er völlig überrascht, dass er von vier klar differenzierbaren Monden umkreist wurde. Es zeigte, dass auch andere Himmelskörper als die Erde fröhlich von Monden umkreist wurden. Zu Ehren ihres Entdeckers werden Io, Europa, Ganymed und Callisto zusammen als Galilei'sche Monde bezeichnet.

> Wenden wir uns der Existenz eines Objektes zu, das nicht nur **1300-mal größer** ist als die Erde, sondern auch **doppelt so massereich** wie alle anderen Planeten zusammen.

Jupiter ist in vielerlei Hinsicht ein Beschützer des inneren Sonnensystems und vor allem der Erde – auch wenn er in ihren Anfängen einen apokalyptischen Hagelsturm aus eisigen Gesteinsbrocken auf sie niedergehen ließ. Heute verschlingt seine massive Anziehungskraft dankenswerterweise viele kleine Objekte, die sich auf dem Weg zur Sonne befinden könnten, oder lenkt sie von ihrem Kurs ab.

EIN ROTER FLECK

Der Jupiter ist ein Spielplatz atmosphärischer Dynamik, auf dem alle rotationsbedingten Wolken- und Wettermuster um ein Vielfaches verstärkt sind. Als besonders eindrucksvolles Beispiel für die Corioliskraft erlebt der Jupiter den größten, energiereichsten und langandauernsten Sturm in unserem Sonnensystem: einen Antizyklon, der wie ein großer, rötlicher Fleck in der oberen Atmosphäre des Planeten aussieht. Wir nennen ihn den Großen Roten Fleck des Jupiters. Möglicherweise wurde der Fleck schon 1664 von dem englischen Physiker Robert Hooke entdeckt. Die Entdeckung im Jahr darauf durch den italienischen Astronomen Giovanni Cassini ist wissen-

schaftlich gesicherter. Selbst dreieinhalb Jahrhunderte später ist dieser Fleck immer noch sturmgepeitscht.

Der Große Rote Fleck ist übrigens größer als die Erde und hat eine vertikale Ausdehnung von bis zu 480 Kilometer, wobei sich seine Größe und Form im Laufe der Zeit verändert haben. Er befindet sich auf der Südhalbkugel des Jupiters und rotiert gegen den Uhrzeigersinn, was uns sofort verrät, dass es sich um ein Hochdrucksystem handeln muss. Seine Färbung, die von orangerot bis zu einem kaum sichtbaren, blassen Creme reicht, wird im Allgemeinen auf unterschiedliche Konzentrationen von Phosphor- und Schwefelverbindungen mit einem Hauch von Ammoniak zurückgeführt. Nahaufnahmen der Voyager-Vorbeiflugmissionen in den späten 1970er-Jahren zeigten eine ganze Kette bunter Wirbel an der Grenzfläche zwischen dem Fleck und der umgebenden Atmosphäre. Deutlich sichtbare horizontale Schichten, die mit unzähligen kleineren Wirbelstürmen und Antizyklonen durchzogen sind, geben Jupiter das Aussehen eines archäologischen Querschnitts durch einen Big Mac, Brötchen inklusive.

Was ist die Ursache für diesen enormen Sturm auf dem Fleck? Bislang können wir nur Vermutungen anstellen. Der Jupiter strahlt doppelt so viel Wärme ab, wie er von der Sonne empfängt. Darüber hinaus kann es sein, dass die enormen Wärmereserven im Inneren des Jupiters die atmosphärischen Strömungsmuster beeinflussen. Eine Quelle der inneren Wärme könnte der radioaktive Zerfall von Spurenelementen sein. Oder es handelt sich um Restwärme aus der anfänglichen Kontraktion des Jupiters in der Frühphase des Sonnensystems, beim Übergang von einer protoplanetaren Wolke zu einem Planeten. Die Energie, die den Roten Fleck am Leben erhält, könnte auch (oder stattdessen) aus Quellen an anderen Orten stammen. Auf der Erde werden Wirbelstürme zum Teil durch latente Wärme angetrieben, die bei der Kondensation von Regentropfen in die Atmosphäre abgegeben wird; die erhitzte Luft steigt dann schnell auf. Vielleicht spielt ein ähnlicher Mechanismus in der Jupiteratmosphäre eine Rolle, wenn seine Gase im flüssigen Inneren kondensieren.

Seite 146: Im Jahr 2018 nahm die NASA-Raumsonde Juno dieses Bild von Jupiters aufgewühlter Atmosphäre auf der Südhalbkugel auf, wo der Große Rote Fleck neben einem anderen massiven Sturm namens Oval BA wirbelt

Es wurde auch beobachtet, dass sich der Rote Fleck von kleineren turbulenten Wirbeln in seiner Umgebung nährt, eine Art kannibalistische, zusätzliche Energiequelle.

Viele Fragen über den Großen Roten Fleck bleiben unbeantwortet, zum Beispiel wann er entstanden ist und wie lange er noch bestehen wird. Wir wissen, dass er mit Sicherheit mehr als 300 Jahre alt ist, aber er könnte auch noch viel älter sein. In den letzten Jahrzehnten haben Wissenschaftler festgestellt, dass er schrumpft und schmaler wird, er geht von einem länglichen Oval in eine eher kreisförmige Form über. Es gibt Thesen, wonach er in den 2040er-Jahren vollständig kreisförmig sein wird. Mindestens ein Wissenschaftler behauptet, dass er ganz verschwinden könnte, andere sind skeptisch. Neue Missionen, die mit Technologien ausgestattet sind, die den extremen Temperaturen, dem Druck und den Turbulenzen auf dem Jupiter standhalten können, sind der einzige Weg, um all die ungelösten Fragen zu diesem riesigen Jupitersturm zu klären.

DIE ERFORSCHUNG DES JUPITERS

Hinweise auf das Geschehen in den tieferen Wolkenschichten des Jupiters ergaben sich 1995, als die Raumsonde Galileo am 80 Millionen Kilometer entfernten Jupiter vorbeischwebte und eine 300 Kilogramm schwere Sonde absetzte, die Temperatur, Dichte, Zusammensetzung, Lichtstreuung, Strahlungsfluss und Blitze aufzeichnete. Die Sonde durchquerte die äußere Atmosphäre mit mehr als 160 000 Kilometern pro Stunde und übermittelte fast eine Stunde lang Daten, bis der starke Druck ihren Sender schließlich zerstörte. Obwohl die durchschnittliche Temperatur des Jupiters nicht über minus 130 Grad Celsius hinausgeht, ist es durchaus möglich, dass die Temperaturen im Inneren des Gasriesen 22 200 Grad Celsius übersteigen – damit ist es dort etwa viermal so heiß wie im Innern der Erde. Aber wir wissen nicht viel darüber, was in den tiefsten, heißesten Schichten passiert, einschließlich des Kerns – einer seltsam diffusen Ansammlung von dichtem Material, die sich durch den halben Radius des Planeten erstreckt. Jupiter verfügt wahrscheinlich auch über den größten Ozean im gesamten Sonnensystem – allerdings besteht der nicht aus Wasser. Die Jupiter-Ozeane sind

RÄTSEL DES KOSMOS

EIN GESCHEITERTER STERN

Vom Volumen her ist Jupiter größer als mehrere Sterne außerhalb unseres Sonnensystems. Wie unser Zentralstern, die Sonne, hat auch der Jupiter fast alle seine Geburtsgase behalten, sodass er größtenteils aus Wasserstoff (etwa 90 Prozent) und etwas Helium besteht (fast 10 Prozent), plus einem kleinen Anteil an schwereren Elementen. Anders als bei unserer Sonne reicht der Druck in seinem Kern jedoch nicht aus, um Kernfusion zu ermöglichen, weshalb er ungerechterweise als gescheiterter Stern bezeichnet wird.

Eigentlich könnte unser Sonnensystem ein Doppelsonnensystem sein, wenn Jupiter nur ein bisschen mehr Masse hätte, aber dann wären Sie nicht mehr am Leben und würden dieses Buch nicht lesen. Tatsächlich bräuchte der Jupiter mehr als das 70-Fache seiner derzeitigen Masse, um Kernfusion in Gang zu setzen. Er kann also nichts dafür, dass er keine Sonne ist, weil er nie die Grundvoraussetzungen dafür hatte. Stattdessen sollten Sie dem Jupiter vielleicht für seine grandiose Leistung dankbar sein, dass er einfach nur ein Planet ist.

mit einem der seltensten Elemente gefüllt, das auf der Erde vorkommt: flüssigem, metallischem Wasserstoff.

Für uns auf der Erde ist Wasserstoff meistens ein Gas. Aber unter sehr hohem Druck, so wie tief im Inneren des Jupiters, verflüssigt sich Wasserstoff und kann sich wie ein Metall verhalten, mit all den gleichen Rechten und Privilegien. Das ist der Ursprung des gigantischen Magnetfelds des Jupiters. An der Basis von Jupiters schichtenförmiger Atmosphäre fallen Heliumtropfen in einen Ozean aus flüssigem Wasserstoff – das ahnten wir schon, bevor 2001 der Hit »Drops of Jupiter« der Rockband Train durch die weltweiten Radiosender fegte. Sie kennen den Song nicht? Es ist eine Liebesballade, in der auch die Erdatmosphäre, der Mond, Sternschnuppen, verschiedene Sternbilder und die Milchstraße beiläufig erwähnt werden.

AUS DER FORSCHUNG

SHOEMAKER-LEVY

Im Juli 1994 richteten Astrophysiker auf der ganzen Welt ihre Teleskope auf den Jupiter, in Erwartung einer bevorstehenden Serie von Katastrophen. Man erwartete, dass Teile eines Kometen mit dem Namen Shoemaker-Levy 9 (kurz SL-9) in den Planeten einschlagen: die ersten Kollisionen, die jemals zwischen zwei Himmelskörpern jenseits der Erde beobachtet wurden.

Der von Carolyn und Eugene Shoemaker und David Levy erst ein Jahr zuvor entdeckte Komet war bereits bei einem früheren Vorbeiflug durch die gewaltigen Gezeitenkräfte des Jupiters in Stücke zerrissen worden. Dabei entstanden Bruchstücke mit einem Durchmesser von etwa 1 Meter bis zu 1600 Metern. Beim erneuten Zusammentreffen mit Jupiter im Jahr 1994 schlugen Dutzende dieser Kometenbrocken mit einer Geschwindigkeit von etwa 60 Kilometern pro Sekunde in die südlichen Regionen des Planeten ein und hinterließen auf seiner Gasoberfläche Narben, die teilweise deutlich besser sichtbar waren als der Große Rote Fleck.

Die Kollisionsenergie der meisten dieser Fragmente entsprach der des Massenaussterbens auf der Erde vor 66 Millionen Jahren. Welchen Schaden sie auch immer angerichtet haben, feststeht, dass es auf dem Jupiter keine Dinosaurier gibt. Das SL-9-Ereignis hat jedoch gezeigt, dass in unserem Sonnensystem immer noch Einschläge von dem Ausmaß möglich sind, die das Massensterben auf der Erde ausgelöst haben und dass unser zerbrechlicher Planet vor einem ähnlichen Ereignis nicht gefeit ist. Die Shoemakers und Levy gehörten damals zu den wenigen Wissenschaftlern, die das Sonnensystem aktiv nach Asteroiden und Kometen durchsuchten. (Dass dieser Komet den Namen SL-9 erhielt, bedeutet, dass das Trio zuvor schon acht andere Kometen entdeckt hatte.) Jupiters missliche Lage veranlasste bald weitere Astronomen, das Sonnensystem auf gefährliche, erdnahe Objekte (NEOs, near-Earth objects) zu überwachen, damit uns nicht auch einmal ein ähnliches Schicksal droht. Die planetare Verteidigung ward geboren.

DER SATURN

Der am weitesten entfernte der sieben ursprünglich bekannten Planeten ist vor allem berühmt für das spektakuläre Ringsystem, das ihn umgibt und das erstmals 1610 von Galilei beobachtet wurde. Diese Ringe haben dem Saturn zu Recht den Beinamen »Juwel des Sonnensystems« eingebracht. Hätten die Menschen der Antike seine Schönheit aus der Nähe gesehen, hätten sie ihn vielleicht eher Venus genannt als Saturn, den römischen Gott des Ackerbaus.

Als Galilei sein neues und verbessertes, aber immer noch relativ unscharfes Teleskop auf den Saturn richtete, war er verblüfft, zwei große runde Objekte zu sehen, die den Planeten flankierten. Obwohl die unregelmäßige Form des Planeten nur wie verschwommene Flecken erschien, schloss er daraus, dass es sich um ein Dreikörpersystem mit zwei großen Monden handelte, die weit größer waren als die des Jupiters. Als er ein paar Jahre später erneut zum Saturn hinaufblickte, musste er feststellen, dass die beiden Kugeln verschwunden waren. In der römischen Mythologie hat der Gott Saturn seine Söhne kurz nach der Geburt verspeist. Als Reaktion auf das überraschende Verschwinden scherzte Galilei: »Hat Saturn seine eigenen Kinder verschlungen?«

Die mysteriösen, rundlichen Objekte kehrten 1616 zurück, woraufhin Galilei seine Dreikörperhypothese durch eine neue Idee ersetzte: Der Saturn hatte Arme, die aus der Kugel herausragten, wie zwei Henkel an einem Topf. Wenn man sie von vorne betrachtete, verschwanden sie vor dem größeren Körper des Planeten. In den folgenden 40 Jahren boten verblüffte Astronomen verschiedene Erklärungen für die sich seltsam verändernde Form des Saturns. Doch wie bei so vielen Fragen, die die Planetenbeobachtung aufwirft, brachte erst die zunehmende Schärfe der Teleskopbilder neue Klarheit.

1656 verkündete Christiaan Huygens, nachdem er ein Jahr lang die Henkel mit einem viel leistungsfähigeren, selbstgebauten Teleskop beobachtet hatte: »Saturn ist von einem dünnen flachen Ring umgeben, der ihn nirgends berührt und der zur Ekliptik hin geneigt ist.« Zwanzig Jahre später entdeckte Giovanni Cassini eine kleine Lücke zwischen zwei Abschnitten des Rings. Diese Lücke, die heute als Cassinische Teilung bezeichnet wird, ist knapp 5000 Kilometer breit. Cassini schlug auch (korrekt) vor, dass die

Dieser Panoramablick auf den von hinten von der Sonne beleuchteten Saturn ist eine Kombination von 165 Bildern, aufgenommen von der Cassini-Weitwinkelkamera im Jahr 2006

Ringe selbst eher aus einer Vielzahl von einzelnen Partikeln bestehen, die er als Mondsplitter bezeichnete, als aus einer homogenen Masse – eine Hypothese, die erst zwei Jahrhunderte später bewiesen wurde –, und er entdeckte vier Saturnmonde. Heute wissen wir, dass das Ringsystem einige winzige eigene Monde und Milliarden von Wassereisbrocken enthält, die über Tausende von Bändern verteilt sind.

Wenn man auf dem Äquator des Saturns steht und nach oben schaut, merkt man vielleicht gar nicht, dass es diese Ringe überhaupt gibt. Heute wissen wir, dass die Ringe von der Erde aus gesehen von Zeit zu Zeit verschwinden und dann wieder erscheinen, weil sie so dünn sind, dass sie von der Seite betrachtet kaum wahrzunehmen sind. Obwohl sich das Hauptringsystem etwa 280 000 Kilometer vom Planeten entfernt befindet (der schwache, äußerste Ring sogar noch Millionen Kilometer weiter), ist das gesamte System an manchen Stellen nur 10 Meter dick, die meisten Bereiche messen weniger als wenige Hundert Meter. Mit anderen Worten: Das ganze Ringsystem ist etwa drei Millionen Mal breiter als dick. Damit eine durchschnittliche Tortilla diese Proportionen hat, müsste sie einen Durchmesser von 100 Fußballfeldern haben.

DIE ERFORSCHUNG DES SATURNS

Wie alle äußeren Planeten war uns auch der Saturn ein Rätsel, bis Ende der 1970er- und Anfang der 1980er-Jahre die Sonden Pioneer 11 und Voyager begannen, Bilder und Daten aus nächster Nähe zu senden. Sie enthüllten viele faszinierende Spektakel: Oberflächentemperaturen von minus 180 Grad Celsius, Winde, die mit mehr als 1600 Kilometern pro Stunde über den Äquator fegten, und ein großes, seltsames Sechseck, das seinen Nordpol krönt. Die Daten zeigten auch, dass der Saturn einen höheren Wasserstoffgehalt haben muss als der Jupiter. Es stellte sich heraus, dass er so viel Wasserstoff enthält, dass er im Durchschnitt eine geringere Dichte als Wasser aufweist. Theoretisch könnte also der ganze Planet in einem Wasserbecken schwimmen – wenn man ein ausreichend großes Becken fände und einige andere physikalische Gesetze großzügig ignorierte.

Doch selbst nach mehreren Vorbeiflügen war das Innere des ringförmigen Planeten immer noch ein Rätsel, denn die dicke, gashaltige Oberfläche des Saturns verdeckte das sichtbare Licht, das sonst unsere vorbeifliegenden Kameras hätte erreichen können. Die Cassini-Huygens-Mission, benannt nach den beiden Astronomen aus dem 18. Jahrhundert, entdeckte diese atemberaubende Welt und ihre zahlreichen Monde zum ersten Mal. Sie kartografierte den Saturn nicht nur im sichtbaren Licht, sondern auch im Infrarotbereich, wodurch sich unser Wissen über den Saturn erheblich erweiterte.

Von 2004 bis zu ihrem dramatischen Sturz in die Saturnatmosphäre im Jahr 2017 umkreiste die Raumsonde Cassini den Planeten, flog in seine größeren Ringe hinein und wieder heraus und beobachtete dabei viele seiner über 80 Monde. Eine der Entdeckungen war, dass das blau-goldene Hexagon ein riesiger Wirbelsturm ist, nicht unähnlich dem Großen Roten Fleck des Jupiters. Warum er sechseckig und nicht etwa fünfeckig ist, wurde zwar mit einem Rechenmodell modelliert, ist aber immer noch nicht vollständig geklärt.

Einige der faszinierendsten Entdeckungen der Cassini-Mission und ihrer 300 Kilogramm schweren, muschelförmigen Huygens-Sonde stammen von den Saturnmonden und nicht vom Saturn selbst. Huygens landete auf Titan, dem größten Saturnmond. Das war das erste Mal, dass ein Objekt von der Erde auf einem Planeten im äußeren Sonnensystem landete. Dort zeigte sich eine erstaunlich erdähnliche Topografie. Unter dicken Wolken, zwischen Dünen und Canyons, regnet flüssiges Methan in die Flüsse dort droben und füllt die Seen.

Hier unten bei uns auf der Erde kennen wir Methan als ein starkes Treibhausgas, unter anderem produziert von Termiten und Rindern. Es entsteht auch bei der anaeroben Verrottung von Pflanzen und Tieren. Auf Titan sind die Methanmoleküle aufgrund der eisigen Bedingungen flüssig und nicht gasförmig. Titan ist die einzige andere uns bekannte Welt, die einzelne Flüssigkeitsbestandteile auf ihrer Oberfläche festhalten kann. Diese Fähigkeit, zusammen mit dem tröpfelnden Methan-»Regen«, ähneln durchaus dem Wasserkreislauf der Erde – beides Voraussetzung für die Entwicklung des Lebens auf unserem Planeten. Könnte womöglich in diesen Methanmeeren eine Art von Leben existieren, das wir nur noch nicht verstehen? Tief unter der dicken Kruste könnte ein riesiges Meer aus flüssigem Wasser und Ammoniak eine ganze Schicht des Titan ausmachen. Hier könnte sich auch Leben befinden, das wir verstehen können.

OZEANISCHE WELTEN UND DIE SUCHE NACH LEBEN (SO WIE WIR ES KENNEN)

Die Suche nach Leben im Sonnensystem bedeutet implizit die Suche nach Leben, das uns vertraut ist und das wir verstehen. Wir kennen nur einen Planeten und eine Art von Leben im gesamten Universum. Dies ist die Krux, wenn es nur ein einziges Vergleichsexemplar gibt. *T. rex, H. sapiens, E. coli* und alle anderen großen und kleinen lebenden Organismen haben einige kritische Merkmale gemeinsam, sowie letztlich einen gemeinsamen einzelligen Vorfahren. Irgendwann vor etwa vier Milliarden Jahren, als unser junger Planet gerade anfing, sich nach all den vulkanischen Aktivitäten und schweren Bombardierungen abzukühlen, entstand eine Zelle aus Kohlenstoff und anderen Atomen, die die organische Chemie definieren, irgendwo in einer Welt mit warmem, flüssigem Wasser. Diese Zelle verbrauchte Energie, führte chemische Reaktionen durch und reproduzierte sich – das Leben begann. Von diesem Zeitpunkt an herrschte für mehr als drei Milliarden Jahre einzelliges

Leben auf der Erde. Wenn wir Erdbewohner heute nach Leben anderswo im Sonnensystem suchen, dann suchen wir, meist nach einem primitiven Organismus, so wie unsere uralten mikrobiellen Vorfahren es waren.

Eine Welt, die einen tiefen globalen Ozean aus flüssigem Wasser beherbergt, müsste ein idealer Ausgangspunkt dafür sein. Wenn man die meisten Menschen fragt, wo im Sonnensystem sich am meisten davon befindet, würden sie wahrscheinlich die Erde nennen. Doch obwohl die Erde der einzige Planet in unserem Sonnensystem mit einem Wasserozean an der Oberfläche ist, kennen wir mehrere andere Welten mit unterirdischen Meeren, die jeder für sich weit mehr flüssiges Wasser enthalten als alle Ozeane der Erde zusammen.

Der Jupitermond Ganymed – das neuntgrößte Objekt im Sonnensystem (sogar größer als der Planet Merkur) – beherbergt möglicherweise einen unterirdischen Salzwasserozean, der neunmal tiefer ist als der tiefste Graben des Erdmondes. Aufgrund seiner dünnen, aber immerhin vorhandenen Sauerstoffatmosphäre und seines unter Monden einzigartigen Magnetfeldes wollen Astrobiologen – Astrophysiker, die das Leben im Universum erforschen – unbedingt wissen, was oder wer in den tieferen Regionen unter der Oberfläche von Ganymed leben könnte. Wenn es dort tatsächlich einen riesigen Ozean gibt, ist er leider unter einer 160 Kilometer dicken Eis- und Gesteinsschicht verborgen. Zum Vergleich: Das tiefste Bohrloch, das Menschen jemals in die Erdkruste gegraben haben, ist die Kola-Bohrung in Russlands Anteil am Polarkreis. Diese Bohrung ist gerade einmal 12 Kilometer tief – und es dauerte 20 Jahre, bis dem Projekt das Geld ausging und es aufgegeben wurde. Man kann also mit Sicherheit davon ausgehen, dass wir in nächster Zeit keine Missionen zum Sammeln von Wasserproben auf Ganymed durchführen werden.

Der Jupitermond **Ganymed** – das neuntgrößte Objekt im Sonnensystem (sogar größer als der Planet Merkur) – beherbergt möglicherweise einen **unterirdischen Salzwasserozean,** der neunmal tiefer ist als der tiefste Graben des Erdmondes.

Einige Astrobiologen glauben, dass sie auf Europa, einem anderen der 80 bekannten Monde des Jupiters, mehr Glück bei der Suche nach Leben

Kryogeysire beim Ausbruch auf der Oberfläche des Saturnmondes Enceladus

haben. Europa ist nur ein Viertel so groß wie die Erde, beherbergt aber wahrscheinlich einen unterirdischen Ozean, in dem doppelt so viel Wasser wie in den Ozeanen der Erde herumschwappt. Außerdem deuten Hinweise in den Eismustern auf Europas Oberfläche darauf hin, dass der Ozean darunter warm sein könnte. Die gewaltigen Gezeitenkräfte des Jupiters in Verbindung mit den Kräften anderer Monde bewirken, dass sich Europa biegt und dehnt, es ist ein flexibler Mond.

Haben Sie schon mal Squash gespielt? Der Trick, den Ball durch häufigeres Schlagen am Anfang des Spiels vorzuwärmen, basiert auf diesem Phänomen: Der Ball verformt sich, nimmt seine Form wieder an und verformt sich wieder und wieder, denn durch die vielen Schläge wird Energie in ihn hineingepumpt und seine Temperatur erhöht. Auf Europa findet wahrscheinlich etwas Ähnliches statt, das ihn von innen heraus erwärmt.

Enceladus, ein weiterer Mond, befindet sich auch in einer Umlaufbahn um den Saturn und birgt einen Ozean aus flüssigem, salzigem Wasser unter einer Eiskruste. Er weist eine glatte, glasartige Oberfläche auf, die ihn zum am stärksten reflektierenden Objekt in unserem Sonnensystem macht. An seinem Südpol entdeckte Cassini Geysire, die einen salzigen Cocktail Hunderte von Kilometern in die Höhe schleudern. Als die Raumsonde in die Dampfschwaden eintauchte, um sie genauer zu untersuchen, fand sie organische Moleküle, die für das Vorkommen von Leben, wie wir es kennen, notwendig sind.

Zwar sind die Eiskrusten von Enceladus und Europa mit einer Dicke von etwa 20 Kilometern deutlich dünner als die von Ganymed, doch sie zu durchbohren wäre immer noch eine kaum überwindbare technische Herausforderung.

Diese dicken Krusten konfrontieren uns mit einem weiteren Problem: Das Sonnenlicht kann nicht in die wässrigen Tiefen eindringen, sodass die dort lebenden Organismen keine Photosynthese betreiben können. Zum Glück benötigt jedoch nicht alles Leben auf der Erde Sonnenlicht. In den tiefsten, dunkelsten Bereichen des Meeresbodens unseres Planeten – dort, wo die Sonne nicht scheint – gedeihen ganze Ökosysteme seltsamer Lebewesen rund um hoch aufragende, höllisch heiße Säulen, die sogenannten Schwarzen Raucher. Wenn sich die tektonischen Platten verschieben und kollidieren, sickert fast eiskaltes Meerwasser in die Risse, vermischt sich mit dem aufsteigenden heißen Magma und erhitzt sich auf Temperaturen von über 370 Grad Celsius. Das heiße Wasser bricht in der Nähe der Schwarzen Raucher in wogenden, schwärzlichen Schwaden, die Metalle und Mineralien enthalten, aus dem Meeresboden. Wenn diese Fontänen auf das umgebende kalte Wasser treffen, fallen die Metalle und Mineralien aus und verfestigen sich zu Türmen, die bis zu 30 Zentimeter pro Tag wachsen können.

Bakterien und Archaeen, die in der Nähe der Schlote leben, beziehen ihre Nahrung und Energie nicht von der Sonne, sondern aus chemischen Reaktionen mit den ausfallenden Mineralien. Astrobiologen gehen davon aus, dass ähnliche Organismen die ersten Ökosysteme auf der Erde bildeten. Derartige Organismen könnten auch anderswo im Universum existieren, vorausgesetzt, sie haben Zugang zu den notwendigen organischen Materialien und leben in einer warmen Umgebung. Als die Cassini-Mission durch die Dampfschwaden von Enceladus flog, fand sie Hinweise auf hydrothermale Aktivitäten weit unter der Oberfläche. Kombiniert man die potenziell vorhandenen Tiefwasserschlote mit den bereits vorhandenen Hinweisen auf einen warmen, salzhaltigen, flüssigen Ozean, der reich an organischen Molekülen ist, dann ist die Vorstellung einer Welt, in der es von außerirdischem Leben nur so wimmelt, wahrscheinlich nicht mehr Science-Fiction, sondern könnte Realität sein.

DIE EISRIESEN: URANUS UND NEPTUN

Das Reich der Eisriesen liegt nicht Millionen, sondern Milliarden von Kilometern entfernt von der Erde. Mehr als ein halbes Jahrhundert ist vergangen, seit Menschen ihre Stiefelabdrücke auf dem Mond hinterlassen und Raumfahrzeuge in die Umlaufbahn des Mars und der Venus gebracht haben. Doch die entferntesten Planeten unseres Sonnensystems warten noch immer geduldig auf Orbiter und Landefahrzeuge von uns Menschen. Von den Hunderten von Missionen, die zur Erkundung des Weltraums entsandt wurden, konnte nur eine Sonde, Voyager 2 – nach achteinhalb Jahren Weltraumreise und mehreren Manövern mit Schwerkraftunterstützung – einen flüchtigen Blick auf Uranus und dreieinhalb Jahre später auf Neptun werfen. Im Gegensatz zu Jupiter und Saturn, die größtenteils aus Wasserstoff und ein wenig Helium bestehen, bestehen Uranus und Neptun vielleicht zu einem Fünftel aus Wasserstoff und Helium. Ihr Hauptbestandteil ist Wassereis.

Trotz ihres kurzen Vorbeiflugs bestätigte die Voyager, was Wissenschaftler schon lange vermutet hatten: Die am wenigsten erforschte Region unseres Sonnensystems ist die bizarrste. Unter der dicken Gasatmosphäre dieser beiden entferntesten Welten in unserem Sonnensystem, regnen Diamanten in matschige Ozeane aus Wasser, Methan und Ammoniak – so legen es jedenfalls atmosphärische Daten und sorgfältig konstruierte Modelle nahe. Bislang halten ihre stürmischen, nahezu undurchdringlichen Wolkenhüllen einen Großteil ihres Innenlebens geheim.

Als die Voyager 2 ihre Kameras auf den Uranus richtete, registrierten diese einen riesigen, gleichmäßig gefärbten Wasserball. Im Gegensatz zu

RÄTSEL DES KOSMOS

WAS STECKT IN EINEM NAMEN?

Zu den Merkwürdigkeiten des Uranus kommt noch die Geschichte, wie er zu seinem Namen kam, was ihn zur Zielscheibe vieler Scherze gemacht hat. Der 1781 von William Herschel entdeckte Planet war der erste, der in neuerer Zeit entdeckt wurde; alle anderen waren schon lange bekannt, zumindest denen, die in den Himmel schauten. Herschel versuchte, das Objekt Georgium Sidus zu nennen, nach dem englischen König George III. - ebenjenem König, der Benjamin Franklin, John Hancock und 54 weitere berühmte Persönlichkeiten dazu veranlasste, die Unabhängigkeitserklärung zu unterzeichnen. Die wissenschaftliche Gemeinschaft war jedoch dagegen, und der Name setzte sich nicht durch. Da außer den Briten niemand mit einer Aufzählung der Planeten einverstanden war, die »Merkur, Venus, Erde, Mars, Jupiter, Saturn und George« lauten sollte, wurde der neue Planet stattdessen Uranus genannt, nach dem griechischen Urgott des Himmels. Dies ist trotzdem eine ungewöhnliche Wahl, denn traditionell wurden Planeten nach römischen Göttern benannt, während ihre Monde nach den griechischen Gegenstücken zu den römischen Göttern benannt wurden. Als Zugeständnis an den mächtigen, englischen König wurden die Monde des Uranus nach Figuren der englischen Literatur benannt, vor allem aus Shakespeares Werken (wie Julia, Puck und Miranda) sowie nach drei von Alexander Pope (Ariel, Umbriel und Belinda).

den dramatisch wirbelnden Stürmen auf Jupiter und Saturn erschien Uranus seltsam schlicht, ja geradezu langweilig – zumindest auf den ersten Blick. Doch dann stellte sich heraus, dass Uranus etwas Besonderes ist. Das Auffälligste: Er kreist quasi auf der Seite liegend, mit Ringen, die ihn vertikal umschließen. Im Gegensatz zu allen anderen Planeten in unserem Sonnensystem dreht er sich fast senkrecht zu seiner Umlaufbahn – ein Merkmal, das sich am besten durch eine hypothetische Kollision mit einem riesigen Planeten kurz nach seiner Geburt erklären lässt, die das Ganze zum Kippen brachte.

Nachdem sie an Uranus vorbeigeflogen war, hatte Voyager 2 noch 1,6 Milliarden Kilometer vor sich, bevor sie Neptun, erreichte, den nächsten und

Die Monde des Uranus und die schwachen Ringe sind auf diesem Bild aus dem Jahr 2003 besser sichtbar. Eine Falschfarbenansicht des Planeten vom Hubble-Weltraumteleskop der NASA

letzten Planeten, danach verließ sie endgültig das Sonnensystem. Zur Freude der Wissenschaftler auf der Erde übermittelte die Sonde Bilder von einer topografisch interessanten Welt. Obwohl seine chemischen Bestandteile fast identisch mit denen des Uranus sind, strahlt Neptun – wie wir auf neueren Fotos sehen – in einem tieferen, leuchtenderen Azurblau, als der blasse, grünlich-blaue Schleier des Uranus. Die Ursache für diesen Unterschied ist noch nicht geklärt. Die Voyager entdeckte auch heftige Stürme von 1600 Kilometern pro Stunde, die schnellsten im Sonnensystem.

So eindrucksvoll die Eigenschaften von Uranus und Neptun auch sein mögen, Astronomen, die das Universum nach Exoplaneten absuchen – also nach Planeten, die andere Sterne umkreisen –, nehmen an, dass diese beiden Eisriesen Beispiele für die häufigste Art von Planeten in unserer Galaxie sein könnten, selbst wenn sie in unserem Sonnensystem ungewöhnlich sind.

PLUTO UND PLANET X

Im Jahr 2006 schloss sich Pluto dem Schicksal von Ceres, Pallas, Juno, Vesta und den vielen anderen degradierten »Planeten« an, die ihm vorausgingen – ein weiterer Einschnitt in der ständig umgeschriebenen Geschichte des Hinterhofs unserer Sonne.

Pluto ist kein Planet. Das war er nie. Aber 76 Jahre lang galt er offiziell als unser neunter und am weitesten entfernter Nachbar. Als der Amateurastronom Clyde Tombaugh ihn 1930 entdeckte, wurde Pluto als der lang vermisste Planet gefeiert.

Erinnern wir uns an den verbohrten Percival Lowell, der behauptete, von intelligenten Außerirdischen gebaute Kanäle auf dem Mars zu sehen. Nachdem seine Fantasierereien durch genaue Beobachtungen zunichte gemacht worden waren, widmete er den Rest seines Lebens der Suche nach dem Planeten X – einem Planeten, mit dem man die unerklärlichen Abweichungen in der Neptunbahn erklären könnte. In Lowells Observatorium entdeckte Tombaugh 14 Jahre nach dessen Tod den lange vorhergesagten Planeten – ein Planet, von dem Lowell angenommen hatte, dass er mindestens halb so groß wie Neptun sein müsse, um ihn so deutlich zu beeinflussen. In den späten 1970er-Jahren jedoch reduzierten jahrzehntelange Beobachtungen allmählich die Schätzungen von Plutos Gesamtgröße und -masse, bis man schließlich zu dem Schluss kam, dass der arme Tropf viel zu klein war, um überhaupt einen nennenswerten Einfluss auf die Bewegung des Neptun ausüben zu können. Und so blieb eine weitere Jagd nach einer verlorenen Welt erfolglos.

Der Planet X war dem Untergang geweiht, aber auf eine ganz andere Weise als der Planet Vulkan. Die Voyager-Vorbeiflüge lieferten aktualisierte und weitaus genauere Daten zur Masse der äußeren Planeten. 1993 stellte E. Myles Standish Jr. fest, dass die lange Zeit als korrekt angesehenen Messungen der Neptunbahn schlicht und ergreifend falsch waren. Wenn man die verfeinerten Messergebnisse von Voyager 2 zur Masse des Planeten und Standish's Korrekturen der Bewegung des Neptuns kombinierte, ergab sich eine schlüssige Erklärung für die 164 Jahre dauernde, jedoch falsch berechnete Umlaufbahn des Neptuns. Planet X war kein Planet, sondern ein Hirngespinst, das auf einer fehlerhaften Berechnung basierte, die nicht ausreichend überprüft worden war.

Im Jahr vor dem Fall von Planet X entdeckten die Astronomen David Jewitt und Jane Luu ein weiteres Objekt, das etwa ein Fünfzehntel des Durchmessers von Pluto hat und mit Neptun um die Sonne kreist, nur etwas weiter entfernt als Neptun. Dieser Entdeckung folgten noch viele weitere. Bald wurde klar, dass sich Pluto in einem großen Ring aus Trümmern befindet. Makler aufgepasst! Es gibt da neu entdeckte Grundstücke in unserem Sonnensystem. Er wurde Kuipergürtel genannt, nach dem niederländischen Astrophysiker Gerard Kuiper, der Jahrzehnte zuvor die erste Hypothese über Eiskörper jenseits des Pluto aufgestellt hatte.

In den folgenden Jahren wurde Pluto immer genauer unter die Lupe genommen, da immer größere Objekte unter den unzähligen Brocken entdeckt wurden, die im Kuipergürtel kreisten. Schließlich kam der Tag der Abrechnung. Im Jahr 2003 entdeckten die amerikanischen Astrophysiker Michael Brown, David Rabinowitz und Chad Trujillo Eris, ein Objekt, das massereicher als Pluto ist (wenn auch nur ein klitzekleines bisschen) und mindestens einen eigenen Mond hat. Und niemand zweifelte mehr daran, dass dort oben noch weitere, noch größere, planetenähnliche Objekte lauerten, die nur darauf warteten, von uns entdeckt zu werden. Entweder waren alle diese Objekte Planeten oder keines davon. Die scheinbar offensichtliche, aber unlösbare Frage musste beantwortet werden: Was genau ist ein Planet?

Entweder waren alle diese Objekte Planeten **oder keines davon.** Die scheinbar offensichtliche, aber unlösbare Frage musste beantwortet werden: **Was genau ist ein Planet?**

Da die Internationale Astronomische Union (International Astronomical Union, IAU) unter Entscheidungsdruck stand, ließ sie im Januar 2006 über diese Frage abstimmen. Sieben Monate später wurde das Ergebnis publiziert: die Mitglieder erklärten mit überwältigender Mehrheit, dass Pluto und alle anderen noch zu entdeckenden Objekte von Plutogröße im Kuipergürtel fortan als Zwergplaneten bezeichnet werden sollten.

Seite 163: Die dynamische Oberfläche von Pluto (vorne) und seinem Mond Charon, die von der NASA-Raumsonde New Horizons im Jahr 2015 zum ersten Mal in einer hochauflösenden, verbesserten Farbansicht aufgenommen wurden

Um in unserem Sonnensystem zum Planeten erklärt zu werden, muss man alle drei der folgenden Kriterien erfüllen:

1. Sind Sie eine Kugel?
2. Umkreisen Sie die Sonne?
3. Räumen Sie (und hier ist Pluto gescheitert) Ihre Umlaufbahn auf? Mit anderen Worten: Ist die Masse der Trümmer innerhalb Ihrer Umlaufbahn geringer als Ihre eigene Gesamtmasse?

Was Nummer 3 betrifft, so übersteigt die Gesamtmasse des Kuipergürtels bei Weitem die des Plutos.

Während sich die Astronomen zur Definition von Pluto einigten, war die erste Mission zu dem Zwergplaneten bereits seit einem halben Jahr unterwegs. Die Raumsonde New Horizons mit einem Gewicht von etwa 450 Kilogramm war mit einer superstarken Atlas-V-Rakete in Rekordgeschwindigkeit von der Erde gestartet und flog schon nach weniger als neun Stunden am Mond vorbei. (Die Apollo-Astronauten brauchten für dieselbe Strecke mehr als drei Tage.) Zusammen mit einer Reihe von Bildgebungsinstrumenten und Experimenten flog die Asche von Clyde Tombaugh in Richtung Pluto, den er ja entdeckt hatte, und darüber hinaus.

Aufgrund der Entfernung des Plutos von der Erde, im Durchschnitt mehr als 4,8 Milliarden Kilometer, war bei dieser Mission zusätzliche Beschleunigungshilfe von Planeten erforderlich, um das Ziel zu erreichen, bevor die Wissenschaftler von New Horizons an Altersschwäche sterben. Schließlich flog New Horizons im Jahr 2015 mit 72 400 Kilometern pro Stunde an Pluto vorbei, neuneinhalb Jahre nach dem Start auf der Erde. Dort entdeckte sie Eisberge von der Größe der Rocky Mountains und deutliche Hinweise auf einen tiefen, matschigen, wässrigen Ozean – vielleicht, nur ganz vielleicht fähig, Leben zu beherbergen.

UND NUN NOCH VIEL WEITER

Nach New Horizons folgten vier weitere Raumsonden, die zum interstellaren Raum unterwegs waren: Pioneer 10 und 11 und Voyager 1 und 2. Die Definition des interstellaren Raums ist nach wie vor ebenso schwer zu fassen wie die Frage, wo die Erdatmosphäre beginnt und wo sie endet. Wir wissen, dass die Oortsche Wolke – eine große, kugelschalenförmige Ansammlung aus Billionen von Eiskometen – weit jenseits der Grenzen liegt, die unsere Raumfahrzeuge je erreicht haben. Bei ihrer derzeitigen Geschwindigkeit von mehr als 1,4 Millionen Kilometern pro Tag wird Voyager 1 – das schnellste von Menschenhand geschaffene Objekt im Universum – weitere 300 Jahre benötigen, bevor sie die Außenbezirke dieser Wolke erreicht, und weitere 30 000 Jahre, um sie zu durchqueren. Bis dahin werden all die Voyagers, Pioneers und New Horizons längst mausetot und ihre metallischen Überreste eine Ode an die Ambitionen der Menschheit sein.

Wie würde die Geschichte unseres Sonnensystems aussehen, wenn man sie kontinuierlich mit Tinte auf unvergänglichem Papier aufschreiben würde, das von Generation zu Generation, von Aristoteles bis an die heutigen Astronomen weitergegeben würde? Es wäre wohl eine ständig wachsende Liste von Entdeckungen und scheinbaren Durchbrüchen, fast unleserlich durch all die Überarbeitungen, Ergänzungen und Streichungen, der Rand vollgekritzelt mit allerlei Fragen. In den leeren Feldern, jenseits dieser Randnotizen liegen mannigfaltige Geschichten, die darauf warten, erzählt zu werden.

TEIL 3

HINAUS IN DEN ÄUSSEREN WELTRAUM

»Ich weiß nicht, wie ich der Welt erscheinen mag; aber mir selbst komme ich nur wie ein Junge vor, der am Strand spielt und sich damit vergnügt, ein noch glatteres Kieselsteinchen oder eine noch schönere Muschel als gewöhnlich zu finden, während das große Meer der Wahrheit gänzlich unerforscht vor mir liegt.«

Isaac Newton, kurz vor seinem Tod

Wir sprechen ganz selbstverständlich von Weltraumforschung, Weltraumstationen, von Raumfahrt und Raumschiffen, ohne innezuhalten und uns die Frage zu stellen: Was ist das eigentlich, der Weltraum? Wabernd zwischen Galaxien, Sternen, Planeten, Molekülen und Atomen ist der Weltraum nicht einfach nur ein Nichts. Um das genauer zu untersuchen, verlassen wir in diesem Kapitel während unserer Reise in den Kosmos das uns Vertraute – unser Sonnensystem. Wir werden durch die Dunkelheit fallen, aber wir werden dabei ganz sicher nicht auf das absolute Nichts treffen. Vielmehr werden wir entdecken, dass der leere Raum voller Dinge ist, eine brodelnde Suppe aus Quantenpartikeln, selbst in den dunkelsten und kältesten Ecken des Universums.

Die Vorstellungen der Menschen darüber, wo und was der Weltraum ist, begannen mit dem Himmel über uns – genauso blau, weit und geheimnisvoll wie die Meere. Er wurde der Ozean der Luft genannt. Zu verschiedenen Zeiten in der Geschichte wurden Beschreibungen und Annahmen über das Meer auf den Himmel übertragen, später auf den gesamten Weltraum und darüber hinaus.

Dieser Vergleich begleitet uns seit Jahrhunderten. In der nordischen Mythologie des 13. Jahrhunderts wird die Geschichte vom *Skidbladnir* erzählt, einem magischen Schiff, das sich über den Himmel genauso leicht bewegt wie durch die Meere. In Arthur Conan Doyles Kurzgeschichte »The Horror

Seite 168: Das Piratenschiff *Jolly Roger* in Disneys *Peter Pan* (1953) entschwindet ungeachtet der Schwerkraft in den Himmel

Seite 166: Im Jahr 2022 nahm das Hubble-Weltraumteleskop dieses Bild einer wirbelnden Gas- und Staubwolke auf, die einen jungen Stern im Sternbild Stier in einer Entfernung von mehr als 9000 Lichtjahren wie einen Kokon umschließt of the Heights« aus dem Jahr 1913 tauchen riesige fliegende Quallen auf, die Aeronauten terrorisieren. In Disneys Zeichentrickfilm *Peter Pan* von 1953 segelt Wendy auf Captain Hooks Piratenschiff *Jolly Roger* durch die Wolken von Nimmerland nach Hause. In *Fantasia 2000* bevölkern Wale die Stratosphäre und den Weltraum. Beispiele für Analogien zwischen dem Meer und dem Himmel beziehungsweise dem Weltraum würden ein ganzes Buch füllen.

Und dieser kulturhistorische Einfluss ist auch in der realen Welt zu spüren. Schließlich fliegen wir in Raum*schiffen* ins All, und nicht in Raumautos oder Raumzügen; in der Internationalen Raumstation ISS gibt es eine Backbord- und eine Steuerbordseite. In Science-Fiction-Filmen werden Raumschiffe oft kurz Schiff genannt, und die fiktiven dunklen unbekannten Welten, die sie durchqueren, sind manchmal von Kreaturen bevölkert, die denen im Meer auffallend ähnlich sind, mit großen, liderlosen Augen, algenartig schwebenden, beweglichen Körpern, sprießenden Tentakeln und grüner oder blauer Haut.

Romantische Vergleiche zwischen dem Weltraum und den Ozeanen der Erde liegen auf der Hand und scheinen unwiderstehlich. Beide Reiche sind zutiefst geheimnisvoll: dunkel und kalt und unvorstellbar groß. Und doch können die beiden Weiten extrem unterschiedlich sein – was in gewisser Art auch wiederum eine Gemeinsamkeit und einzigartige Verbindung zwischen beiden darstellt. Tiefseetaucher benötigen spezielle Anzüge, um den extrem hohen atmosphärischen Drücken in der Tiefe zu widerstehen, während Astronauten Anzüge für das genaue Gegenteil benötigen. Ohne diese schützenden, künstlichen Hüllen, die ein Minimum an überlebenswichtiger Erdatmosphäre enthalten, würden sowohl Aquanauten als auch Astronauten eines schnellen Todes sterben.

Heute beherrscht der *Homo sapiens* die Navigation sowohl in der salzigen Tiefe des Meeres als auch in den Weiten des Himmels. Aber im himmlischen Ozean des äußeren Weltraums sind wir nach wie vor nicht mehr als eine mondfahrende Spezies; wir haben genauso viel Recht auf die Bezeichnung »Weltraumfahrer« wie ein »Seemann«, der seinen Zeh in eine seichte Pfütze taucht, die die Ebbe hinterlassen hat.

Die Grenze zwischen dem Weltraum und dem Nichtweltraum wird, wie wir inzwischen wissen, im Allgemeinen durch die Kármán-Linie definiert –

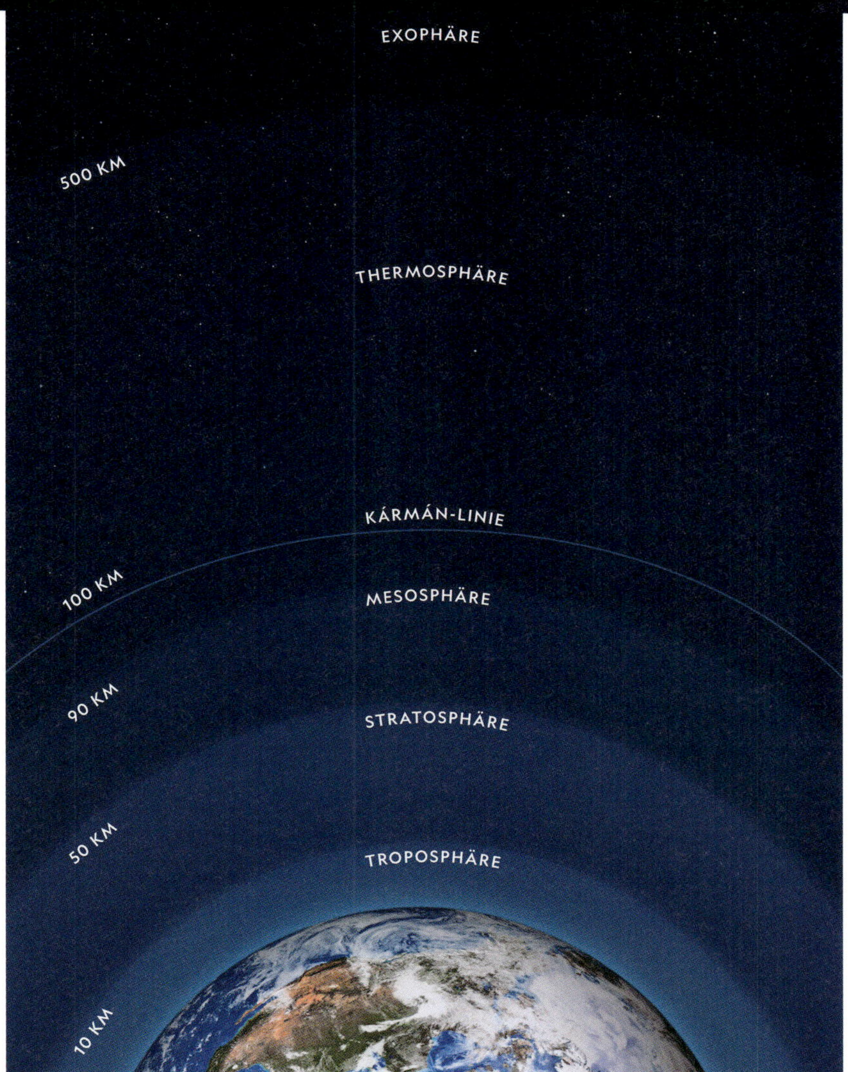

Eine schematische Darstellung der fünf Hauptschichten der Erdatmosphäre, von der Troposphäre und Stratosphäre bis jenseits der Kármán-Linie, der Grenze zwischen unserer Erdatmosphäre und dem Weltraum

besagte Schwelle, an der die Aeronautik endet und die Astronautik beginnt. Auf der Erde liegt sie etwa 100 Kilometer über dem Meeresspiegel. Aber wie sieht es damit auf dem Jupiter aus? Oder auf dem Pluto? Die Grenze zwischen irgendetwas im Universum und einem anderen Objekt kann nur durch Konventionen definiert werden.

Wenn Sie etwa die Spitze des Zeigefingers an die Spitze Ihres Daumens halten, können Sie eine klar definierte Grenze zwischen den beiden Fingerspitzen sehen. Wenn man die beiden zusammendrückt, kann man diese Grenze auch fühlen. Wenn Sie aber diese Druckstelle unter einem starken

Mikroskop betrachten und dabei die Auflösung allmählich erhöhen, wird die Grenze, die man anfänglich für fix und klar definiert hielt, zunehmend undeutlicher. Die Erhebungen und Vertiefungen der Haut überlappen an einigen Stellen und an anderen nicht. Die Bakterien könnten theoretisch zwischen den Fingern hin und her wandern, zusammen mit winzigen Molekülen von Schmutz oder Handcreme, wobei sich jedes Mal die Gesamtmasse der jeweiligen Fingerspitze verändern würde. Wenn man noch genauer hinschaut, mit einer noch größeren Auflösung, könnte man beobachten, wie sich die Elektronen zwischen den Atomen der beiden Finger gegenseitig abstoßen und egal, wie fest man sie zusammendrückt, es würde immer einen winzigen Spalt zurücklassen. Wie würden Sie jetzt diese Grenze definieren? Letzten Endes würden Sie wahrscheinlich einfach akzeptieren, dass die Grenze zwischen Daumen und Zeigefinger einfach die Stelle ist, an der man nicht mehr genau definieren kann, was was ist.

Und nicht zu vergessen, bei dieser kleinen Übung ging es um zwei feste Objekte. Wie viel schwieriger ist es, Grenzen von nicht festen Dingen, wie zum Beispiel dem Vakuum des Weltraums, zu definieren?

DIE LUFT WIRD DÜNN

»Du bist nicht dieselbe, die du einmal warst«, sagt der verrückte Hutmacher in dem Disney-Film *Alice im Wunderland*. »Du warst weit mehr. Mehrer. Du hast dein Mehr-Sein verloren.« Bei unseren Versuchen, den Weltraum zu definieren, klingen wir wie der verrückte Hutmacher, der mit Alice schimpft, weil sie ihr Mehr-Sein verloren hat. Wir neigen dazu, den Weltraum nicht über das zu definieren, was er ist und hat, sondern über das, was er nicht ist und nicht hat. Er hat weniger Teilchen als die Erdatmosphäre. Es herrscht ein geringerer Druck. Wärme und Licht existieren nicht. Es ist verlockend zu glauben, dass wir, wenn wir uns immer weiter von der Erde entfernen, schließlich an einem Ort der totalen Leere ankommen, der frei von allen Dingen ist. Wir stellen uns den Weltraum oft so vor – als einen dunklen Abgrund, als das absolute Nichts. Aber nein! Der Weltraum ist nicht nichts, und er ist alles andere als leer. Dies soll Thema des vorliegenden Kapitels sein.

Unsere Erklärungen darüber, was existiert oder nicht existiert, beruhen oft auf den Wahrnehmungen unserer fünf Sinne, die uns, wie wir wissen, auch täuschen können. Unsere unvollkommene sensorische Schnittstelle mit der physischen Welt limitiert permanent unsere Bemühungen, unsere Umwelt und das Universum zu verstehen. Jeder weiß, dass Luft dünn ist; warum sonst sollten wir beeindruckt sein, wenn jemand die Karriereleiter hinaufklettert, wo »die Luft immer dünner wird«, oder wenn ein Zauberer ein Kaninchen aus dem Nichts hervorzaubert? Dennoch, ein Fingerhut mit reiner, unsichtbarer Luft (das entspricht etwa 1 Kubikzentimeter Volumen), entnommen auf Meereshöhe, enthält mehr Moleküle (27 Trillionen), als es Sandkörner an einem x-beliebigen Strand gibt.

Ist das nun viel oder wenig? Ein Kaninchen, das in einen ansonsten leeren Zauberhut hinein- und wieder heraushüpft, wird vielleicht daran interessiert sein zu erfahren, dass die durchschnittliche Dichte der Materie im Universum viel, viel geringer ist als die Luft in diesem Hut. Aber um wie viel geringer?

Erweitern wir unseren fingerhutgroßen Behälter zu einem Geburtstagsgeschenk in der Größe eines Whirlpools (also etwa 1 Kubikmeter Volumen). Wenn Sie Ihr Geschenk auspacken, und es ist nichts in der Verpackung, würden Sie den Schenkenden zu Recht für einen schlechten Freund oder eine schlechte Freundin halten, weil er oder sie Ihnen eine große Schachtel voller Nichts geschenkt hat. Aber was Sie geschenkt bekommen haben, sind 2,7 × 1025 Moleküle Luft. Das sind 27 Quadrillionen Moleküle (27 000 000 000 000 000 000 000 000). Sie können wirklich nicht behaupten, dass Sie nichts bekommen haben, wenn jemand Ihnen 27 Quadrillionen Irgendetwas gegeben hat. (Merken Sie sich das für die Zukunft, falls Sie einmal den Geburtstag eines besonderen Menschen vergessen und ein schnelles Geschenk brauchen.)

Das seltenste, mythischste und begehrteste Geschenk des Universums wäre in Wirklichkeit ein Nichts – ein wahres Nichts.

Nehmen wir also an, Ihr Freund oder Ihre Freundin möchte sein lausiges Geschenk von 27 Quadrillionen Molekülen wiedergutmachen und ist entschlossen, Ihnen ein besseres Geschenk mit dem wahren Nichts zu machen. Hätte er oder sie vielleicht mehr Glück, es im Weltraum zu finden? Wenn es ihm oder ihr irgendwie gelänge, eine 1 Kubikmeter große Probe des interstellaren Weltraums zu beschaffen, sie in eine Schachtel zu packen und zur Erde zu bringen, würden Sie vielleicht glauben, dass diese Schachtel nun wirklich leer sei. Doch wiederum: dumm gelaufen. Im Inneren dieser Kiste (vorausgesetzt, es handelt sich um eine magische Kiste, die den gravierenden Unterschieden im atmosphärischen Druck standhält) würden sich ungefähr fünf Millionen Dinge befinden, hauptsächlich Wasserstoff und geladene Teilchen des Sonnenwindes.

Je weiter man sich auf der Suche nach dem Nichts vom Sonnenzentrum entfernt, desto weniger Teilchen trifft man an und desto mehr nähert man sich dem Nullpunkt an Partikeln. Jenseits unseres Sonnensystems, zwischen den Sternen (im interstellaren Raum) findet man etwa eine Million Teilchen pro Kubikmeter. Weiter draußen, jenseits der Milchstraße und zwischen den Galaxien, im intergalaktischen Raum, tummeln sich in jedem Kubikmeter immerhin noch ein paar Wasserstoffatome.

Dieses computergenerierte Kunstwerk zeigt ein Teilchen und ein Antiteilchen, die in einem Vakuum in einem Prozess entstehen, der als Quantenfluktuation bezeichnet wird

Gut, aber in dem Raum zwischen zwei mäandernden, intergalaktischen Partikeln könnte man doch wahre Leere finden? Wieder falsch. Hier draußen herrschen die seltsamen Gesetze der Quantenphysik – mit ganz eigenen, seltsamen Teilchen.

Darf ich vorstellen: das virtuelle Teilchen. Nein, es handelt sich nicht um die Art von Materie, die man in einem alternativen Universum oder Paralleluniversum findet. Virtuelle Teilchen sind die echten Zauberkaninchen des Universums, die auftauchen und wieder verschwinden, aus dünner Luft – und zwar aus der dünnsten Luft, die wir auch »dünner Weltraum« nennen könnten. Die Heisenberg'sche Unschärferelation der Quantenphysik lässt uns keine andere Wahl, als zu akzeptieren, dass der Raum zwischen gewöhnlichen Teilchen voller virtueller Teilchen ist, die unbemerkt auftauchen und verschwinden. Folglich kann man auch diesen Raum unmöglich als leer bezeichnen.

Selbst zwischen den Teilchen finden wir also weitere Teilchen. Und zwischen den Teilchen und virtuellen Teilchen, die den gesamten Raum und die Zeit durchdringen, herrscht der unausweichliche Einfluss der Schwerkraft und zahlreicher Energiefelder. Das wahre Nichts, ein Ort ohne Dinge, gibt es nicht – zumindest nicht in diesem Universum.

Die Vorstellung, der Weltraum sei ein Reich des Nichts, ist ein relativ moderner Irrtum. Aristoteles erklärte bereits im 4. Jahrhundert v. Chr., dass die Natur ein Vakuum verabscheut. Er begründete dies damit, dass die Definition von »Nichts« »Nicht-Sein« bedeute. Dennoch, das Nichts existiert immerhin als ein Konzept, über das man diskutieren kann. Anders ausgedrückt: Irgendwie muss der weise Spruch »Was nicht ist, kann noch werden« ja auch entstanden sein.

> Die Vorstellung, der Weltraum sei ein Reich des **Nichts,** ist ein relativ moderner Irrtum. […] Dennoch, das Nichts existiert immerhin als **ein Konzept,** über das man diskutieren kann.

Auf physikalischer Ebene, so Aristoteles, würde die Luft aus der Umgebung sofort in ein Vakuum einströmen, um die Leere zu füllen. Wenn es eine solche Leere gäbe, würde das bedeuten, dass sich Materie darin unendlich schnell bewegen könnte.

AUS DER FORSCHUNG

VAKUUM UND LEERE RÄUME

Das vollständigste uns bekannte Vakuum in unserem Sonnensystem befindet sich hier bei uns auf der Erde - oder besser gesagt, im Inneren der Erde. Etwa 300 Meter unterhalb des Dorfes Meyrin bei Genf in der Schweiz befindet sich der Große Hadronen-Speicherring (Large Hadron Collider, LHC). Dank des darin herrschenden Ultrahochvakuums enthalten die Stahlrohre im Innern weniger Teilchen als der Raum zwischen den Planeten. In dem 26,7 Kilometer langen, unterirdischen Ringtunnel, der von der Europäischen Organisation für Kernforschung (Conseil Européen pour la Recherche Nucléaire, CERN) betrieben wird, schießen Elementarteilchen durch eine Röhre und kollidieren mit nahezu Lichtgeschwindigkeit, wobei sie wie Schrapnell zersplittern.

Um sicherzustellen, dass diese Teilchen nur auf andere Teilchen treffen und nicht auf verirrte, atmosphärische Moleküle oder vagabundierende Atome, darf diese innere Kammer so gut wie nichts enthalten. Um dieses Nichts zu erzeugen, absorbieren die speziell beschichteten Rohre des Ringtunnels alle unerwünschten Moleküle, die sich auf ihrer Oberfläche niederlassen könnten. Dafür werden die Vakuumkammern auf fast 260 Grad Celsius aufgeheizt. Anschließend wird zwei Wochen lang Gas in das Vakuumsystem gepumpt, das dessen atmosphärischen Druck extrem nach unten kühlt. Der Druck wird drastisch reduziert, um so viele verirrte Moleküle wie möglich zu eliminieren. Der LHC beherbergt auch den kältesten Ort in unserem Sonnensystem, was das CERN zur größten Errungenschaft der Menschheit auf dem Gebiet der Kryogenik, Vakuumtechnologie und Teilchenphysik macht - und auch zu dem Ort, an dem wir auf der Erde dem Nichts am nächsten kommen.

Jenseits des Sonnensystems wird der Weltraum immer dünner. Aber rechtfertigt eine bestimmte Region des Universums die Bezeichnung »das kleinste Nichts«? Oder, wie der verrückte Hutmacher sagen würde, das geringste »Mehrer«?

Diese Ehre wird wahrscheinlich der Bootes-Leere zuteil, einer 700 Millionen Lichtjahre entfernten Region im Weltraum, die im Sternbild Bootes (Bärenhüter) liegt. Mit einem Durchmesser von 300 Millionen Lichtjahren wird sie auch oft als »das Große Nichts« bezeichnet. Sie beherbergt lediglich 60 bekannte Galaxien, was für ihre Größe ungewöhnlich ist. An anderen Orten im Universum würde eine Region dieser Ausdehnung mindestens ein paar Tausend Galaxien beherbergen. Im Vergleich dazu ist diese Region also ziemlich leer. Zehn Millionen Lichtjahre liegen zwischen den Galaxien der Bootes-Leere, während in der Milchstraße die nächstgelegene Nachbargalaxie, die Andromeda-Galaxie, nur zweieinhalb Millionen Lichtjahre entfernt ist. Es ist daher wahrscheinlich, dass der Raum zwischen den Bootes-Galaxien die geringste Teilchendichte im für uns beobachtbaren Universum aufweist. Würden Sie dort schweben, wären Sie so verloren im weiten Meer des Weltraums, wie man nur sein kann, in völliger Dunkelheit treibend, ohne einen einzigen Stern, der Ihnen den Weg weist.

Wartungsarbeiten und Modernisierungen am Großen Hadronen-Speicherring (Large Hadron Collider, LHC), das Flaggschiff des CERN, während der zweiten langen Abschaltung in den Jahren 2019–2020

Eine Kupferstichdarstellung des griechischen Philosophen Aristoteles (384–322 v. Chr.) aus Thomas Bricots Schrift *Textus abbreviatus Aristotelis super octo liris Phisicorum et tota naturalis philosophia* von 1496

Doch das Konzept der Unendlichkeit des Weltraums gab es im damaligen Weltbild nicht, denn der Himmel war das größte und weiteste vorstellbare Gebilde: unermesslich, aber endlich. Es war einfach kein Platz für etwas Unendliches.

Aristoteles war überzeugt, dass der Himmel und die wandernden, uns umkreisenden Lichter aus einer fünften Substanz bestehen, der sogenannten Quintessenz, die sich von den vier irdischen Elementen, Erde, Feuer, Luft und Wasser, unterscheidet. Diese vollkommene, himmlische Quintessenz, die er auch als »Äther« bezeichnete, bildete das himmlische Reich und blieb ein zentrales Merkmal des ptolemäischen, geozentrischen Weltbildes.

Während der wissenschaftlichen Revolution, als das geozentrische Universum zwar durch ein heliozentrisches Universum ersetzt wurde, wurde das Konzept eines himmlischen Äthers lediglich neu definiert als der Stoff, der zwischen Planeten und Sternen den leeren Raum ausfüllt. Seine leicht modifizierte, neue Bezeichnung war »Lichtäther«. Angenehmerweise löste diese Präzisierung das Problem, wie sich Lichtwellen durch den »leeren« Raum bewegen konnten ohne ein Medium, das sie übertrug. Nun gab es zum Glück ein Medium, den leuchtenden Äther, der das Nichts des Raums durchdringt, so wie sich Moleküle durch das Nichts der Luft bewegen. Damit rückte die Natur des Lichts im Universum und hier auf der Erde in den Mittelpunkt der Überlegungen der Physiker.

DAS PHÄNOMEN LICHT: WELLE ODER TEILCHEN?

Nur zu oft nehmen wir Menschen in Bezug auf Informationen und Wissen eine Entweder-oder-Haltung ein. Wir verlangen, dass etwas (oder jemand) dieses oder jenes ist, fest kategorisiert und in ein Korsett mit fixen Merkmalen gepresst. Dieser Drang steht jedoch der wissenschaftlichen, kulturellen und sozialen Aufklärung im Weg. In der Geschichte der Wissenschaft gibt es einen Ansatz, der dieses Dilemma löst: Wenn wir aufgrund von Beobachtungen und Messungen zu dem Schluss kommen, dass zwei verschiedene Antworten auf dieselbe Frage wahr sein könnten, dann kann die richtige Antwort einfach eine Kombination der beiden sein, selbst wenn sich diese Antworten eigentlich komplett widersprechen. Das eine schließt das andere nicht zwingend aus. Die Natur des Lichts bietet ein perfektes historisches Beispiel für ein solches Muster. Heute wissen wir, dass ein Photon – ein einzelnes Lichtpaket – sowohl als Welle als auch als Teilchen beschrieben werden kann (gewissermaßen ein »wavicle« oder »Wellenteilchen«, wenn man so will, obwohl sich dieser Begriff bisher nicht durchgesetzt hat).

Zunächst waren sich die Physiker sicher, Licht sei entweder das eine oder das andere. Um die Jahrhundertwende zum 18. Jahrhundert vertraten Christiaan Huygens und Isaac Newton zwei gegensätzliche Theorien über die funktionalen Eigenschaften des Lichts. Newton erklärte das Licht zu einem Strahl aus Teilchen – er nannte sie »Korpuskeln« –, während Huygens darauf bestand, dass sich das Licht als Welle ausbreitet, analog zur Ausbreitung des Schalls in einem beliebigen Medium.

Beide und keine dieser Theorien war richtig. Die Idee von Licht als Wellen war leicht zu verkaufen. Aber es sollte noch zwei Jahrhunderte dauern, bis Albert Einstein die Teilcheneigenschaft des Lichts experimentell nachweisen und überzeugend beschreiben konnte, wofür er verdientermaßen den Nobelpreis erhielt.

DAS LICHT, EINE WELLE

Wenn sich sowohl Schall als auch Licht als Wellen ausbreiten, dann überwiegen womöglich die Gemeinsamkeiten gegenüber den Unterschieden. Christiaan Huygens vertrat 1690 in seiner *Abhandlung über das Licht* die These, dass sich Licht wie eine Welle verhält.

Die damaligen Gelehrten wussten, dass sich Schall nicht im luftleeren Raum ausbreiten kann. Der irische Philosoph Robert Boyle hatte, inspiriert durch das neue Barometer von Evangelista Torricelli (siehe Seite 32), Dutzende von Experimenten mit Vakuumkammern durchgeführt. Zu seinen Entdeckungen gehörte das merkwürdige Verhalten beziehungsweise die Abwesenheit des Schalls in einem luftleeren Raum. Licht dagegen, so fand er heraus, passiert ein Vakuum ungehindert. Doch in welchem Medium breiten sich Lichtwellen bei Abwesenheit von Luft aus? Zur Beantwortung dieser Frage berief sich Huygens auf den Äther, die hypothetische, unsichtbare Substanz, die die Luft um uns herum und den Raum darüber erfüllt.

In welchem Medium **breiten sich Lichtwellen** bei Abwesenheit von Luft aus? Zur Beantwortung dieser Frage berief sich Huygens auf den **Äther,** die hypothetische, unsichtbare Substanz, die die Luft um uns herum und den Raum darüber erfüllt.

In seiner *Abhandlung über das Licht* schrieb Huygens »Man ersieht hieraus nicht nur, dass unsere Luft, die das Glas nicht durchdringt, diejenige Materie ist, durch welche der Schall sich fortpflanzt, sondern auch, dass das Licht sich nicht etwa ebenfalls in der Luft, sondern in einer anderen Materie ausbreitet, da das Licht, selbst wenn man die Luft aus jenem Gefässe entfernt hat, durch dasselbe ebenso wie vorher hindurchgeht.« Außerdem behauptete er: »[Auch] ist es nicht unwahrscheinlich, dass die Äthertheilchen für eine so beträchtliche Wirkung wie diejenige des Lichtes gleich gemacht worden sind, wenigstens in dem weiten Raume ausserhalb der Luftregion, welcher nur dazu zu dienen scheint, das Licht der Sonne und der Gestirne fortzupflanzen.«

Huygens hatte sich selbst wissenschaftlich eingeengt, indem er die Hypothese aufstellte, der Äther sei für die Ausbreitung des Lichts ebenso grundlegend wie die Luft für die Ausbreitung des Schalls. Indem er einen Äther postulierte, in dem sich die Lichtwellen ausbreiten, löste Huygens das Rätsel, wie sich das Licht im Vakuum ausbreitet und wie das Licht von der Sonne und von fernen Sternen schließlich die Augen der Menschen erreicht.

Die Wellentheorie von Huygens konnte jedoch zwei grundlegende Verhaltensweisen des Lichts nicht zufriedenstellend erklären: dass es sich nicht in der Art in die Breite ausdehnen kann, wie etwa Schallwellen, die auch ihren Weg um eine Mauer herum finden, und dass Lichtwellen sich in einer geraden Linie ausbreiten. Man kann das sogar selbst ausprobieren. Schneiden Sie ein kleines Loch durch genau dieselbe Stelle in drei feste Pappstücke und stellen Sie diese dann in einer geraden Linie im Abstand von einigen Zentimetern auf, sodass Sie in die Sichtlinie aller drei Löcher blicken können, als würden Sie in einen Gewehrlauf schauen. Stellen Sie dann eine Kerze oder eine kleine Glühbirne direkt vor die drei Pappstücke. Wenn Sie eines der drei Teile verschieben, unterbrechen Sie die Sichtlinie, und das Licht erreicht Ihr Auge nicht mehr. Das ist der Beweis: Licht breitet sich in einer geraden Linie aus.

DAS LICHT, EIN TEILCHEN

Vor der Astrophysik gab es die Astrologie. Vor der Chemie gab es die Alchemie. Heutzutage gelten Alchemisten als goldgierige Magier, aber im Kern ihrer Arbeit standen zwei Ideen: dass sich zwei Ausgangsmaterialien zu einer dritten Substanz verbinden können, und dass es ein einzelnes, kleinstes Teilchen gibt, das etwas zu dem macht, was es ist.

Viele Menschen vergessen, dass Isaac Newton neben seiner Arbeit in Physik und Philosophie auch ein passionierter Alchemist war. Er schrieb schätzungsweise eine Million Wörter zu diesem Thema – mindestens so viel wie über Mathematik. Es mag sein, dass er aufgrund seiner alchemistischen Arbeiten zu der Überzeugung gelangte, dass sich Licht, wie alle anderen Stoffe auch, in kleinere Teilchen aufteilen lässt. Er nahm an, diese Teilchen oder Korpuskeln benötigen – anders als Wellen – keinen Äther oder überhaupt ein Medium, um sich auszubreiten. Schon Newton wusste, dass man das Läuten einer Glocke in einem vakuumierten Glas nicht hören kann – man kann die Glocke jedoch sehen. Licht hat keine Schwierigkeiten, ein Vakuum zu durchqueren.

Newtons Teilchentheorie des Lichts, die er 1704 in seinem Buch *Opticks* darlegte, erklärte, warum sich Licht in einer geraden Linie ausbreitet und warum ein Lichtstrahl von einem Spiegel im gleichen Winkel reflektiert wird, in dem er eintrifft. Konkretere Objekte, wie etwa ein hüpfender Ball, verhalten sich auf die gleiche Weise, wenn sie auf eine harte Oberfläche geworfen werden. Deswegen schien seine Theorie überzeugend und wurde weithin akzeptiert.

Aber das war nicht alles. Wenn Sonnenstrahlen durch ein Prisma fallen, warum erscheint dann immer ein Regenbogenspektrum aus Rot, Orange, Gelb, Grün, Blau, Indigo und Violett, und zwar immer in genau dieser Reihenfolge? Newton argumentierte, dass rotes Licht größere Teilchen enthielte als orangefarbenes und orangefarbenes größere als gelbes und so weiter. Die Unterschiede in der Brechbarkeit erzeugten die Farben. Die Korpuskeltheorie des Lichts erklärte die Geheimnisse des Regenbogens sowie den Grund, warum sich das Licht in einer geraden Linie ausbreitet und sich nicht um Wände herumbewegen kann.

Fast ein Jahrhundert lang blieb Huygens' Wellentheorie weitgehend unbeachtet und wurde von der Vormachtstellung des jungen Newton in der wissenschaftlichen Gemeinschaft überschattet. Schließlich aber entwickelte der britische Universalgelehrte Thomas Young Huygens' Theorie weiter, um zu zeigen, dass sich die geradlinige Ausbreitung des Lichts sehr gut mit der Wellentheorie des Lichts vereinbaren lässt. Sowohl Huygens als auch Newton beriefen sich auf den Äther als grundlegendes Element ihrer Erklärungen.

In den folgenden hundert Jahren war das Konzept des Äthers für das Verständnis des Universums ebenso grundlegend und allgemein akzeptiert wie einst das geozentrische Weltbild. Der britische Mathematiker Lord Kelvin (nach dem die absolute Temperaturskala benannt ist und der den ersten und zweiten Hauptsatz der Thermodynamik formulierte) beschäftigte sich intensiv mit mathematischen Berechnungen der notwendigen Eigenschaften des Äthers. Alles in allem war der Äther in der Ära der modernen Wissenschaft vielleicht die bedeutendste Hypothese, die ein langes und erfolgreiches Leben hatte, ohne dass jemals ein einziger empirischer Beweis für sie erbracht wurde.

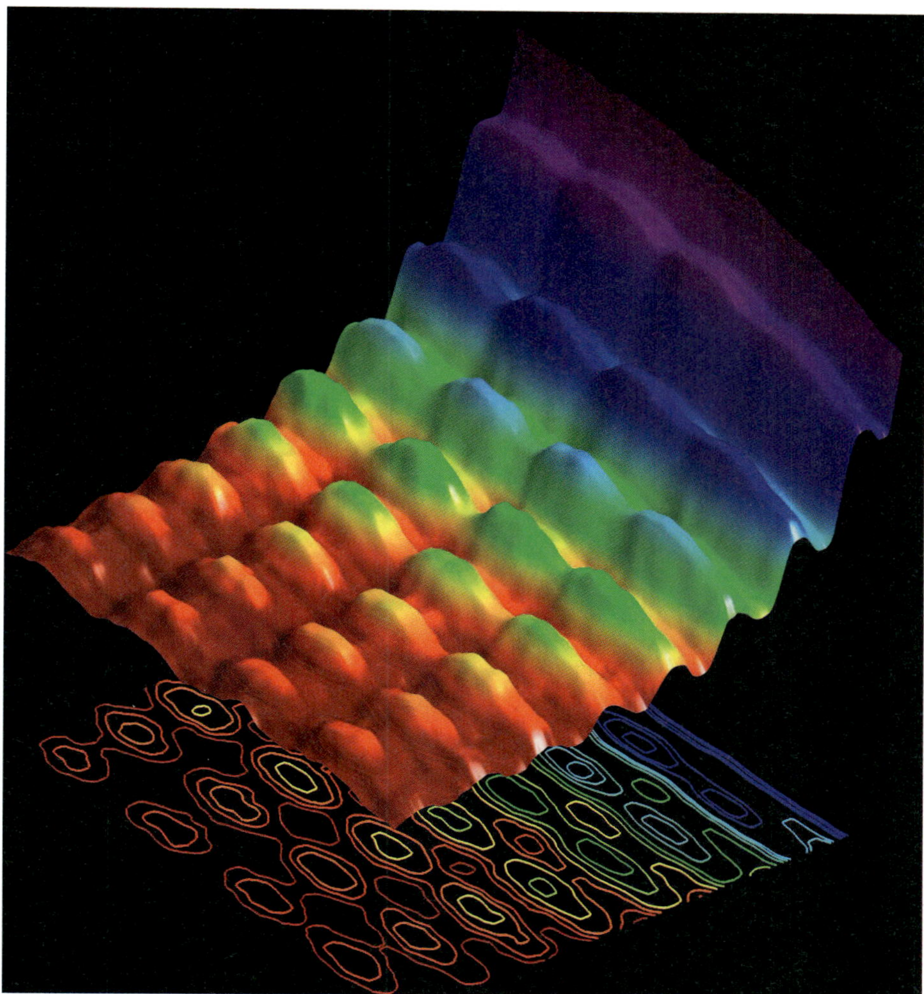

Die erste Fotografie, die je gemacht wurde, in der Licht gleichzeitig als räumliche Interferenz und als Energiequantisierung sichtbar ist, also als Teilchen und Welle

DER TOD DES ÄTHERS

»Welche Schwierigkeiten wir auch haben, um eine konsistente Vorstellung der Beschaffenheit des Äthers zu entwickeln: Es kann keinen Zweifel geben, dass der interplanetarische und interstellare Raum nicht leer ist, sondern dass beide von einer materiellen Substanz erfüllt sind, die gewiss die umfangreichste und vermutlich einheitlichste Materie ist, von der wir wissen«, schrieb James Clerk Maxwell 1878.

RÄTSEL DES KOSMOS

WALGESÄNGE UND SONNENUNTERGÄNGE

Photonen, die von unserer Sonne kommen, durchqueren das Beinahe-Vakuum des Weltraums mit - genau, Sie haben es erraten - Lichtgeschwindigkeit. Sobald diese winzigen Lichtpakete auf die Erdatmosphäre treffen, werden sie langsamer. Wenn sich das Licht verlangsamt, krümmt sich sein Weg - es wird gebrochen. Betrachten Sie einen Strohhalm in einem durchsichtigen Wasserglas. Er hat einen Knick an der Grenze zwischen der Luft und der Wasseroberfläche, weil sich das Licht im Wasser langsamer bewegt als in der Luft darüber.

Bei der Beobachtung durch unsere Atmosphäre verhält sich das Sonnenlicht wie ein Strohhalm. Wir sehen die Sonne nicht dort, wo sie wirklich ist, sondern dort, wo die Brechung des Lichts aus dem relativ leeren Raum in die Erdatmosphäre hinein es uns erlaubt, sie zu sehen. Wenn die Sonne tief am Himmel steht, durchdringt das Sonnenlicht in der Nähe des Sonnenuntergangs mehr Luftschichten der Atmosphäre. Die daraus resultierende Brechung ist so stark, dass die Sonne bereits untergegangen ist, wenn der Betrachter sieht, wie der untere Rand der untergehenden Sonne gerade den oberen Rand des Horizonts küsst. Würden Sie eine Rakete auf die untergehende Sonne abschießen, würden Sie Ihr Ziel weit verfehlen. Das Gleiche gilt für den Sonnenaufgang. Wir sehen die Sonne dort, wo sie noch nicht angekommen ist. Jeden Tag schenkt uns die Lichtbrechung von Sonnenaufgang und Sonnenuntergang ein paar Minuten mehr Tageslicht, als wir eigentlich verdient haben.

Das Verhalten von Licht ist nicht analog zum Verhalten von Schall durch verschiedene Medien. Sie unterscheiden sich grundlegend, und wir haben uns jahrhundertelang getäuscht. Schall breitet sich nicht nur nicht im Vakuum aus, sondern auch am langsamsten durch Gas, etwas schneller durch Flüssigkeiten und am schnellsten durch Metalle. Das ist ein großer Unterschied zum Licht.

In der Grundschule haben Sie vielleicht einmal eine lange Schnur zwischen zwei Blechdosen oder Pappbechern gespannt, um Ihrem Schulkameraden ein paar Tische weiter geheime Nachrichten zukommen zu lassen. Bei diesem Spiel haben Sie sich die Physik der Schallwellen zunutze gemacht. Der Boden des Bechers nahm die Töne auf, übertrug sie über die Schnur und gab sie auf dem Boden des Bechers Ihres Freundes oder Ihrer Freundin wieder ab.

Wale haben gewissermaßen ihre eigene Version der Schnur-Dosen-Kommunikation entwickelt. Schallwellen breiten sich im Ozean etwa viermal schneller aus als in der Luft darüber. Unter den richtigen Bedingungen können Wale über Tausende von Kilometern hinweg miteinander singen. Druck- und Temperaturunterschiede im Ozean verursachen Grenzschichten, in denen die sich ausbreitenden Töne übertragen werden können. Diese Schichten fangen die Schallwellen auf und transportieren sie über Tausende von Kilometern unter Wasser. Man kann sich das wie einen Unterwassertunnel für die Gesänge der Wale vorstellen, der es ihnen ermöglicht, über große Entfernungen hinweg klar und deutlich miteinander zu kommunizieren.

Delfine und andere Wassersäugetiere nutzen die schnelle Ausbreitung von Schall durch das Wasser auch zur Echoortung. Die hohen Töne prallen von Objekten ab und werden zu ihren Ohren zurückgesendet. Dadurch erhalten sie Informationen über die Position, Größe und Bewegung von Objekten oder Personen in ihrer Nähe. Indem sie die Bewegung von Schallwellen durch Flüssigkeiten nutzen, können Wassertiere mit Echolot ihre Umgebung besser wahrnehmen als alle Tiere, die sich auf Lichtwellen in der Luft verlassen.

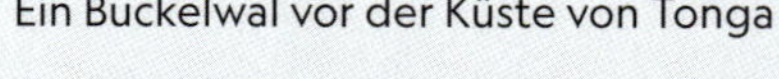

Ein Buckelwal vor der Küste von Tonga

Der amerikanische Physiker Albert Abraham Michelson (1852–1931) mit einem seiner Interferometer in der U.S. Naval Academy in Annapolis, Maryland

Maxwell hatte recht. Der Weltraum ist nicht leer – allerdings nicht so, wie er es sich vorstellte. Im späten 19. Jahrhundert begannen sich die Wissenschaftler zu fragen: Wenn es einen Äther gibt, dann müssten wir doch in der Lage sein, seine Auswirkungen auf die Lichtgeschwindigkeit zu messen, wenn sich die Erde durch ihn hindurchbewegt. Sie dachten, die Geschwindigkeit des Licht müsste sich anders verhalten, wenn es sich in die gleiche Richtung bewegt wie die Erde auf ihrer Umlaufbahn (im Gegensatz zu einer Bewegung im rechten Winkel oder in die entgegengesetzte Richtung der Erdumlaufbahn).

Stellen Sie sich vor, Sie fahren mit hoher Geschwindigkeit in einem Auto und werfen einen Golfball in Fahrtrichtung aus dem offenen Fenster. Genau in diesem Moment misst eine Person, die am Straßenrand steht, die Geschwindigkeit des Golfballs. Das Ergebnis dieser Messung, wäre die Geschwindigkeit des Autos plus die Geschwindigkeit, mit welcher der Ball geworfen wurde. Wiederholen Sie nun das Experiment, aber werfen Sie den Golfball dieses Mal nach hinten, also entgegen der Fahrtrichtung. Die am Straßenrand gemessene Geschwindigkeit des Golfballs durch die Luft ist nun die Geschwindigkeit des Autos minus der Geschwindigkeit, mit der Sie den Ball geworfen haben.

Der in Preußen geborene, amerikanische Physiker Albert Michelson trat im Alter von 17 Jahren in die U.S. Naval Academy ein und eignete sich zu Beginn seines Studiums nautisches Wissen über Wind und Meer an. Diese Verbindung mag seine Forschungen über den Wind der himmlischen Art – also ätherischen Wind – beeinflusst haben. Michelson erfand ein spezielles Instrument, das Interferometer, mit dem er die Geschwindigkeit von Lichtstrahlen mit äußerster Präzision messen konnte.

Im Jahr 1887 führten Michelson und der amerikanische Chemiker Edward Morley mehrere Experimente durch, um den genauen Geschwindigkeitsunterschied des Lichts im kosmischen Äther zu messen. Leider war die Grundannahme ihrer Experimente fehlerhaft. Die Geschwindigkeit des Lichts änderte sich nie, kein einziges Mal, egal, in welche Richtung sich das Licht relativ zur Erde bewegte. Kein Medium änderte die Geschwindigkeit. Das zwang die Wissenschaftler zu der Schlussfolgerung, dass der mythische Äther nicht existierte – oder dass er, falls er existierte, keinen Einfluss auf das Licht hatte.

Ihre Bemühungen gelten bis heute als das berühmteste misslungene Experiment in der Geschichte der Wissenschaft. Durch diesen grandiosen Fehlschlag fand Albert Einstein die nötige wissenschafliche Voraussetzung, um 1905 seine spezielle Relativitätstheorie zu postulieren, die zusammen mit seiner allgemeinen Relativitätstheorie von 1915 den endgültigen Schlussstrich unter den Äther zog und eine neue Ära des Denkens über den Kosmos einläutete. Man könnte sich fragen: Hätte es das Michelson-Morley-Experiment nicht gegeben, hätte Einstein dann gelebt und wäre eines Tages gestorben, ohne jemals seine Relativitätstheorien weiterentwickelt zu haben? Und hätte *er* es nicht getan, hätte es dann je ein anderer gemacht?

Die spezielle Relativitätstheorie, die die Bewegung von Masse und Energie durch die Raumzeit beschreibt, beruht auf den Gleichungen des schottischen Mathematikers James Clerk Maxwell. Die Maxwell'schen Gleichungen zeigten, dass Licht eine Störung der miteinander verbundenen elektrischen und magnetischen Felder ist, die sich durch den Äther ausbreiten. Dieses neu verstandene, elektromagnetische Phänomen, bezeichnet als Licht, benötigt jedoch überhaupt kein Medium, um sich auszubreiten.

SCHWERKRAFT UND LAGRANGE-PUNKTE

Die Frage »Was ist der Weltraum?« beinhaltet auch die Frage nach der Schwerkraft. Die Schwerkraft ist unausweichlich. Der Begriff »null g«, der scheinbar »überhaupt keine Schwerkraft« bedeutet, ist eine falsche Bezeichnung und fördert ein hartnäckiges Missverständnis über die Funktionsweise dieser Kraft. Schwerelosigkeit – die Erfahrung, die wir als »null g« bezeichnen – ist nur *aufgrund* der Schwerkraft möglich: Es ist das Ergebnis des freien Falls eines Objekts auf ein anderes, wobei es buchstäblich seiner Anziehungskraft durch die Schwerkraft erliegt.

Alle Objekte üben eine Gravitationskraft aus, die sich bis ins Unendliche erstreckt und die Form des Raum-Zeit-Kontinuums bestimmt. Einsteins allgemeine Relativitätstheorie besagt, vereinfacht ausgedrückt, dass Materie und Energie den Raum in ihrer Umgebung verformen, dass sie sich gleich verhalten und in ihren Auswirkungen nicht voneinander zu unterscheiden sind.

Einsteins berühmteste Aussage lautet: $E = mc^2$: Die Energie eines Objekts ist gleich der Masse multipliziert mit der Lichtgeschwindigkeit zum Quadrat. Je größer das Objekt ist, desto größer ist die Schwerkraft und desto größer ist die Krümmung des Gefüges von Raum und Zeit. Der amerikanische Physiker John Archibald Wheeler fasste dieses Konzept in seinem Buch *Geons, Black Holes and Quantum Foam* perfekt zusammen: »Die Raumzeit sagt der Materie, wie sie sich bewegen soll; die Materie sagt der Raumzeit, wie sie sich krümmen soll.«

Stellen Sie sich zwei schwere Kugeln vor, die auf einer hängenden, etwas dehnbaren Gummimatte ruhen. Je schwerer die Kugel ist, desto tiefer ist die Delle, in der sie liegt. Es gibt einen genauen Punkt auf der Matte zwischen diesen beiden Körpern, wo man eine dritte, leichtere Kugel platzieren könnte, die dort kräftefrei ruhen würde. Sie wäre im Gleichgewicht zwischen den beiden, sich einander perfekt aufhebenden »Gravitationskräften«. Diese dritte Kugel rollt auf keine der beiden anderen Kugeln zu, sondern bleibt auf dem Scheitelpunkt zwischen den beiden Tälern, die von den schwereren Kugeln gebildet werden. Fünf solcher Gleichgewichtspunkte, in denen alle Kräfte ausgeglichen sind, gibt es für jedes Paar von sich einander umkreisenden Objekten.

Astrophysiker nennen diese speziellen Orte im Weltraum Lagrange-Punkte, nach dem italienischen Mathematiker Joseph-Louis Lagrange, der ihre Existenz 1772 erstmals nachwies. Die Lagrange-Punkte verkörpern die Wechselwirkung von Schwerkraft und Materie im Raumzeit-Gefüge. Wir machen uns diese physikalische Tatsache zunutze, wenn wir Teleskope und Satelliten außerhalb der Erde im Weltraum deponieren. In der Umgebung von zwei beliebigen Objekten liegen in der Umlaufbahn fünf verschiedene Lagrange-Punkte.

Der erste Lagrange-Punkt, oder L1, liegt zwischen den beiden Körpern – genau wie der dritte Ball auf unserer Gummimatte. Ein Objekt, das im Sonne-Erde-System auf L1 geparkt ist, hat einen ständigen Blick entweder auf die Sonne oder auf die vollständig beleuchtete Erde, während es die Sonne auf L1 umkreist, im Gleichschritt mit der Erde. Von diesem Aussichtspunkt aus kann zum Beispiel das Solar and Heliospheric Observatory (SOHO) einen kontinuierlichen Datenstrom über die Zusammensetzung und das Verhalten der Sonne liefern und bietet so eine wichtige Hilfe bei der Abwehr potenziell katastrophaler Sonneneruptionen und koronaler Massenauswürfe. Das Deep Space Climate Observatory (DSCOVR) der National Oceanic and Atmospheric Administration befindet sich ebenfalls in der Umlaufbahn des L1 zwischen Sonne und Erde und überwacht kontinuierlich sowohl das Weltraumwetter als auch die Klimaveränderungen auf der Erde.

Astrophysiker nennen diese speziellen Orte im Weltraum **Lagrange-Punkte,** nach dem italienischen Mathematiker Joseph-Louis Lagrange … Die Lagrange-Punkte verkörpern die **Wechselwirkung von Schwerkraft und Materie** im Raumzeit-Gefüge.

Unser zweiter Lagrange-Punkt zwischen Sonne und Erde, L2, liegt auf der gegenüberliegenden Seite der Erde von L1 – nicht zwischen Erde und Sonne, sondern auf der anderen Seite der Erde. Warum fällt ein solches Objekt nicht einfach direkt auf die Erde zu, unter dem doppelten Einfluss durch die Anziehungskraft unseres Planeten und unseres Sonnensterns? Weil sich diese Punkte in einem rotierenden System befinden, nicht zwischen ruhenden Kugeln auf einer Gummimatte. Erinnern Sie sich an die Zentrifugalkraft, den Drang, von einem sich drehenden Karussell nach außen zu fliegen (siehe Seite 51). Jedes Objekt, das sich in einer Umlaufbahn um ein anderes Objekt befindet, unterliegt derselben Kraft, aus dem rotierenden System herauszufliegen. Lagrange-Punkte gleichen diese nach außen gerichtete Kraft mit der von beiden Objekten ausgeübten Anziehungskraft aus. Bei L2 ist die nach außen gerichtete Zentrifugalkraft auf ein Objekt zwar stark, aber die Anziehungskraft der Sonne und der Erde halten das Objekt trotzdem fest.

Mit einer Entfernung von 1,6 Millionen Kilometern ist der Sonne-Erde-Knotenpunkt L2 ein denkbar ungeeigneter Ort für Satelliten, um die Erde zu beobachten, da sich die Erde ständig vor dem grellen Licht der Sonne befindet. Wenn man jedoch in die andere Richtung schaut, weg von Sonne und Erde und in die Tiefen des unbeleuchteten Weltraums, ist es der perfekte Ort, um den Rest des Universums zu beobachten. Das teuerste Teleskop, das je gebaut wurde, das 10 Milliarden Dollar teure James-Webb-Weltraumteleskop (James Webb Space Telescope, JWST), hält sich am Sonne-Erde-L2-Punkt auf, von wo es Informationen über die entferntesten und ältesten Teile des sichtbaren Kosmos beobachten und auf die Erde senden kann.

L3, der dritte Lagrange-Punkt des Systems Sonne-Erde, liegt weit auf der gegenüberliegenden Seite der Sonne von L1 und L2. Soweit wir das beurteilen können, dient dieser Punkt keinem anderen Zweck als dem einer willkommenen Zutat für Science-Fiction-Autoren. Erinnern Sie sich an den Planeten Vulkan, den es nie gab? Einige Science-Fiction-Autoren spekulieren, dass sich ein unentdeckter Planet X bei L3 befindet, der in perfekter Synchronisation mit der Erdrotation immer hinter der Sonne verborgen ist.

Es gibt da jedoch ein Problem mit einem hypothetischen Planeten X oder eigentlich mit jedem Objekt, das sich an den ersten drei Lagrange-Punkten befindet: Ihre Stabilität kann nicht ewig anhalten. Ihr prekäres Gleichgewicht bedeutet, dass die geringste Verschiebung – etwa das subtile Ziehen von sieben anderen Planeten im Sonnensystem – ein solches Objekt leicht

Diese Grafik veranschaulicht die Lagrange-Punkte für einen Stern und einen ihn umkreisenden Planeten. Es gibt fünf solcher Punkte, an denen sich die Gravitations- und Zentrifugalkräfte der beiden Körper aufheben

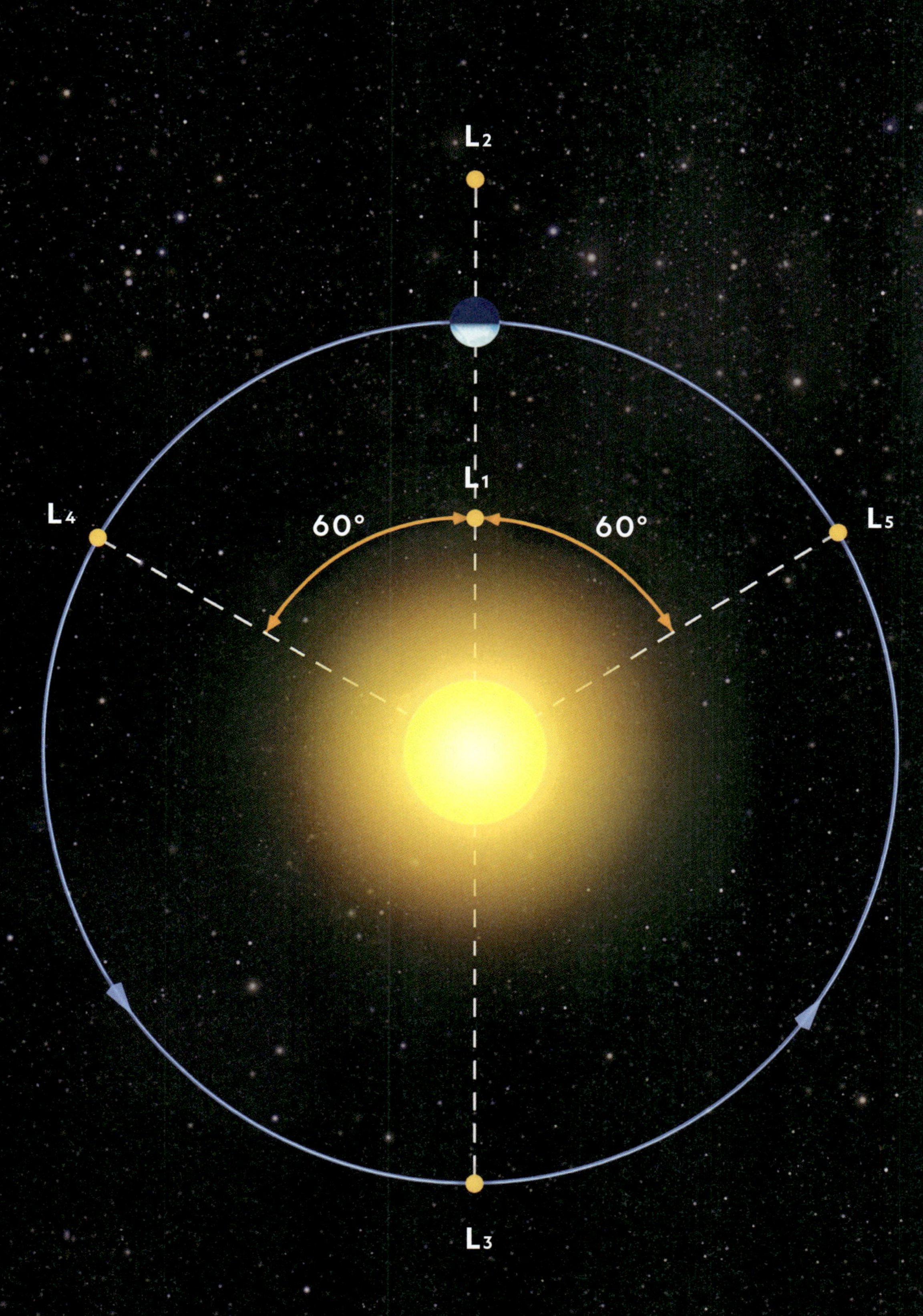
L2
L1
L4
60°
60°
L5
L3

aus der Position werfen könnte. Das Gleiche, was passiert, wenn ein Ball auf dem höchsten Punkt eines Hügels von einem Luftstoß getroffen wird. Um in ihren Parkplätzen zu verbleiben, müssen die SOHO- und JWST-Satelliten ständig kleine Anpassungen vornehmen, wofür sie Treibstoff an Bord haben, der nur für diesen Zweck bestimmt ist. Es würde nur wenige Generationen dauern, bis ein »versteckter« Planet X ins Blickfeld der Fernrohre der Menschen driftet.

Die stabilsten Parkplätze befinden sich bei L4, das vor einem Objekt in der Umlaufbahn liegt, und L5, das dem Objekt in gleichem Abstand folgt. Wenn L1, L2 und L3 wie Kugeln auf einem Hügel sind, dann sind L4 und L5 wie Kugeln, die in einem Tal zwischen zwei Hügeln ruhen. Im Gegensatz zu einer Kugel, die oben auf einem Hügel liegt, wird die Kugel unten lediglich ein wenig verschoben, bevor sie von selbst in die gleiche Position zurückkehrt wie zuvor.

L4 und L5 sind daher als Abstellplatz für Raumfahrzeuge äußerst begehrt. Sie benötigen wenig bis gar keinen Treibstoff, um für ihre Beobachtungen in Position zu bleiben. Sie sind bequeme Lagerstätten nicht nur für menschengemachte Geräte, sondern auch für Asteroiden und allerlei herumliegenden Weltraumschrott.

Im Sonne-Jupiter-System haben sich an den Lagrange-Punkten L4 und L5 Tausende von Asteroiden angesammelt, von denen mindestens einer einen Durchmesser von mehr als 160 Kilometern hat. Diese wie in einer Falle sitzenden Felsbrocken werden als trojanische Asteroiden bezeichnet, nach dem antiken Krieg, der in Homers *Ilias* beschrieben wird. Die größeren Asteroiden bei L4 werden traditionell nach antiken griechischen Helden benannt, wie 1143 Odysseus, und bei L5 nach den Helden von Troja, wie 1208 Troilus.

SCHOCKIERENDE WAHRHEITEN

Mit der Hypothese des leuchtenden Äthers, die schnell durch das Michelson-Morley-Experiment und Einsteins Relativitätstheorie widerlegt wurden, versuchte man zu erklären, was Wissenschaftler des 17. Jahrhunderts wussten und Hollywood-Regisseure des 21. Jahrhunderts nicht akzeptieren wollen: Im Weltraum kann Sie niemand schreien hören (man kann Sie jedoch sterben sehen). Der Untergang der schwer fassbaren Quintessenz hätte besagte Hollywood-Regisseure eigentlich auch über das Verhalten von Sprengstoffen im Vakuum aufklären sollen.

Wenn man hier unten auf der Erde etwas mit einer konventionellen Bombe in die Luft jagen will, braucht man ein Medium und eine Schockwelle, die durch die Explosion der Bombe innerhalb des Mediums erzeugt wird. Die intensive Hitze, die im Moment der Detonation entsteht, erzeugt eine heftige Luftwelle, die sich schneller als die Schallgeschwindigkeit bewegt: eben das Rezept für eine Schockwelle. Es ist nicht die Hitze einer Explosion oder fliegende Schrapnelle, die die meisten Menschen töten und ganze Städte dem Erdboden gleichmachen. Es ist die Schockwelle – das katastrophale Druckungleichgewicht zwischen den der Explosion zugewandten und den von der Explosion abgewandten Seite von Gebäuden (und Menschen) in der Nähe. Das sind die Kräfte, die alles in ihrer Nähe in kleinste Fragmente zerreißen.

Im Vakuum des Weltraums sind irdische Bomben nutzlos, zumindest was die Schockwellen anbelangt; es gibt nicht genügend Moleküle in dem Medium da draußen, um die Energie von einem zum anderen zu übertragen. Aber wie wir wissen, ist das kosmische Vakuum nie wirklich leer – und selbst in einer Umgebung mit so geringer Dichte kann eine Explosion, die über ausreichend Materie und Energie verfügt, im Universum einiges an Verwüstung anrichten. Riesige Eruptionen auf der Sonne schleudern Milliarden Tonnen Plasma mit einer Geschwindigkeit von 1,6 Millionen Kilometern pro Stunde ins Sonnensystem; gigantische Ringe aus Gas, mehrere Millionen Grad heiß, rasen von explodierenden Sternen nach außen; riesige Gaswolken und ganze Galaxien kollidieren, stürzen ineinander und erzeugen Ausbrüche neu entstandener Sterne.

Stoßwellen beruhen auf einer einfachen Tatsache der Natur: Die Moleküle in einem Gas sind immer in Bewegung. Je nach ihrer Form dehnen und schrumpfen sie nicht nur und tanzen und vibrieren; sondern sie drehen und schwingen sich auch mit Leib und Seele von einem Ort zum anderen. Im Bruchteil einer Sekunde prallt ein mäanderndes Molekül an benachbarten Molekülen ab und überträgt Energie und Impuls von einem auf das nächste, und so weiter.

Auch Eindringlinge können einen Haufen Moleküle heftig durcheinanderwirbeln, die bis dahin in seliger Isolation vor sich hin gedümpelt hatten. Wenn ein Flugzeug durch die Luft fliegt, zerreißen die fest miteinander verbundenen Moleküle der Flugzeugnase die gasförmigen Moleküle vor dem Flugzeug und erzeugen eine gewaltige Druckwelle. Die Welle geht von der Molekülschicht, die dem Flugzeug am nächsten ist, auf die Schicht direkt davor über und dann wiederum auf die Schicht direkt davor und so weiter, und das alles mit Schallgeschwindigkeit. Das Gleiche geschieht vor dem Heck des Flugzeugs. Jede Schicht spürt die Welle, stößt sie mit der nächsten Schicht zusammen und verkündet ihr so die Nachricht von einem herannahenden Flugzeug. Währenddessen fliegt das Flugzeug mit seinen Passagieren munter ohne Zwischenfälle durch die Luft.

Was aber passiert, wenn das Flugzeug schneller fliegt, als jede Schicht Zeit braucht, um auf die Schicht vor ihr zu stoßen – also schneller als die Schallgeschwindigkeit? Bei den eisigen Lufttemperaturen in Reiseflughöhe beträgt die Schallgeschwindigkeit etwa 1000 Kilometer pro Stunde. Wenn das Flugzeug entsprechend konstruiert und angetrieben ist, durchbricht es die unglückseligen Moleküle des Mediums einfach. Alle Druckwellen, auch die, die durch den Lärm der Flugzeugtriebwerke entstehen, stapeln sich nun aufeinander und verstärken den entstehenden Schall erheblich.

Alle **Druckwellen,** auch die, die durch den Lärm der Flugzeugtriebwerke entstehen, stapeln sich nun aufeinander und verstärken den entstehenden Schall erheblich. Darf ich vorstellen: der **Überschallknall.**

Darf ich vorstellen: der Überschallknall.

Ein Überschallknall ist die Tonspur einer Schockwelle. Jeder, der zufällig in der Nähe ist, hört sie laut und deutlich. Verstärken Sie die Schockwelle eines Flugzeugs um das 10-, 100- oder 1000-Fache, und Sie sind auf dem besten Weg, die Bedingungen einiger gängiger Vorgänge im Weltraum zu simulieren.

Jede Silbe, die Sie aussprechen, sendet ihre eigene Schallwelle – ihre eigene Druckwelle –, die durch die Luft wabert. Wenn Sie an einer Stelle stehen und ununterbrochen sprechen, bildet jede Welle, die Sie erzeugen, eine Kugel, die auf Ihren Mund zentriert ist und sich mit Schallgeschwindigkeit ausdehnt.

Zwei Northrup-T-38-Talon-Überschallflugzeuge durchbrechen die Schallmauer und erzeugen Schockwellen, die am Boden als Überschallknall zu hören sind

Aber nehmen wir mal an, Sie sind sowohl gesprächig als auch gut zu Fuße. Wenn Sie zum Beispiel am Washington Monument beginnen und sich unterhalten, während Sie nordwärts zum Weißen Haus laufen, erzeugen Sie mit jedem neuen Ton eine kugelförmige Schallwelle, die näher als normal an der Vorderkante der vorangegangenen Kugel und weiter als normal von deren Hinterkante entfernt ist. Je schneller man läuft, desto näher liegen die Vorderkanten der aufeinanderfolgenden Schallwellen beieinander.

Dieses Phänomen, den sogenannten Doppler-Effekt, erleben Sie jedes Mal, wenn eine Sirene, ein Auto oder ein Zug an Ihnen vorbeifährt. Die Tonhöhe der Sirene, der Hupe oder der Zugpfeife wird beim Näherkommen immer höher, mit zunehmender Entfernung immer tiefer. Der österreichische Physiker Christian Doppler beschrieb den Effekt im Jahr 1842, als sich immer mehr Eisenbahnlinien durch die Landschaft schlängelten.

1845 führte der holländische Meteorologe C. H. D. Buys Ballot ein einfaches, aber geniales Experiment durch, um allen Zweiflern den Doppler-Effekt zu demonstrieren. Er bat eine Gruppe von Trompetern, sich auf einem Bahnsteig aufzustellen, und eine andere Bläsergruppe, in einem vorbeifahrenden Zug mitzufahren. Beide Gruppen wurden angewiesen, die gleiche

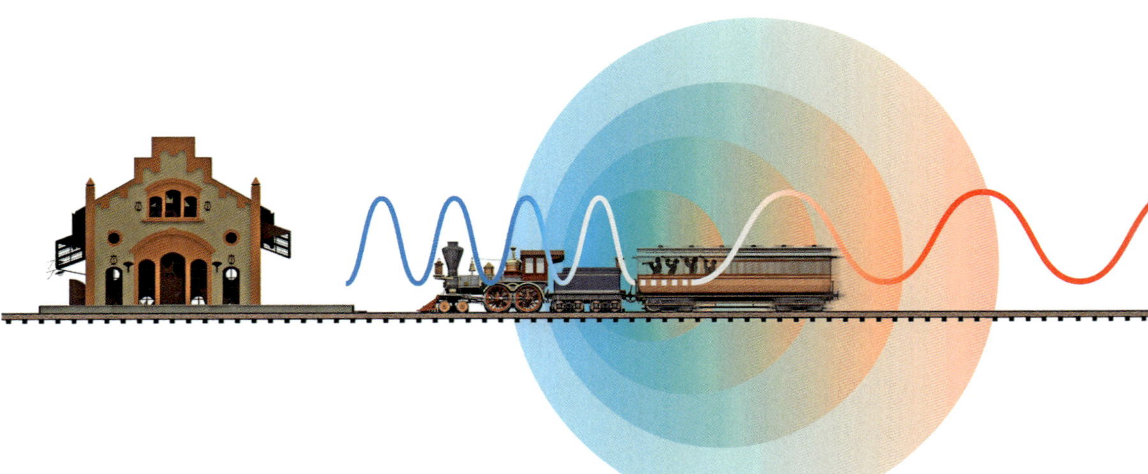

1845 testete der niederländische Meteorologe Christophorus Buys Ballot den Doppler-Effekt, indem er Musiker einlud, an Bord eines Zuges zu spielen. Vom Bahnsteig aus hörte man die Klänge in einer höheren Tonlage, als sich der Zug näherte (blau), und in tieferer Tonlage, als er sich entfernte (rot)

Note zur gleichen Zeit zu spielen. Für die Zuhörer klang der gleichmäßige, unveränderliche Ton der Bahnsteigkapelle ganz anders, als der erst höhere, dann tiefere Ton der Musiker im vorbeifahrenden Zug.

Kehren wir zurück zu Ihrem rasanten Spaziergang zum Weißen Haus mit angeregter Unterhaltung. Nehmen wir an, Sie gehen so schnell, dass der Klang Ihrer momentanen Silbe den Klang Ihrer vorherigen Silbe einholt. Wenn Sie mit dieser Geschwindigkeit – der Geschwindigkeit des Schalls – weitergehen und sprechen, werden sich alle Ihre Silben aneinanderreihen, während Sie eine Tonspur nach der anderen auf dieselbe Vorderkante legen. Das wäre dann Ihre ganz persönliche Schockwelle.

Wenn Physiker sich auf die Geschwindigkeit eines Objekts in einem Medium beziehen, sprechen sie fast immer von der Mach-Zahl. Diese Einheit ist nach dem österreichischen Physiker und Philosophen Ernst Mach aus dem 19. Jahrhundert benannt. Per definitionem bewegt sich ein Objekt mit Schallgeschwindigkeit mit Mach 1. Fragen Sie jetzt bitte nicht: »Und wie schnell ist das?« Um diese Frage korrekt zu beantworten, muss man erst drei weitere Fragen beantworten: Was ist die Temperatur des Mediums? Aus welchen Arten von Molekülen besteht das Medium? Wie komprimierbar sind diese Moleküle? Diese Fragen stellen sich, weil im Gegensatz zur Lichtgeschwindigkeit im Vakuum, die überall im Kosmos gleich ist, die Geschwindigkeit, die Mach 1 entspricht, extrem vom Medium und dessen Dichte und Temperatur abhängig ist.

Heutzutage sind Begegnungen mit Mach 1 keine Seltenheit mehr. Wenn Sie ein feuchtes Handtuch gegen den Hintern eines Freundes im Fitnessstudio klatschen, ist das ein Mini-Überschallknall. Dasselbe gilt für das schnelle Aufblasen des Airbags in Ihrem Auto. Sie wollen einen größeren Knall? Versuchen Sie es mit Mach 2 (das lieferte das inzwischen stillgelegte Verkehrsflugzeug Concorde) oder Mach 3 (die SR-71 Blackbird, ein stillgelegtes Spionageflugzeug der U.S. Air Force). Übrigens: Unabhängig vom Medium und der darin herrschenden Schallgeschwindigkeit führt das Erreichen ähnlicher Mach-Zahlen zu ähnlichen physikalischen Phänomenen.

Zu Beginn von *Top Gun: Maverick* (2022) springt Tom Cruise als Testpilot aus einem Jet, der mit Mach 10,5 fliegt – das sind etwa 11 000 Kilometer pro Stunde. In der nächsten Szene spaziert er in aller Ruhe zurück zur Basis. Die Hyperschall-Schockwellen bei dieser Geschwindigkeit hätten ihn so platt gemacht wie einen Käfer auf einer Windschutzscheibe. Ich meine ja nur.

Haben Sie schon einmal gehört, wie Geschirr scheppert bei einem krachenden Überschallknall? Höchstwahrscheinlich kam der Knall von einem kleinen, hoch fliegenden Militärflugzeug. Aber wenn das Flugzeug groß gewesen wäre oder mit Überschall in niedriger Höhe geflogen wäre, dann wäre der Knall nicht so harmlos gewesen. Selbst ein normales Kampfflugzeug kann im Tiefflug einen ganzen Teppich aus Überschallknallen erzeugen, bei denen nicht nur das Trommelfell zerreißt und wahrscheinlich einige Nasen zu bluten beginnen, es können auch Fensterscheiben davon zerbrechen. Beim Wiedereintritt in die Erdatmosphäre mit Mach 25 verursachte die zurückkehrende Raumfähre Orbiter zwei heftige Knallgeräusche, eines vorne an der Spitze und eines am Heck. Glücklicherweise verlangsamte sich der Orbiter auf Unterschallgeschwindigkeit, bevor er so tief sank, dass die lauten Geräusche jemandem Kopfschmerzen verursacht hätten.

Die Technologie des 20. Jahrhunderts hat ihre eigenen Versionen von extremen Schockwellen auf der Erde hinterlassen. Einige wurden durch die Detonation der Atombomben mit den zynisch verharmlosenden Namen »Little Boy« und »Fat Man« über Hiroshima und Nagasaki im August 1945 ausgelöst. Andere wurden von den Wasserstoffbomben »Mike« und

»Bravo« – sie waren Hunderte Male stärker als ihre atomaren Vorgänger – auf den Pazifikatollen Enewetak 1952 und Bikini 1954 freigesetzt. Zwischen 1946 und 1958 fanden dort Dutzende weiterer Tests statt.

Im Gegensatz zu einer konventionellen Bombe braucht eine Atombombe kein Medium, um todbringend zu sein: Das hochenergetische Licht der Explosion selbst geht direkt durch die transparente Luft. Ein Betonklotz mit einem hohen Schmelzpunkt kann diese Phase leicht überstehen. Wenn Sie jedoch eine organische Lebensform sind und sich zufällig in der Nähe des Epizentrums der Detonation befinden, verbrennt jedes Molekül Ihres Körpers und Sie werden zu Staub und Dampf. Alle überlebenden Strukturen in der Nähe werden dann von der gewaltigen Schockwelle, die sich durch das Medium bewegt, plattgemacht.

Es ist etwas beängstigend, sich die Schockwellen vorzustellen, die die Technologien des 21. Jahrhunderts auslösen könnten. Mit dem Eintritt der Menschheit in eine neue Ära der Raumfahrt wird auch eine neue Ära der Kriegsführung beginnen. Im Dezember 2019 gründete die US-Regierung offiziell einen neuen Zweig des Militärs, die Space Force, um genau solche Möglichkeiten zu eruieren. Dieser Zweig wurde, wie auch die verstärkten militärischen Anstrengungen im Weltraum in vielen Ländern, vor allem dafür konzipiert, um darüber nachzudenken, welche Waffen im Weltraum eingesetzt werden könnten und wie man sich gegen sie verteidigen kann.

Die untrennbare Geschichte des (ersten) Kalten Krieges und der Mondlandung in den 1960er-Jahren, des Zweiten Weltkriegs und der V-2-Rakete, des Ersten Weltkriegs und des Flugzeugs erinnert uns eindringlich daran, dass Luft- und Raumfahrttechnologien oft zu militärischen Zwecken im Dienste von Kriegen entwickelt werden.

SCHOCKWELLEN JENSEITS DES SONNENSYSTEMS

Außerhalb des Sonnensystems und zwischen den Sternen sind Atome und Moleküle in der Regel eher selten anzutreffen. Jedoch wissen wir, dass die Schockwelle eines in der Nähe explodierenden Sterns unseren Sonnennebel hervorgebracht hat, eine interstellare Molekülwolke, die sich dann verdichtete und zu unserem Sonnensystem wurde.

Wie kann das sein? Sternennebel sind Gaswolken. Sie enthalten die notwendigen Moleküle und damit das Medium, um Stoßwellen zu erzeugen – und mit diesen Wellen verfügen sie über genügend Kraft, um einen Stern zu erschaffen. Man muss nicht lange suchen, um Gaswolken zu finden, die aktiv an der Geburt, dem Leben und dem Tod von Sternen beteiligt sind. Die extremste dieser Phasen, zusammen mit den spektakulärsten Schockwellen, ist der Sternentod.

Nehmen Sie einen Stern mit mindestens der achtfachen Masse der Sonne. Ein so massereicher Stern wird schnell geboren, leuchtet hell, stirbt jung und hinterlässt einen schönen Leichnam. Er verbringt sein ganzes Leben auf der Überholspur. Irgendwann geht sein Brennstoff zur Neige, und der Fusionsofen in seinem Kern, der den Stern davor bewahrt hatte, unter seinem eigenen Gewicht zu kollabieren, beginnt zu erlöschen. Nach seinem Tod implodiert der Stern, da er keinen Brennstoff mehr hat, der Kernfusion betreiben könnte. Die durch den überstürzten Kollaps erzeugte Hitze ist so groß, dass das gesamte Wrack in einer gigantischen Explosion mit mehreren Millionen Grad explodiert, sodass die äußeren Schichten des Sterns mit Überschallgeschwindigkeit in alle Gaswolken in der Umgebung geschleudert werden. Die Eingeweide des Sterns werden mit einer Geschwindigkeit von 20 000 Kilometern oder mehr pro Sekunde ausgespuckt und erzeugen Schockwellen, deren Mach-Zahlen in die Tausende gehen. In dem daraus resultierenden Strudel entstehen sowohl bekannte Elemente (wie Kohlenstoff, Sauerstoff und Eisen) als auch exotischere Elemente (wie Arsen, Rubidium und Krypton), die ihre Plätze in der oberen Hälfte des Periodensystems haben.

Astrophysiker nennen dieses kurzlebige Spektakel eine Supernova – genauer gesagt eine Kernkollaps-Supernova. Während ihrer ersten Wochen kann sie die Leuchtkraft von Milliarden von Sonnen in den Schatten stellen. Heutzutage entdecken die Forscher ständig neue Supernovae. Diese Entdeckungen basieren nicht auf der Explosion, sondern auf den Schockwellen, die die äußeren Schichten des Sterns durchdringen und das Ereignis über Millionen oder sogar Milliarden von Lichtjahren sichtbar machen.

Wenn Sie glauben, dass eine Supernova-Schockfront groß und schlimm ist, dann stellen Sie sich erst einmal vor, was passiert, wenn eine ganze Galaxie mit einer Nachbargalaxie zusammenstößt. Nehmen wir den großen

Galaxienhaufen, der als Stephans Quintett bezeichnet wird. Das ist eine Kollision von vier Galaxien und einer Zwischengalaxie, die aus der Perspektive der Erde wie eine galaktische Fotobombe im Vordergrund aller Bilder der anderen vier aussieht. Die kollidierenden Mitglieder der Hauptgruppe haben Gaswolken aus ihren Heimatgalaxien herausgerissen und sie hierhin und dorthin verstreut, sodass in der Umgebung ein wahres Chaos herrscht. Ein Protagonist, der mit Geschwindigkeiten von über Mach 100 auf seine drei Nachbarn zustürzt, hat einen Bugschock (eine bogenförmige Schockwelle) erzeugt, der so gewaltig ist, dass seine Vorderkante größer ist als die gesamte Ausdehnung unserer eigenen Milchstraße. Apropos Milchstraße: Sie stürzt übrigens auf die Andromeda-Galaxie zu. Die Schockwellen werden in einigen Milliarden Jahren erwartet.

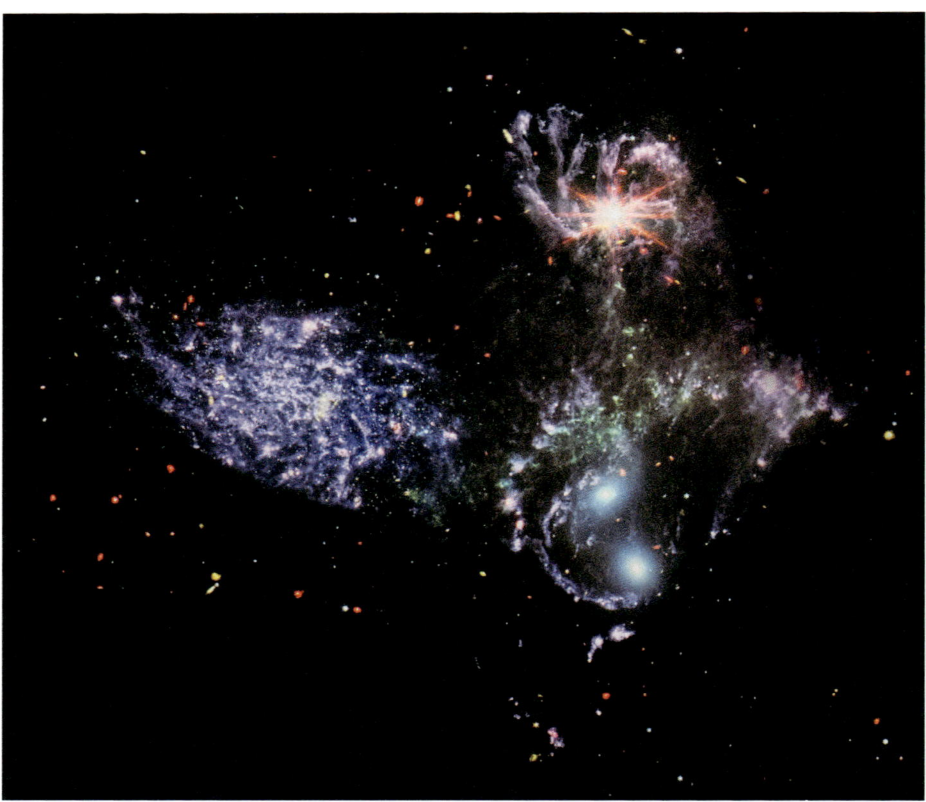

Das Mittelinfrarot-Instrument, eine Kombination aus Kamera und Spektrograf an Bord des James-Webb-Weltraumteleskops, zeigt nie zuvor gesehene Details des Stephans Quintetts, einer visuellen Gruppierung von fünf Galaxien, die Einblicke in die Galaxienentwicklung im frühen Universum gewährt

Weder Atombomben noch Wasserstoffbomben noch Filmexplosionen können, wenn es um Schockwellen geht, mit Gammastrahlenausbrüchen (gamma-ray bursts, GRBs) mithalten, den größten Explosionen im Universum. Auch wenn man sie noch nicht vollständig versteht, GRBs könnten den Todeskampf eines supermassereichen Sterns unter bestimmten Rotations- und Umgebungsbedingungen sowie einer eventuell besonderen Ausrichtung zu unserer Sichtlinie darstellen. Unabhängig davon sind sie hell genug, um von der Erde aus mit Gammastrahlenfernrohren im Weltraum gesehen zu werden, egal wo im Universum sie auftreten.

Ein kosmischer Gammastrahlenausbruch ist so etwas wie eine Supernova auf Steroiden (nicht zu verwechseln mit einer Supernova auf Asteroiden, die es nicht gibt). Zwischen dem Ausbruch und der Erde liegt das fast luftleere Vakuum des Weltraums, sodass es Lücken im Medium gibt, das sonst den vernichtenden Schall und die Wucht des Ausbruchs zu uns hinabtragen könnte. Die daraus resultierende Stille zeigt: Nicht nur wird man Sie im Weltraum nicht schreien hören, man wird Sie auch nicht explodieren hören.

EIN DUNKLES MYSTERIUM

Auf dieser kosmischen Reise der wissenschaftlichen Entdeckungen, auf der Suche nach den Weiten des Weltraums jenseits unseres Sonnensystems spielt sich vieles ab, was dem Auge und sogar dem Teleskop entgeht. Und wieder einmal haben es sich neugierige, wirrköpfige Wissenschaftler vorgenommen, dies herauszufinden.

Warum ist der Himmel nachts dunkel? Das scheint eine dumme Frage zu sein – so dumm wie einst die Fragen, ob die Sonne wirklich um die Erde kreist oder ob die Luft Materie enthält. Die Welt erscheint auf eine bestimmte Art und Weise, so ist das eben. Der Nachthimmel ist dunkel, wie sollte es auch anders sein?

Aber bedenken Sie Folgendes: Wenn sich Photonen ungehindert durch das Vakuum des Weltraums bewegen und der Weltraum unendlich ist, sollte dann nicht auch der Nachthimmel blendend weiß sein, durchflutet vom Licht einer unendlichen Anzahl von Sternen? Stattdessen erscheint er als eine dunkle Kuppel mit winzigen Lichtpunkten hier und da.

RÄTSEL DES KOSMOS

DIE ECHTEN TODESSTERNE

In unserer Galaxie ereignen sich jedes Jahrhundert ein paar Supernovae, die reichlich Gammastrahlung und Röntgenstrahlung aussenden. Wenn ein Stern im Umkreis von etwa 50 Lichtjahren um die Erde als Supernova explodiert, könnte das unsere Atmosphäre ernsthaft beschädigen und einen Großteil des Lebens auf der Erde gefährden.

Wissenschaftler gehen davon aus, dass vor zweieinhalb Millionen Jahren eine oder mehrere Supernovae in der Nähe unseres Sonnensystems ausbrachen und einen verheerenden Wirbelsturm an radioaktiven Teilchen und Energie auf unseren Planeten schickten. Die Leuchtkraft der Explosion hätte die Leuchtkraft von mehr als hundert Milliarden Sternen überstrahlt.

Das anschließende elektromagnetische Trommelfeuer fegte weite Teile der schützenden Ozonschicht der Erde weg, während tödliche Dosen radioaktiver Partikel große Säugetiere und andere Organismen krebserregender DNA-Strahlung aussetzten und wahrscheinlich zu einem Massensterben führten (oder es zumindest in Gang setzten), das Ende des Pliozäns vor 2,6 Millionen Jahren. Der 18 Meter lange und 60 Tonnen schwere Megalodon-Hai, der gelegentlich als Räuber in ozeanischen Horrorfilmen wiederaufersteht, starb in dieser Zeit aus, ebenso wie viele andere Meerestiere und -pflanzen. Eine nahe gelegene Supernova könnte auch das Aussterben am Ende des Devon vor fast 400 Millionen Jahren verursacht haben – die Ära kurz vor der Karbonzeit, der wir all unsere fossilen Brennstoffe verdanken.

Hunderte von Sternen befinden sich 50 Lichtjahre oder weniger von der Erde entfernt, in der Gefahrenzone für Supernovae, die unseren Planeten völlig zerstören könnten. Aber seien Sie beruhigt. Astrophysiker sind sich einig, dass keiner dieser Sterne die Gefahr einer Supernova birgt. Unsere Sorgen gelten eher dem Bekämpfen des Klimawandels, dem Ablenken von Asteroiden und der Frage, wie wir die Tausenden künstlicher Satelliten vor elektrischen Schäden durch Sonneneruptionen schützen können.

Seite 203: Messier 1, der Krebsnebel, ist der wunderschöne Nachhall einer längst vergangenen Supernova

In einer klaren Nacht in einer dunklen Wildnis kann das bloße Auge etwa 5000 Sterne am Himmel erkennen. In einem typischen städtischen Vorort sinkt diese Zahl um den Faktor 10. In hellen und belebten Städten sinkt diese Zahl um einen weiteren Faktor 10. Jetzt sind wir bei einem Faktor von 100 angelangt, sodass Stadtbewohner nicht mehr als ein paar Dutzend Sterne, den Mond und die Sonne sehen können.

Aber nehmen wir einmal an, wir würden unser Teleskop über die Städte und die verzerrende Atmosphäre der Erde transportieren. Das Hubble-Weltraumteleskop, das unseren Planeten in einer erdnahen Umlaufbahn umkreist, hat uns eine großartige Galerie des Universums geschenkt – einige Bilder erfassen Tausende von Galaxien, eine jede davon mit einigen Hundert Milliarden Sternen. Aber selbst die Hubble-Bilder zeigen eine Mischung aus dunklen Flecken inmitten dichter heller Punkte. Es ist also klar, dass entweder die Anzahl der Sterne im Universum nicht unendlich ist, dass das Universum selbst nicht unendlich ist, oder dass etwas anderes geschieht. Die Antwort ist, wie so oft bei Rätseln des Kosmos, beides.

Stellen Sie sich vor, Sie stehen mitten in einem dichten Wald, weit entfernt von einem Weg. Wohin man auch schaut, nur Bäume, einige sind weiter entfernt, andere näher. Es gibt keine Erhebung, die eine klare Sicht zu einem ungetrübten Horizont erlauben würde. Die Blätter eines jeden Baumes verschwimmen mit den Ästen seiner Nachbarbäume, sodass sie sich nicht unterscheiden lassen. Die Farbe Ihrer Welt ist die kollektive Farbe der Waldflora. Wenn das Universum unendlich ist, dann müsste in jeder Richtung, in die wir blicken, jeder stecknadelkopfgroße Fleck am Nachthimmel in Sternenlicht enden; und wie die einzelnen Bäume in unserem Wald nicht mehr zu unterscheiden sind, müsste sich das Sternenlicht jedes Sterns mit dem seiner Nachbarn vermischen, bis wir in jeder Richtung, in die wir blicken, nur noch einen großen Lichtfleck sehen. Und doch haben wir zwischen allen funkelnden Sternen zahllose Sichtlinien, die in der Dunkelheit enden. Warum ist das so?

WISSENSCHAFT À LA HOLLYWOOD

STELLARE KRIEGSFÜHRUNG

Früher verschlang bei fast jedem Science-Fiction-Film, der im Weltraum spielte, als ein Höhepunkt des Films, mindestens eine Weltraum-Explosion einen großen Teil des Budgets - und lag dabei fast jedes Mal falsch.

Eine der ikonischsten und peinlich ungenauesten Weltraum-Explosionen, die je dargestellt wurden, ist in *Star Wars: Episode IV - Eine neue Hoffnung* (1977) zu sehen. Bei der Zerstörung des Todessterns gibt es einen donnernden Knall und eine nach außen abstrahlende Explosion. Ein echtes Raumschiff, selbst eines von solch kolossalen Ausmaßen, würde tatsächlich in einer kurzlebigen, kugelförmigen Explosion in Flammen aufgehen - jedoch nur so lange, wie ausreichend Sauerstoff an Bord des Schiffes vorhanden ist, um das Feuer zu speisen. Sobald die Explosion in das Vakuum des Weltraums übergeht, würde sie recht schnell verpuffen. Noch wichtiger ist, dass dieses helle, kurze Spektakel in völliger Stille ablaufen würde.

Star Wars verwöhnt seine Fangemeinde, wie der Titel schon sagt, mit vielen Szenen eines Weltraumkrieges. Der *Millennium Falke* und die kleineren TIE Fighter sausen nach links und rechts, nach oben und unten, machen Kurven und manövrieren, als seien sie Flugzeuge, die von der Erdatmosphäre getragen werden, und als würden diese abrupten Richtungswechsel nicht mit Tausenden von Kilometern pro Stunde stattfinden. Doch im Weltraum lassen sich Richtungsänderungen nicht einfach durch das Drehen eines Lenkrads erreichen. Um eine Kehrtwende zu machen, braucht ein Kriegsraumschiff ein ausgeklügeltes System von Richtungsdüsen, die im richtigen Winkel und mit ausreichender Schubkraft abgefeuert werden. Um eine Kehrtwende zu vollziehen, müsste ein Raumschiff zunächst seinen Vorwärtsimpuls aufheben, indem es Raketen in Fahrtrichtung abfeuert, und zwar mit so viel Energie, dass es abbremst und zum Stehen kommt, bevor es anschließend in die entgegengesetzte Richtung fliegen kann.

Angenommen die TIE-Fighter-Piloten nutzen eine hochmoderne Technologie, die es ihnen tatsächlich ermöglichte, blitzschnell die Richtung zu wechseln, dann wäre es ratsam, dass sie in sehr gut gepolsterten Sitzen festgeschnallt sind. Doch selbst dann würden ihre inneren Organe bei so hohen Geschwindigkeiten derartig durcheinandergewirbelt, dass sie sich in menschliche Milkshakes verwandeln würden. Deswegen sollte man die Kriegsführung von Schiff zu Schiff doch am besten Drohnen und Droiden überlassen.

WISSENSCHAFT À LA HOLLYWOOD

DER TATSÄCHLICH UNGLAUBLICHE HULK?

Marvels grünes Monster ist vielleicht der rein wissenschaftlich betrachtet unwahrscheinlichste Superheld, der je erdacht wurde. Während andere Superhelden absurd erscheinen mögen - wie der fliegende Außerirdische mit Röntgenaugen und einer Anfälligkeit für Kryptonit (Superman) oder der gutaussehende, hammerschwingende nordische Donnergott aus dem Reich Asgard (Thor) - ihre Entstehungsgeschichten basieren nicht auf der Wissenschaft. Die des unglaublichen Hulk hingegen schon.

Inspiriert von den klassischen Geschichten von Frankenstein und Dr. Jekyll und Mr. Hyde ersann der legendäre Comic-Schöpfer Stan Lee eine Geschichte über einen sanftmütigen theoretischen Physiker namens Bruce Banner, eine Dr.-Jekyll-Figur. Nachdem er bei einem Bombenexperiment eine starke Dosis Gammastrahlung abbekommen hat, verwandelt ihn seine mutierte DNA in einen Mr. Hyde - einen riesenhaften, superstarken Mutanten, der Probleme mit seiner Impulskontrolle hat.

Selbst eine geringe Dosis Gammastrahlen hätte Banners DNA so stark geschädigt, dass er innerhalb weniger Wochen den Weg des Megalodons gegangen wäre. Aber lassen wir das mal beiseite. Jedesmal wenn Banner zu Hulk wird, färbt sich seine Haut grün. Warum nicht violett, die Farbe, die im sichtbaren Lichtspektrum der Gammastrahlung am nächsten kommt? Lassen wir auch das einmal beiseite und nennen es künstlerische Freiheit. Was wir jedoch nicht beiseite lassen können, ist Hulks Markenzeichen: sein größerer, kräftigerer Körper, mit dem er ein Auto durch die Luft schleudern kann, als wäre es ein Baseball.

Woher kommt all diese zusätzliche Masse? Einstein lieferte uns das Rezept für die Gewinnung von Masse aus der sie umgebenden Energie: $E = mc^2$. Würde Hulk die erforderliche Menge an Masse aus der Energie seiner Umgebung nehmen, würde die Stadt, die er zu retten versucht, implodieren.

Wenn sich Hulk stattdessen ausdehnen würde, ohne dass von irgendwoher Masse hinzugefügt wird, würde er aus genau demselben Grund an Dichte verlieren, aus dem Eiswürfel schwimmen. Flüssiges Wasser dehnt sich aus, wenn es gefriert. Es fügt keine Moleküle hinzu; es nimmt mit demselben Material, das es ursprünglich hatte, nur mehr Raum ein. Die Dichte (ρ, Rho) ist gleich der Masse

(m) geteilt durch den Raum, den ein Objekt einnimmt (sein Volumen V): $\rho = m/V$. Wenn sich Eis ausdehnt, nimmt der Nenner (in diesem Fall *V* für Volumen) zu, was bedeutet, dass der Gesamtwert, die Dichte ρ, abnimmt. Aus diesem Grund schwimmt ein Eiswürfel aus Wasser auf flüssigem Wasser.

Ohne zusätzliche Masse wäre der furchterregende Hulk also in etwa so matschig wie ein Marshmallow, nur weniger geschmeidig. Ein einziger Schlag auf seinen flauschigen Rumpf würde ihn wie einen Schaumstoffball die Straße hinunterhüpfen lassen. Das heißt, ein wissenschaftlich glaubwürdiger Hulk würde einen lausigen Superhelden abgeben.

Die vielleicht spannendste, unbeantwortete Frage in der Superheldengeschichte von Hulk ist: Warum rutscht eigentlich seine Hose nicht? Es muss die dehnbarste und stärkste Cargohose des Universums sein. Wetten, das wäre ein Traummaterial, über das die NASA nur zu gern verfügen würde?

Dr. Bruce Banner wird in *Der unglaubliche Hulk* (2008) zum Hulk

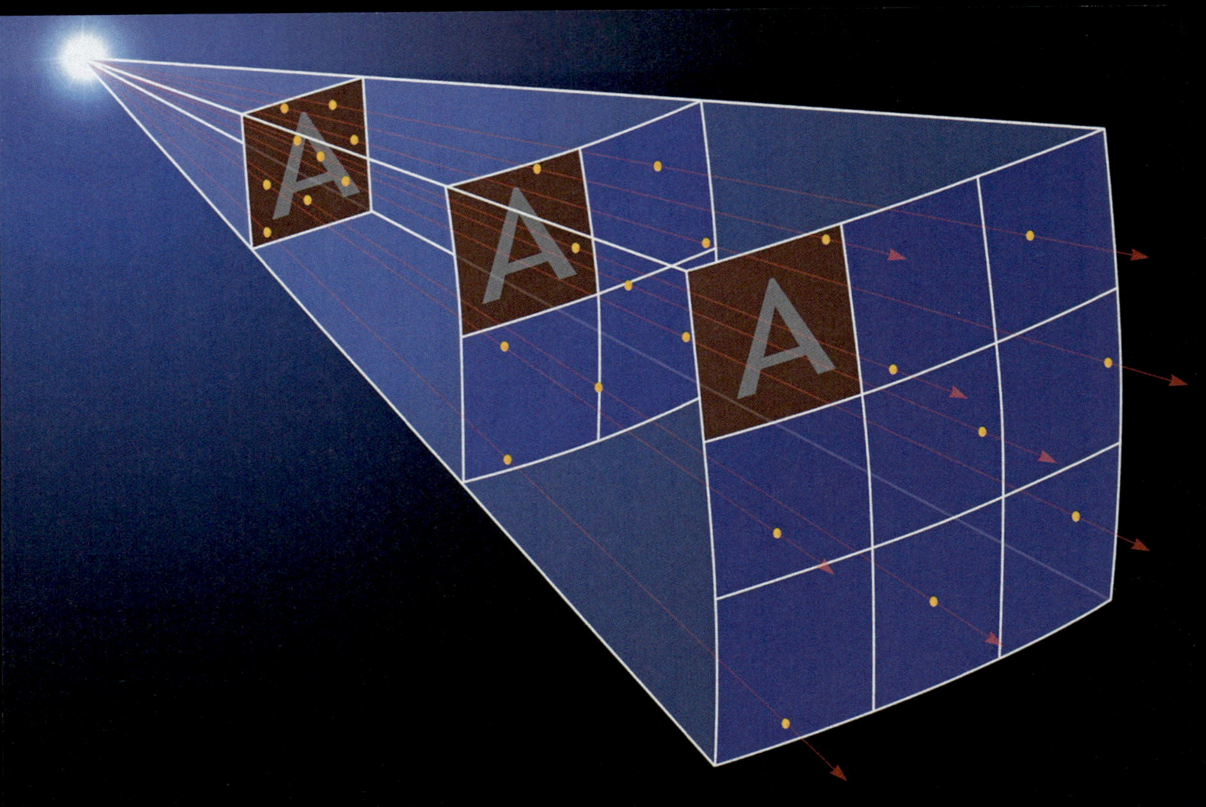

Ein Schema, das zeigt, wie die Lichtintensität mit der Entfernung abnimmt, auch bekannt als das fotometrische Entfernungsgesetz

Anfang des 19. Jahrhunderts stellte der deutsche Arzt und Astronom Heinrich Wilhelm Matthias Olbers genau diese Frage, die als Olbers'sches Paradoxon bekannt wurde. Schon lange vor ihm hatten sich einige andere Wissenschaftler auch schon Gedanken über dieses Problem gemacht, aber er lenkte schließlich das Augenmerk darauf.

Die Lösung ist zweifach. Die erste ergibt sich aus dem Verhalten des Lichts über größere Distanzen, die zweite aus dem Verhalten des Universums selbst. Beginnen wir mit dem, was leichter nachzuvollziehen ist.

Zwei Sterne an unserem Nachthimmel mögen gleich hell erscheinen, aber das bedeutet nicht, dass sie gleich groß oder gleich weit von uns entfernt sind. Ein sehr heller, weit entfernter Stern kann einen schwachen, nahen Stern durchaus an Helligkeit übertreffen. Tatsächlich sind die meisten Sterne, die wir am Nachthimmel sehen, weit entfernt, aber sehr leuchtstark. Sirius, der hellste Stern an unserem Nachthimmel, ist kleiner als die Erde und 8,6 Lichtjahre entfernt, während der nächsthellere Stern, Canopus, zwar größer als unsere Sonne, aber erstaunliche 310 Lichtjahre entfernt ist.

Das Licht schwächt sich im Weltraum mit dem Quadrat der Entfernung ab, nach dem Gesetz, das Isaac Newton ursprünglich aufstellte, um den Einfluss der Schwerkraft auf die Entfernung zu beschreiben. Später entdeckte man, dass es auch für das Licht gilt. Die Gleichung besagt, dass ein Licht, das 3-mal so weit entfernt ist wie ein anderes Licht mit derselben Leuchtkraft, nicht 3-mal so schwach erscheint, obwohl es eigentlich durchaus nahe läge, das anzunehmen. Nein, es ist 9-mal so schwach. Wenn ein Stern 5-mal so weit entfernt ist, erscheint er 25-mal schwächer. Wenn die Entfernung groß genug ist, nehmen wir den Stern überhaupt nicht mehr wahr.

Stellen Sie sich vor, Sie laden eine Steinschleuder mit einer Handvoll Kieselsteinen. Ein Ziel, das 1 Meter entfernt steht, würde von jedem dieser Steine leicht getroffen. Bewegen Sie das Ziel 1 Meter weiter weg, werden es neunmal weniger Kieselsteine treffen. Nehmen wir nun an, Sie haben magische Kieselsteine, die sich immerfort in die Richtung bewegen, in die Sie sie ursprünglich geschossen haben. Mit der Entfernung Ihres Ziels nimmt die Wahrscheinlichkeit, dass es getroffen wird, exponentiell ab, bis das Ziel schließlich so weit entfernt von Ihnen an einem Ort ist, dass die Wahrscheinlichkeit, überhaupt von einem Kieselstein getroffen zu werden, gegen null geht.

Das fotometrische Entfernungsgesetz allein kann das Olbers'sche Paradoxon nicht lösen. Wenn das Universum unendlich ist, dann würde ein einzelnes Photon von einem hinreichenden Teil der unendlich vielen Sterne des Universums einen weißen Nachthimmel ergeben, selbst wenn die Leuchtkraft mit der Entfernung abnimmt. Denken Sie an unsere magische Kieselsteine-Schleuder. Wenn man unendlich viele Kieselsteine aus unendlich vielen Schleudern abschießen würde, würde das Ziel einen Ansturm von Kieselsteinen auf jeden Quadratzentimeter seines Körpers erleiden, egal wohin es sich bewegt.

Jetzt kommt der zweite Teil der Lösung. Sie geht auf die 1920er-Jahre zurück, als zwei Wissenschaftler unabhängig voneinander nicht nur das Paradoxon lösten, sondern auch die Astrophysik revolutionierten und dem stets zerbrechlichen immer wahnhaften Ego der Menschheit einen weiteren Schlag versetzten.

1924 entdeckte Edwin Hubble, dass die Galaxie der Milchstraße nicht das gesamte Universum umfasst, wie viele Wissenschaftler behauptet hatten, sondern dass sie vielmehr eines von vielen »Inseluniversen« ist – ein Begriff, den der deutsche Philosoph Immanuel Kant zwei Jahrhunderte zuvor vorgeschlagen hatte. Nach dem Studium von Einsteins neuer Relativitätstheorie schlug der belgische Physiker und katholische Priester Georges Lemaître 1927 die Idee eines sich ausdehnenden Universums vor, das sich auf einen einzigen Punkt zurückführen lässt: das »Uratom«, das er später »den Anfang der Welt« nannte. Heute nennen wir dies den »Urknall«. Lemaîtres Mentor Arthur Eddington machte sich erst einige Jahre später die Mühe, dessen Arbeit zu lesen, und Einstein war noch nicht bereit, die Vorstellung eines sich ausdehnenden Universums anzunehmen, sodass Lemaîtres entscheidender Beitrag lange Zeit ignoriert wurde.

In der Zwischenzeit war Hubble damit beschäftigt, die Doppler-Verschiebung seiner neu entdeckten Inseluniversen zu untersuchen. Ein ganz ähnlicher Effekt wie der Doppler-Effekt, der 1845 von dem Eisenbahnzug mit den Trompetern demonstriert wurde, wird auch bei allen Wellen beobachtet, einschließlich der Lichtwellen. Wenn man über kosmisches Licht spricht, wird er als Rot- oder Blauverschiebung bezeichnet.

Erinnern Sie sich daran, dass bei der Einfahrt des Zuges in den Bahnhof die Tonhöhe der Trompeten anstieg, weil sich die Schallwellen verkürzten und ihre Frequenz erhöhte. Als der Zug den Bahnhof passiert hatte, sank die Tonhöhe, da sich die Schallwellen verlängerten. Im Spektrum des sichtbaren Lichts sind die kürzeren Wellenlängen blau und violett, während die längeren Wellenlängen rot sind. Wenn die Schallwellen des Zuges mit dem sichtbaren Licht korrelieren würden, könnten wir sehen, wie sich die Farbe des Lichtes bei der Annäherung des Zuges ins Blaue und bei der Weiterfahrt ins Rote verschiebt. Sterne, Galaxien und alles andere im Universum, das Licht aussendet, verhalten sich auf ähnliche Weise. Bei Wellen, die von einer sich uns nähernden Lichtquelle kommen und sich verkürzen, spricht man von Blauverschiebung, bei Wellen, die von einer sich entfernenden Lichtquelle kommen und sich verlängern, spricht man von Rotverschiebung, unabhängig davon, ob ihre tatsächlichen Frequenzen im sichtbaren Spektrum liegen oder nicht.

Hubble zeigte, dass sich die fernen Inseluniversen systematisch von uns entfernen, also rotverschoben sind, und dass die am weitesten entfernten Galaxien sich schneller von uns entfernen als die näheren. Mit anderen Wor-

WISSENSCHAFTSGESCHICHTE

POES VORHERSAGE

In seinem 1848 in Buchform erschienenen Essay *Eureka: A Prose Poem* beschrieb der amerikanische Schriftsteller Edgar Allan Poe, bekannt für seine makabren Schauergeschichten, die Lösung des Olbers'schen Paradoxons, Jahrzehnte bevor die Astronomen überhaupt die Daten, die zum vollständigen Verständnis erforderlich sind, selbst gesammelt hatten:

> »Wäre die Aufeinanderfolge von Sternen endlos, dann müßte der Hintergrund des Himmels uns das Bild einer gleichmäßigen Lichtfläche bieten, wie es die Milchstraße tut - denn es könnte in diesem ganzen Hintergrund absolut keinen Punkt geben, wo nicht ein Stern wäre. Die einzige Art daher, durch die es unter solchen Umständen möglich wäre, es uns begreiflich zu machen, warum unsere Fernrohre in unzähligen Richtungen leere Stellen finden, wäre die Annahme, der unsichtbare Hintergrund sei so unermeßlich weit entfernt, daß noch kein Strahl von ihm imstande war, uns zu erreichen.«

Für einen Schrifsteller, der weder Physik noch Astronomie studiert hatte, war Poes Aussage verblüffend korrekt.

ten, seine Analyse war der Beweis für Lemaîtres Vorhersage, dass das Universum expandiert. Die Wissenschaft kam schließlich zur Erkenntnis, dass das Universum einen Anfang hat und dass es einen Horizont, einen Rand, eine Grenze haben muss. Das beobachtbare Universum ist endlich, und es dehnt sich aus.

Doch die Menschen in den 1920er-Jahren ahnten kaum, dass es mit den Demütigungen durch ihre Astrophysiker damit noch kein Ende hatte. Hubble dokumentierte, dass die Galaxien in alle Richtungen entschwinden. Und so schienen wir immer noch im Zentrum des Universums zu stehen, was auch immer das war. Es war ein vergrößertes ptolemäisches Weltbild, das bald einstürzen sollte.

Die Galaxien rasen nicht von uns weg. Vielmehr dehnt sich das interstellare Gefüge des Weltraums an sich aus und nimmt dabei alle Galaxien mit sich. Stellen Sie sich das wie Mohnsamen vor, die in das Volumen eines backenden Brötchens eingebettet sind. Während sich das Brötchen ausdehnt, wächst der Abstand zwischen den einzelnen Mohnsamen. Aus der Perspektive jedes einzelnen Mohnsamens werden sich all seine Mohnsamen-Nachbarn stetig von ihm entfernen und sein Gefühl bestätigen, der Mittelpunkt des Brötchens zu sein. Als Opfer des ultimativen Wahns der Zentralität fühlt sich jedoch jeder Mohnsamen genau gleich. Aber das Universum (oder das Brötchen) ist nicht dazu verpflichtet, Sinn zu ergeben; es ist auch nicht verpflichtet, dafür zu sorgen, dass Sie sich wichtig fühlen, es ist nicht verantwortlich für Ihr Wohlbefinden.

Die endgültige Lösung des Olbers'schen Paradoxons – die Urknalltheorie in Verbindung mit dem sich ausdehnenden Universum und der endlichen Geschwindigkeit des Lichts – hat uns mit der letzten der großen Demütigungen konfrontiert: Das Universum ist endlich. Und wir befinden uns nicht in seinem Zentrum.

Doch der Demütigungen war noch nicht genug. Eine weitere, vielleicht die größte seit Kopernikus, sollte bald folgen.

MESSBARE UND DOCH UNVORSTELLBARE AUSMASSE

Ein halbes Jahrhundert nach Edwin Hubbles Entdeckungen lieferte das nach ihm benannte Weltraumteleskop die Grundlage für unsere aktuellen Schätzungen der Gesamtzahl der Galaxien im Universum. Diese Zahl beläuft sich inzwischen auf mehrere hundert Milliarden und könnte sogar auf eine Billion ansteigen. Wir wissen, dass jede dieser Galaxien im Durchschnitt etwa hundert Milliarden Sterne enthält. Während unsere Teleskope uns immer tiefer ins Universum blicken lassen, wird die schiere Anzahl der Objekte und Phänomene für unseren schwachen Verstand schnell unvorstellbar.

Um die Tragweite dieser Entdeckungen zu verstehen, sollte man sich diese scheinbar einfache Frage stellen: Was ist der Unterschied zwischen einer Milliarde und einer Billion?

Zählen wir einmal Sekunden statt Sterne. Menschen, die 31 Jahre alt sind, haben einige Monate vor ihrem 32. Geburtstag eine Milliarde Sekunden gelebt. Wenn Sie noch nicht 31 sind, ist das doch ein guter Anlass für eine Party – aber tragen Sie es in Ihren Kalender ein und bereiten Sie sich darauf vor, einen superschnellen Schluck Champagner zu trinken, bevor der Moment verstreicht. Sollten Sie die einmilliardste Sekunde bereits verpasst haben, können Sie sich immer noch auf Ihren Zweimilliarden-Sekunden-Geburtstag mit 63 Jahren freuen. Einige wenige Glückliche werden sogar ihre dreimilliardste Sekunde im Alter von 95 Jahren erleben.

Hätte man hundert Milliarden 1-Dollar-Scheine und sehr viel Zeit zur Verfügung, könnte man sie aneinanderlegen, um damit die Erde 200 Mal zu umrunden, das restliche Geld könnte man vertikal stapeln. Dieser Stapel würde zehn Mal zum Mond reichen und wieder zurück. Der reichste Mensch der Welt heutzutage könnte diese Übung zweimal machen.

Hätte man **hundert Milliarden 1-Dollar-Scheine** und sehr viel Zeit zur Verfügung, könnte man sie aneinanderlegen, um die **Erde 200 Mal zu umrunden,** das restliche Geld könnte man vertikal stapeln. Dieser Stapel würde zehn Mal **zum Mond reichen** und wieder zurück.

Eine Billion hingegen ist um den Faktor Tausend größer. Vor einer Billion Sekunden bewohnten die letzten Neandertaler die Erde, und die Höhlenbewohner malten Bisons auf ihre Steinwände.

Kombinieren wir nun Hunderte von Milliarden mit Billionen. Multiplizieren wir hundert Milliarden Galaxien mit hundert Milliarden Sternen pro Galaxie, so erhalten wir eine Milliarde Billionen Sterne im sichtbaren Universum. Das sind eine Million Mal mehr Sterne als die Gesamtzahl der Töne und Worte, die von allen Menschen, die jemals gelebt haben, geäußert wurden.

Aber damit noch nicht genug.

Astrophysiker gehen heute davon aus, dass jeder Stern im Durchschnitt von mindestens einem Planeten umkreist wird. Willkommen bei den Exoplaneten: die nächste Demütigung der Menschheit, die 1995 durch wissenschaftliche Untersuchungen bestätigt wurde. In jenem Jahr fiel den zwei

Ein Prisma, welches das Licht in das Farbspektrum aufspaltet

Schweizer Astronomen Michel Mayor und Didier Queloz etwas Merkwürdiges auf. Regelmäßige Veränderungen der Geschwindigkeit und der Position eines sonnenähnlichen Sterns deuteten darauf hin, dass sich etwas Unsichtbares, aber Reales in einer Umlaufbahn um den Stern befand, das den Schwerpunkt des Sterns so stark veränderte, dass er ins Wanken geriet. Es stellte sich heraus, dass es sich um einen Planeten – einen Exoplaneten – handelte, den ersten, der außerhalb unseres Sonnensystems entdeckt wurde, der um einen anderen, sonnenähnlichen Stern kreist. Im Jahr 1992 wurden drei Exoplaneten entdeckt, die den Leichnam eines Sterns – eines sogenannten Neutronensterns – umkreisten und dabei kein Wackeln, sondern eine Veränderung seines Pulsierens verursachten. Vor der heute gebräuchlichen Namensgebung erhielten diese Exoplaneten makabre Bezeichnungen, die an untote Fantasiemonster erinnern: Draugr, Poltergeist und Phobetor. Seit der Entdeckung von Mayor und Queloz wurden fast 4000 Sternsysteme beobachtet, die mehr als 5000 wissenschaftlich bestätigte Exoplaneten beherbergen.

Als Isaac Newton das weiße Licht in die Farben des Regenbogens aufspaltete, legte er damit den Grundstein für die moderne Astrophysik. Mitte des 18. Jahrhunderts ermöglichte die neue Wissenschaft der Spektroskopie den Astrophysikern, Temperatur, Rotation, Bewegung, Magnetfeld und die chemische Beschaffenheit von Sternen zu bestimmen. Heute stützen sich Exoplanetenjäger sowohl auf die Spektroskopie als auch auf leistungsstarke Teleskope, um die Anwesenheit eines Planeten und in einigen Fällen auch die Zusammensetzung seiner Atmosphäre festzustellen. Die Fortschritte bei Teleskopen und Hilfstechnologien stellen unsere Annahmen über das Universum und unseren Platz darin immer wieder infrage, indem sie uns das Universum so zeigen, wie es ist, und nicht so, wie es unseren Sinnen erscheint – und wie es unser empfindliches Ego sich wünschen würde.

DIE VERSTECKTEN BOTSCHAFTEN IN REGENBÖGEN

Im 20. Jahrhundert lernten wir, dass Licht aus den meisten fernen Galaxien die chemische Signatur zahlloser sonst unsichtbarer kosmischer Objekte enthält, auf die es auf seinem Weg zu unseren Teleskopen trifft. Die neuen Analysemöglichkeiten gehen auf das Jahr 1802 zurück, als der englische Chemiker William Wollaston das Newton'sche Prisma verbesserte und das Farbspektrum der Sonne noch weiter aufspaltete, wobei er dunkle Streifen entdeckte, die im ansonsten gleichmäßigen Farbkontinuum sichtbar wurden.

In der Folgezeit zeigten jahrzehntelange Experimente mit gespaltenem Licht schließlich, dass sich die dunklen Bänder in Abhängigkeit von der Temperatur der Lichtquelle und den chemischen Elementen, die mit dem Licht wechselwirken, anordnen. Aus diesen Beobachtungen entstand ein enzyklopädisches Kompendium von spektralen »Linienmustern«, die jeweils den einzigartigen Fingerabdruck eines chemischen Elements darstellen.

Im Jahr 1868 bemerkten zwei Wissenschaftler unabhängig voneinander ein auffälliges Band im Spektrum der Sonne, das sich von dem aller bekannten Elemente unterschied. Der französische Astronom Pierre Janssen und der englische Astronom Joseph Lockyer hatten es zum ersten Mal entdeckt, ein Element im Weltraum, für das es damals kein bekanntes Gegenstück auf der Erde gab. Lockyer nannte es Helium – nach Helios, dem griechischen Gott der Sonne. Obwohl man heute auf manchem Kindergeburtstag Heliumballons findet, haben Wissenschaftler es erst 30 Jahre nach seiner

Entdeckung in der Sonne hier bei uns auf der Erde isoliert. Heute wissen wir, dass Helium nach Wasserstoff das zweithäufigste Element im Universum ist, und dass es ausschlaggebend ist für die Bildung aller schwereren Elemente, aus denen alles und jeder besteht, den Sie kennen und lieben, aber auch alles, was Sie nicht kennen und hassen.

Obwohl die Spektroskopie sowohl bekannte als auch unbekannte chemische Elemente genau und konsistent nachweisen konnte, wusste niemand, warum. Spektroskopische Experimente brachten Maxwell sogar dazu, die Gleichungen zu formulieren, aus denen Einstein seine spezielle Relativitätstheorie ableitete. Aber erst 1913 gelang es dem dänischen Physiker Niels Bohr, eine zufriedenstellende Erklärung dafür zu entwickeln, wie und warum Atome Spektrallinien erzeugen. Er schlug vor, dass die Elektronen jedes Atoms auf Licht reagieren, indem sie innerhalb des Atoms zwischen einem Energieniveau zum nächsten hin- und herspringen, was das Fehlen (oder Vorhandensein) von Linien in einem ansonsten kontinuierlichen Lichtspektrum verursacht. Bohrs Atommodell war der Grundstein für die moderne Quantenphysik.

Lassen Sie uns nun in die 1990er-Jahre springen, als unsere Exoplanetenjäger Mayor und Queloz Pionierarbeit mit einer neuen Art der Spektroskopie leisteten. Mit ihrer Methode konnten sie die subtilen Doppler-Verschiebungen von Sternen genau messen, die nicht durch ihre Bewegung von einem Ort zum anderen im Weltraum verursacht werden, sondern dadurch, dass sie als Reaktion auf die Schwerkraft eines anderen Objekts, das sie umkreist, leicht wackeln. Diese subtilen Schwingungen enthüllten den weltweit ersten Exoplaneten, der einen sonnenähnlichen Stern umkreist, 51 Pegasi, im Sternbild Pegasus – wo sonst?

Um das Wackeln des Sterns zu erklären, musste das ihn umkreisende Objekt – 51 Pegasi b – riesig sein, halb so groß wie der Jupiter. Aber das war nicht der seltsamste Teil der Entdeckung: Ein Jahr in dieser Gasriesenwelt – also eine volle Umrundung seines Wirtsterns – dauert nur vier Tage. Im Vergleich dazu dauert ein Jahr bei Merkur, dem nächstgelegenen und kleinsten Planeten unserer Sonne, der winziger ist als der größte Mond des Jupiters, ganze 88 Tage.

Die Entdeckung von Mayor und Queloz widersprach allem, was wir über die Entstehung von Sternensystemen zu wissen glaubten. Obwohl ihre Ent-

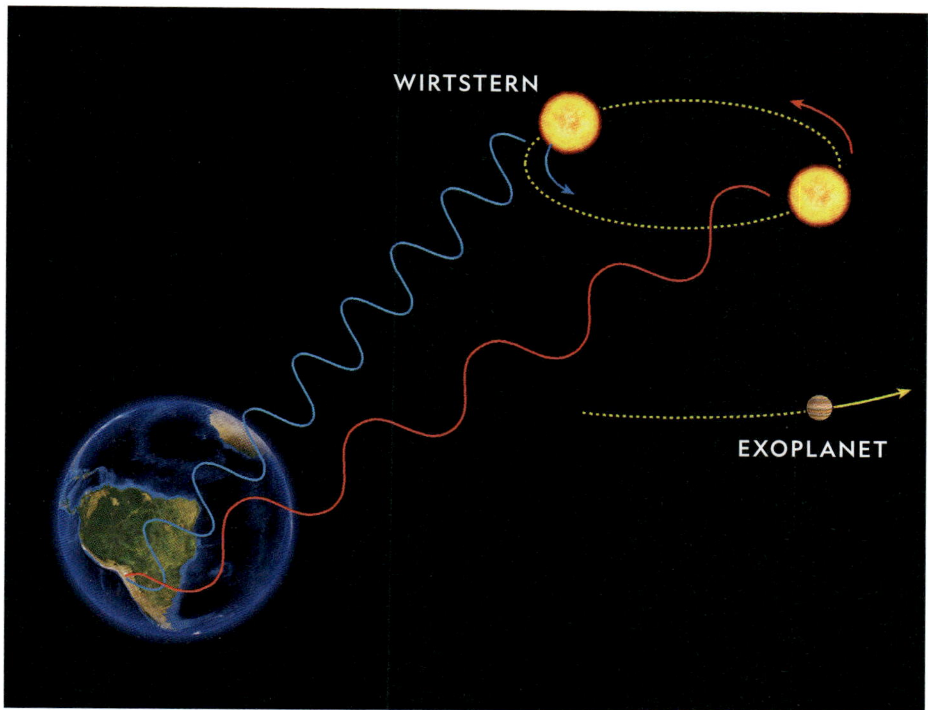

Eine Illustration der Doppler-Spektroskopie: Wenn sich ein Stern auf einen Beobachter zubewegt, ist sein Spektrum blauverschoben; wenn er sich vom Beobachter entfernt, wird es rotverschoben

deckung durch zahlreiche Beobachtungen bestätigt wurde, lehnten viele Forscher, die an der Vorstellung festhielten, dass unser Sonnensystem repräsentativ für alle anderen sein müsse, die Planetenhypothese ab und boten alternative Erklärungen für das seltsame Bahnverhalten des Sterns an. Obwohl mehrere weitere Exoplaneten ähnlicher Größe und Umlaufzeit mit der gleichen Methode entdeckt wurden, blieb die Skepsis bestehen, auch weil die Entdeckungen nicht auf direkten Beobachtungen dieser Planeten beruhten, ihre Existenz wurde ausschließlich aus dem Verhalten des Wirtsterns abgeleitet.

Im Jahr 1999 wurde schließlich einer dieser vermuteten Planeten, Osiris, mithilfe der Transitmethode direkt beobachtet – dieselbe Methode, die Jeremiah Horrocks verwendete, um die Entfernung zwischen Erde und Sonne während des Venustransits im Jahr 1639 zu messen und um damit die Größe des gesamten Sonnensystems zu schätzen. Astrophysiker sagten voraus, wann Osiris von der Erde aus gesehen das nächste Mal vor seinem Wirtstern

> Damit öffneten sich die Türen zur **Exoplanetenjagd** mit einem Schlag wie von selbst. Was einst mit Spott bedacht wurde, entwickelte sich schnell zu einem boomenden, umtriebigen **Forschungsgebiet.** … Wieder einmal hatte sich unser Universum vor unseren Augen ausgedehnt.

vorbeiziehen würde, und sie waren vorbereitet. Wie erwartet sank die Helligkeit des Sterns während des Planetentransits ein klein wenig ab und kehrte zum vorhergesagten Zeitpunkt wieder auf den Normalwert zurück.

Damit öffneten sich Türen zur Exoplanetenjagd mit einem Schlag wie von selbst. Was einst mit Spott bedacht wurde, entwickelte sich schnell zu einem boomenden, umtriebigen Forschungsgebiet. Die Sonne wurde von ihrer Rolle als Zentrum des einzigen bekannten Sternensystems zu einem einzigen unter unzähligen anderen degradiert. Wieder einmal hatte sich unser Universum vor unseren Augen ausgedehnt.

DIE JAGD NACH EXO-ERDEN

Kosmische Spektroskopie innerhalb der Erdatmosphäre ist begrenzt auf die Beobachtung der Wellenlängen des Lichts, die das Meer aus atmosphärischen Molekülen über uns vollständig durchdringen – hauptsächlich sichtbares Licht und längerwellige Radiowellen. Die Ozonschicht blockiert einfallendes ultraviolettes (UV) Licht und Röntgenstrahlen, während Wassermoleküle in der Atmosphäre Infrarot- und Mikrowellen verzerren und absorbieren. Was das Wasser zu einem starken Treibhausgas macht, erschwert auch die Astronomie auf der Erde.

Wenn wir Himmelsobjekte beobachten wollen, die diese anderweitig blockierten Lichtbänder aussenden, müssen wir dies von oberhalb der Wolken tun. Dann kamen Hubble und andere Weltraumteleskope ins Spiel. Mit ihrer Hilfe wurden zwischen 1999 und 2009 Hunderte von Exoplaneten entdeckt. Doch um die Entdeckungsrate dieser winzigen, dunklen, sich bewegenden Flecken deutlich zu erhöhen, waren neuartige Teleskope erforderlich, die speziell für diesen Zweck entwickelt wurden.

RÄTSEL DES KOSMOS

ALIEN FM

Wenn wir Menschen unsere Aktivitäten vor lauschenden Außerirdischen geheim halten wollen, sollten wir nur über ein Mittelwellenradio kommunizieren.

Die Ionosphäre der Erde ist die atmosphärische Schicht, die von freischwebenden Elektronen überflutet wird, die aus ihren Atomen von der hochfrequenten Ultraviolett-, Röntgen- und Gammastrahlung unserer Sonne herausgerissen wurden. Wenn die längeren, niederfrequenten AM-Radiowellen (Mittelwelle) mit diesen Elektronen interagieren, wird ein Teil oder die gesamte Energie auf die Erdoberfläche zurückgeworfen und ermöglicht so eine Kommunikation weit über die Sichtlinie des Horizonts hinaus, vor allem nachts. Unter bestimmten Bedingungen kann sich dieses Hin und Her über Kontinente hinweg fortsetzen, sodass Menschen einander über große Entfernungen hinweg »hören« können, so wie der Ozean den Gesang von Walen verbreitet.

Wenn Sie schon einmal auf einer langen Autofahrt Radio gehört haben, wissen Sie, dass Sie ein unscharfes Mittelwellenradiosignal (AM) auch aus Hunderten Kilometern Entfernung empfangen können, während ein kristallklarer Kurzwellensender (FM oder UKW) schnell von einer Seite einer Stadt zur anderen unverständlich wird. Die viel höheren Frequenzen, die von UKW-Radiosendern und dem Satellitenfernsehen verwendet werden, profitieren nicht von einem ionosphärischen Abprall, sodass UKW-Frequenzen nur den Horizont erreichen, nicht jedoch der gekrümmten Erdoberfläche folgen können. Das hindert diese Signale jedoch nicht daran, nach oben in den Weltraum zu entweichen. Nahezu jede UKW- und TV-Frequenz, die von der Menschheit ausgestrahlt wird – ob es nun Wiederholungen von *I Love Lucy* oder millionenschwere Super-Bowl-Halbzeitwerbung sind –, all diese Signale können von jedem x-beliebigen Außerirdischen mit einem empfindlichen Radioempfänger eingefangen werden.

Eine Auswahl der Planeten, die das Kepler-Weltraumteleskop bisher entdeckt hat

Die Kepler-Mission der NASA startete 2009 mit einer einzigen Aufgabe: nach erdähnlichen Planeten innerhalb der bewohnbaren Zone eines sonnenähnlichen Sterns zu suchen, auch »Goldlöckchen-Zone« genannt. Dabei handelt es sich um den Bereich der Umlaufbahn um einen Stern, in dem ein Planet genau die richtige Temperatur hat – nicht zu kalt und nicht zu heiß –, um flüssiges Wasser auf seiner Oberfläche dauerhaft zu halten, eine Voraussetzung für Leben, wie wir es kennen. In der Umgebung leuchtstarker Sterne ist die bewohnbare Zone breiter, während sie in der Umgebung kühler und schwach leuchtender Sterne schmaler ist und sich enger an den Wirt annähert, um die benötigte Wärme bereitzustellen.

Zur Freude (und vielleicht in einigen Fällen auch zur Verzweiflung) der Erdenbewohner hat die Kepler-Mission Heerscharen von Exoplaneten entdeckt.

Unter den Tausenden von neuen Welten, die die Kepler-Mission entdeckte, waren Hunderte mehr oder weniger so groß wie die Erde und hatten eine ähnliche Gesteinszusammensetzung. Mehrere dieser Exo-Erden kreisen innerhalb der bewohnbaren Zone ihres Wirtsterns. Eine statistische Analyse der Missionsdaten zeigte nicht nur, dass es mehr Planeten als Sterne in unserer Galaxie gibt, sondern auch, dass die Milchstraße rund 300 Millionen erdähnliche Welten in einer bewohnbaren Zone beherbergen könnte. Astrobiologen nehmen an, dass mindestens eine dieser Exo-Erden nur 20 Lichtjahre von uns entfernt sein könnte und nur darauf wartet, entdeckt zu werden.

Vom ersten Augenblick an, als je ein Mensch in den Himmel blickte, waren die Sterne, die uns den Weg wiesen und in ihren Bann zogen, mehr als nur Sterne. Im Laufe der Jahrhunderte wurde immer deutlicher, dass der Weltraum nicht nur ein Sternenhimmel ist; er ist auch keine Art passiver Raum, in dem kosmische Objekte vor sich hin existieren. Er ist ein pulsierender, energiegeladener Ort, dessen Einfluss auf unsere Beobachtungen wir erst verstehen müssen, bevor wir tatsächlich über ein umfassendes Wissen zu allen Phänomenen des Universums verfügen. Während Sie diese Zeilen lesen, kratzen sich vielleicht gleichzeitig einige noch unentdeckte Lebensformen an ihren kahlen außerirdischen Köpfen und fragen sich, wie viel sie von ihrer Version des kosmischen Deckengemäldes tatsächlich verstehen.

Welche nächste große Demütigung der Hybris der Menschheit erwartet uns? Astrobiologen arbeiten unermüdlich an der Suche nach Beweisen, die unsere Wahrnehmung der Erde als einzigen lebensfreundlichen Planeten ins Wanken bringen könnten. Angesichts von Hunderten Millionen erdähnlicher Exoplaneten, die allein in unserer eigenen Galaxie unbeobachtet umherstreifen, könnte das Leben, wie wir es kennen, genauso allgegenwärtig sein wie einst der absurde Exoplanet.

Mithilfe der Spektroskopie können Astrobiologen nicht nur nach erdähnlichen Planeten suchen, sondern auch nach Anzeichen von Leben, die chemisch in die Atmosphäre eines Planeten eingraviert sind: Biosignaturen, verräterische molekulare Hinweise auf Leben. Alle Lebewesen, soweit wir sie verstehen, führen Stoffwechselreaktionen durch, um in einem flüssigen Medium Masse in Energie umzuwandeln.

RÄTSEL DES KOSMOS

WELTRAUMPARFUM – EAU DE OUTER SPACE

Vielleicht haben Sie schon einmal gehört, dass der Weltraum nach verschiedenen Dingen riecht: ISS-Astronauten und Moonwalker schwören, dass es nach Schießpulver und verkohltem Steak riecht, mit einem Hauch von faulen Eiern. Sollten Sie jedoch versuchen, außerhalb Ihres Raumanzugs etwas davon zu erhaschen, werden Sie unweigerlich ersticken.

Vielleicht nehmen diese Astronauten die Aromen ihrer eigenen Oberlippen wahr? Es hat sich herausgestellt, dass verschiedene Partikel, die während eines Weltraumspaziergangs an ihren Raumanzügen und ihrer Ausrüstung haften, zusammen mit dem Ozon, das beim Druckabfall in der Raumkapsel entsteht, ein ausgeprägtes Eau de Outer Space ergeben. Aber jenseits der erdnahen Umlaufbahn und der Mondoberfläche kann nur die Spektroskopie Hinweise auf das Bouquet des Universums liefern.

Im Jahr 2009 machte sich eine Gruppe von Astronomen auf die Suche nach Aminosäuren in einem fernen Sternennebel. Dabei entdeckten sie neben vielen anderen komplexen Molekülen auch Ameisensäureethylester, das auf der Erde nach Rum riecht, nach Himbeeren schmeckt und als Lösungsmittel und Pestizid verwendet wird. Eine Schlagzeile nach der anderen verkündete bald, dass der Weltraum nach Himbeeren riecht.

Unwahrscheinlich. Selbst wenn wir genug verschiedene Nebelmoleküle sammeln könnten, um ein Glas zu füllen, es zur Erde bringen und daran schnuppern könnten, würden wir diesen Duft mit Sicherheit nicht ausmachen. Es bestünde obendrein die Gefahr, dass wir uns mit anderen toxischen Molekülen in dem Gemisch vergiften. Wenden wir diese Logik auf unseren eigenen frühen Sonnennebel an, so könnten wir aufgrund des hohen Eisengehalts zu der Behauptung neigen, er schmecke wie Blut. (Die Schlagzeile »Der Weltraum schmeckt wie Blut« mag zwar einprägsam sein, ist aber ebenso irreführend wie die Witze über Himbeer-Daiquiris tief im Universum.)

Doch in diesen Hirngespinsten ist eine erstaunliche spektroskopische Entdeckung verborgen. Die komplexen Moleküle, die in diesem weit entfernten Nebel gefunden wurden, deuten stark auf die Möglichkeit von Aminosäuren hin – den Bausteinen von Proteinen und damit des Lebens, wie wir es kennen.

Astronaut Bruce McCandless II schwebt frei neben der Raumfähre *Challenger* während des ersten ungesicherten Weltraumspaziergangs überhaupt

Die Abfallprodukte dieser Reaktionen sind die unverkennbaren Hinweise, die wir suchen. Ein Außerirdischer, der mithilfe der Spektroskopie nach den Biosignaturen der Erde sucht, würde in unserer unteren Atmosphäre reichlich Sauerstoff finden, der hauptsächlich von Photosynthese betreibenden Organismen stammt, sowie Ozonmoleküle in der Stratosphäre. Methan, hauptsächlich produziert von anaeroben Bakterien, ist eine weitere nützliche Biosignatur. Ohne ständigen Nachschub würden beide abnehmen. Der Sauerstoff würde chemisch wieder in die Erdoberfläche absorbiert, und das Methan würde sich innerhalb weniger Jahrzehnte in Kohlendioxid verwandeln und seine Wasserstoffatome an den Weltraum abgeben.

Biosignaturen allein sind jedoch noch kein Beweis für Leben. Die meisten dieser Gase können durch andere, wenn auch unwahrscheinliche, nichtbiologische Reaktionen erklärt werden. Obwohl wir auf der Grundlage der Bewohnbarkeit eines Planeten und der entdeckten Biosignaturen gute Argumente für Exo-Leben anführen könnten, kann nur eine Erkundungsreise eine Bestätigung – oder eine Widerlegung – liefern.

WELTRAUMPILGER

Wenn wir eine neue Terra finden würden – eine erdähnliche Welt mit einer Atmosphäre, in der wir atmen können, und mit flüssigem Wasser auf der Oberfläche –, dann würde der Drang, diese Terra zu erforschen, sogar den Drang überwiegen, Kolonien auf dem Mars zu errichten. Wenn Exo-Erden in einem Umkreis von etwa 10 Lichtjahren entdeckt werden, könnte man deren Atmosphäre spektroskopisch analysieren und nachsehen, ob sie Bestandteile enthalten, die für menschliches Leben notwendig sind. Angenommen, wir würden fündig, dann hätten wir einen echten Ersatzplaneten – einen Planeten B, der kein Terraforming braucht, um bewohnbar zu sein. Das James-Webb-Weltraumteleskop ist hervorragend geeignet, um einen Katalog solcher Kandidaten zu erstellen.

Zehn Lichtjahre klingt vielleicht nicht so furchtbar weit. Für ein Photon ist es tatsächlich nur eine Reise von zehn Jahren. Leider (oder zum Glück) sind Menschen keine Photonen. Das sich am schnellsten bewegende von Menschenhand geschaffene Objekt, die Parker Solar Probe, die die Sonne

RÄTSEL DES KOSMOS

TECHNOSIGNATUREN

Während das Leben auf der Oberfläche eines Exoplaneten wahrscheinlich die chemische Zusammensetzung seiner Atmosphäre beeinflussen wird, gehen wir davon aus, dass dies auch für die Nebenprodukte der Zivilisation gilt. Vor der industriellen Revolution hatten die Menschen auf der Erde keinen wesentlichen Einfluss auf die Erdatmosphäre, aber über einen schockierend kurzen Zeitraum - in der Größenordnung von Jahrzehnten, nicht Jahrhunderten - haben wir die Treibhausgase CO_2 (Kohlendioxid) und CH_4 (Methan) deutlich erhöht. Man füge eine allgemeine Verschlechterung der Atemluftqualität durch Smog hinzu, ausgestoßen von Fabrikschloten und Autoauspuffen, und schon hat man eine chemische Signatur in der Luft.

Aber halt, da gibt es noch mehr. Eine Zeit lang haben wir auch durch die Freisetzung von Fluorchlorkohlenwasserstoffen - Chemikalien, die üblicherweise als Kühlmittel und als Haupttreibstoff in Spraydosen für Deodorants und Haarsprays verwendet wurden - ein beträchtliches Loch in die eigentlich stabile Ozonschicht gemacht. Wir könnten diese atmosphärischen Zeichen der industriellen Zivilisation als spektroskopische »Technosignaturen« bezeichnen. Würden Außerirdische die Erde so beobachten, wie wir Exoplaneten aus der Ferne betrachten, und sähen sie diese abrupten Veränderungen einer stabilen Sauerstoff-Stickstoff-Atmosphäre, würden sie sicherlich daraus schließen, dass Lebensformen zwar existieren müssen, es aber keine Anzeichen gibt für *intelligentes* Leben auf der Erde.

umkreist und gelegentlich streift, könnte in etwa einer halben Minute von London nach New York reisen – oder in etwas mehr als anderthalb Stunden zum Mond und zurück. Doch selbst bei einer solch atemberaubenden Geschwindigkeit wird diese Sonde nur 0,064 Prozent (ein Fünfzehntel eines Prozents) der Lichtgeschwindigkeit erreichen – hoffnungslos langsam für ein Vorhaben außerhalb des Sonnensystems. Könnte sich das Raumschiff irgendwie aus der Schwerkraft der Sonne befreien (was es nicht kann), würde es immer noch 6000 Jahre brauchen, um Alpha Centauri zu erreichen (das vier Lichtjahre entfernte, der Sonne am nächsten gelegene Sternensystem). Nimmt man noch ein paar Menschen, das Nötigste und das absolute Minimum an Raketentreibstoff hinzu, um unser Pilger-Raumschiff auf den Weg zu bringen, würde sich seine Geschwindigkeit rasch um mehrere Größenordnungen verringern. Wenn sich unser Raumschiff mit der gleichen Geschwindigkeit wie die Internationale Raumstation bewegt – etwa acht Kilometer pro Sekunde –, dann dauert eine Reise über eine Entfernung von vier Lichtjahren etwa 150 000 Jahre.

Was soll eine raumfahrende Spezies tun?

Wenn man von der Hoffnung auf Zeitreisen oder durch Wurmlöcher absieht, dann ist die einzige Möglichkeit, ferne Welten physisch zu besuchen, ein Raumschiff, genau genommen eine Art Raumarche, auf dem mehrere Generationen von Menschen leben und aufeinander folgen können, und das während dieser langen Reise auf Kurs gehalten werden kann.

Die einzige Möglichkeit, ferne Welten physisch zu besuchen, ist ein Raumschiff, genau genommen eine Art **Raumarche,** auf dem mehrere Generationen von Menschen leben und aufeinander folgen können, und das während dieser langen Reise auf Kurs gehalten werden kann.

Wir könnten die Dauer der Reise verkürzen, indem wir unsere Geschwindigkeit erhöhen und unsere Ambitionen von zehn Lichtjahren Entfernung auf ein Jahr reduzieren. Aber selbst dann müssen wir immer noch Zehntausende von Jahren durch den weiten Ozean des Weltraums navigieren. Pioneer, Voyager und New Horizons – die schwankenden oder hüpfenden Korken der Menschheit, die im interstellaren Meer treiben – haben alle mehrere komplizierte Manöver zur Unterstützung der Schwerkraft durchgeführt, um den Klauen der unaufhörlichen Schwerkraft der Sonne zu entkommen. Um eine große Station, die komfortabel genug ist, um Generationen harmonisch miteinander lebender Menschen zu versorgen und durch den interstellaren Raum zu transportieren, reicht chemischer Raketentreibstoff nicht aus.

Die frühe Science-Fiction stellte sich eine Welt mit fliegenden Autos und Hoverboards vor, die von einer unbegrenzten Energiequelle angetrieben werden. Aber sie haben sich geirrt. Energie ist nach wie vor der begrenzende

Faktor für die meisten der von uns erdachten Technologien. Angesichts des unvorhersehbaren Anstiegs und Falls der Gaspreise, der Stromausfälle und der Klimaveränderungen bleiben wir vorerst von nicht erneuerbaren Ressourcen abhängig. Angesichts solcher wirtschaftlicher, ökologischer und technologischer Beschränkungen kann selbst eine Reise zum Mars unerreichbar erscheinen.

Moderne Science-Fiction-Autoren haben die Kernenergie als Treibstoff für die interstellaren Abenteuer unserer Spezies ins Spiel gebracht. Die Nutzung der Kraft der Spaltung oder Verbindung von Atomkernen könnte die Dauer einer Reise hypothetisch um Größenordnungen verkürzen. Die Kernspaltung spaltet schwere Atomkerne und erzeugt dabei die verheerende Energie, die in Atombomben verwendet wird. Bei der Fusion hingegen werden Atome mit anderen Kernen verbunden, anstatt sie zu spalten.

Im Kern der Sonne findet ständig Kernfusion statt: Unter extremem Druck verschmelzen zwei Atomkerne, dabei entstehen schwerere Elemente und als Nebenprodukt werden enorme Mengen an Energie freigesetzt. Die Kernfusion ist viermal effizienter als die Kernspaltung und vier Millionen

Ein vom Princeton Plasma Physics Laboratory (PPPL) des US-Energieministeriums entwickeltes Konzept eines Fusionsreaktors oder eines Plasmastrahlers mit magnetischer Rückkoppelung

Ein Entwurf eines Generationenraumschiffes, das mit allem ausgestattet ist, was die Menschheit für eine Reise in die Tiefen des Kosmos benötigen würde

Mal effizienter als die Verbrennung fossiler Brennstoffe. Eine mehrstufige Rakete, die durch Kernfusion angetrieben wird (die eines Tages auch unsere Kernkraftwerke antreiben könnte), könnte die Menschen auf satte 10 Prozent der Lichtgeschwindigkeit oder noch schneller bringen.

Wir wissen, dass die unnachgiebige Tyrannei der Raketengrundgleichung – die besagt, dass man immer mehr Treibstoff verbrennen muss, um das Gewicht des Treibstoffs zu tragen, den man in Zukunft verbrennen möchte (siehe Seiten 74–78) – das erste große Hindernis für die menschliche Raumfahrt darstellt, sei es zum Mond, zum Mars oder darüber hinaus. Aber nehmen wir einmal an, wir hätten diese Hürde überwunden und ein Raumschiff erfunden, das groß genug und mit einem Motor ausgestattet ist, der wiederum stark und effizient genug ist, um Menschen bequem zwischen Planeten und Sternen auf mehrjährige, generationenübergreifende Reisen zu senden. Welche Hindernisse könnten diesen Raumfahrern begegnen?

Eine interstellare Arche stellt die ultimative Überwindung fast aller Schwierigkeiten dar, mit denen auch die Erdbewohner heute kollektiv konfrontiert sind, angefangen bei einem selbsttragenden, gerechten Nahrungsmittelsystem bis hin zum psychologischen Wohlbefinden. Selbst eine Marskolonie hätte Schwierigkeiten, wirklich autark zu werden. Es wäre eine außerordentliche Leistung, die Verbindung zur Erde komplett abzubrechen. Raumschiffe können nicht nach neuen Ressourcen suchen, deswegen müsste alles wiederverwendet werden und die vorhandenen Ressourcen müssten für Generationen ausreichen. Die Metalle, Kunststoffe und Drähte, die Ihren Lebensraum zusammenhalten, würden irgendwann repariert werden müssen. Das Hemd auf Ihrem Rücken würde nur eine bestimmte Anzahl von Jahren halten, bevor die Fäden zerschlissen wären. Die Medizin und die Nahrung, die Sie dort oben versorgten, stammten alle direkt und indirekt aus den lebensspendenden Systemen der Erde.

Die kompliziertesten Herausforderungen wären jedoch nicht materieller Art. Welches politische System würde Frieden und Gerechtigkeit gewährleisten unter allen Einwohnern? Könnten ganze Generationen von Menschen ihr Leben lang leben, nur um dann zu sterben, ohne die Früchte ihrer Arbeit zu sehen – auch in dem Wissen, dass ihre Kinder sie ebenfalls nicht sehen werden? Wäre diese Reise zum Planeten B zur Stillung der Neugierde einer bedrohten Art angemessen? Und ist es überhaupt ethisch vertretbar, die Geburt einer Generation in Erwägung zu ziehen, die in einer von ihrem Heimatplaneten abgeschnittenen Gesellschaft lebt und stirbt, ohne eine andere Wahl zu haben, als durchzuhalten?

Aber sind das nicht auch genau die Fragen, die uns alle hier unten auf der Erde beschäftigen? Wenn wir alle Probleme lösen könnten, mit denen die Gesellschaft eines Generationenraumschiffs konfrontiert sein könnte, dann bräuchten wir gar nicht erst zu einem Planeten B aufzubrechen. Nach dem heutigen Stand der Wissenschaft ist die Erde eine isolierte Welt, allein im Universum, gefangen in einer Umlaufbahn um unsere Sonne für Milliarden von Jahren, ohne die Möglichkeit, die Vorräte an Nahrung, Medizin oder Luft aufzufüllen, die wir verbrauchen oder zerstören. Wenn wir auf dieser Welt unsere Probleme nicht in den Griff kriegen, wo wir sicher wissen, dass unser Versagen die Vernichtung der Menschheit bedeuten könnte, warum glauben wir dann, dass wir uns da draußen, einsam in den Weiten des Weltraums, anders verhielten?

WISSENSCHAFT À LA HOLLYWOOD

TOD DURCH VAKUUM

Was würde wirklich passieren, wenn ein Mensch das Weltall erkundete ohne schützenden Raumanzug? In dem Film *Mission to Mars* (2000) müssen Commander Woody Blake und seine Crew ihr Raumschiff evakuieren. Inmitten dieses Tumultes wird Commander Woody aus dem Schiff ins dunkle Unbekannte geschleudert. Um zu verhindern, dass seine Frau ihr Leben riskiert, um ihn zu retten, nimmt er seinen Helm ab und setzt sein Gesicht, seinen Kopf und seinen Körper dem unbarmherzigen Vakuum des Weltraums aus. Sekunden später sehen wir einen unbestreitbar toten Woody, dessen Gesicht und Augäpfel starr gefroren sind. Es ist eine heroische Szene, gleichermaßen grausam und erschütternd. Auch in Wirklichkeit würde er sterben - jedoch nicht durch schockgefrieren. Hier ein paar Fakten, wie ein Tod durch Vakuum wirklich aussehen würde:

1. Geplatzte Lunge und Erstickung

Hätte Woody vor dem Abnehmen des Helms die Luft angehalten, würde er als Erstes spüren, wie seine Lungen platzen, denn alle Gase in seinem Körper, auch die in seinen Eingeweiden, würden sofort in den Bereich mit geringerer Dichte um ihn herum entweichen.

Angenommen unser Kommandant hat vollständig ausgeatmet, bevor er seinen Helm abnahm: Unser Gehirn wird durch stärker sauerstoffhaltiges Blut aus der Lunge mit Sauerstoff versorgt. Woodys Körper hätte nach 15 Sekunden den gesamten, in seinem Blut gespeicherten Sauerstoff verbraucht, und das sauerstoffarme Blut, das nun zu seinem Gehirn fließt, würde ihn bewusstlos machen. Er wäre jedoch immer noch nicht tot und schon gar nicht erfroren.

2. Kochendes Blut

In einer Umgebung mit niedrigerem Druck sind die Siedetemperaturen von Wasser viel niedriger, wie wir bei dem Gedankenexperiment zum Tripelpunkt auf dem Mars gesehen haben (siehe Seite 132). Im Vakuum des Weltraums beginnen die Gase in unserem Blut zu sieden, wodurch unser Körper anschwillt - allerdings nicht so stark, dass unsere Augen aus den Augenhöhlen fallen, wie es in

Total Recall zu sehen ist. Der Speichel würde direkt auf Commander Woodys Zunge kochen, und seine Augenkapillaren würden zu platzen beginnen. Nach ein paar Minuten würde er wahrscheinlich an Sauerstoffmangel sterben.

3. Sonnenbrand

Ohne Helm wäre Woodys Gesicht nicht vor Sonnenlicht geschützt. Wenn er sich nicht in einer sehr schattigen Region befindet, etwa hinter einem Raumschiff oder einem Planeten, würde seine Haut verbrennen, und zwar nicht vor Hitze, sondern von einer hohen Dosis der schädlichen ultravioletten Strahlen der Sonne.

4. Gefrieren

Als Allerletztes würde Woodys Leiche gefrieren, aber nur, wenn sie sich nicht zu nahe an einer Wärmequelle wie einem Stern, befindet. Im Laufe von ein oder zwei Tagen würde der Körper des Commanders starr gefrieren. Der nun perfekt erhaltene, sonnenverbrannte, blutunterlaufene und aufgedunsene Körper würde im Weltraum verbleiben und langsam der Schwerkraft des Objekts erliegen, in dessen Nähe er gerade seinen Helm abnahm.

Einer der berühmtesten Science-Fiction-Filme aller Zeiten ist Stanley Kubricks *2001: Odyssee im Weltraum* aus dem Jahr 1968, der auf früheren Geschichten von Arthur C. Clarke basiert. Im Vergleich zu *Mission to Mars* enthält *2001* eine weitaus realistischere Darstellung, was mit einem ungeschützten, menschlichen Körper im Weltraum passieren kann. Das bösartige Programm der künstlichen Intelligenz (KI) namens HAL 9000 (Heuristisch programmierter ALgorithmischer Computer) versucht, den Protagonisten aus dem Raumschiff auszusperren, und zwingt ihn, ohne Helm in die drucklose Luftschleuse zu springen und den Luftdruckhebel zu betätigen, während er dem Vakuum des Weltraums ausgesetzt ist. Die Szene dauert genau 14 Sekunden (in wissenschaftlich absolut korrekter Stille), gerade genug Zeit für unseren Protagonisten, um die Bewusstlosigkeit zu vermeiden und sich zu retten.

Vielleicht bräuchte er in Wirklichkeit mehr Zeit, um sich zu erholen, als dies der Film zulässt, aber er überlebt und ist nicht sofort eingefroren, explodiert oder verdampft.

Sie fragen sich vielleicht, warum wir nicht einfach eine Armada von Robotern losschicken, um an unserer Stelle andere Welten zu erkunden. Immerhin können sie unbelastet von menschlichen Bedürfnissen oder Emotionen reisen, ohne den Transport von Vorräten, der zur Befriedigung dieser Bedürfnisse erforderlich ist. Die Antwort ist, dass der Mensch, zumindest im Moment, besser in der Wissenschaft ist. Selbst wenn es der künstlichen Intelligenz gelingen sollte, unsere Vorherrschaft zu übernehmen, könnte der Beruf des Wissenschaftlers (und vielleicht auch der des Komikers) einer der letzten sein, den der Mensch noch ausübt.

Selbst nach jahrzehntelanger Erkundung der Marsoberfläche durch fünf Rover und einen Hubschrauber, die jeweils mit zahlreichen Experimenten und Werkzeugen zur Erkundung ihrer Umgebung ausgestattet sind, können wir immer noch nicht ausschließen, dass sich irgendwo auf dem roten Planeten außerirdisches Leben versteckt. Der Mensch hingegen könnte in Sekunden oder Minuten erreichen, was ein Rover in Tagen, Wochen oder niemals schafft. Wir können Probleme kreativ lösen, und zwar mit einem Maß an geistigem Geschick, von dem Roboter nur träumen können. Und wahrscheinlich träumen sie gar nicht.

Selbst wenn wir die Robotik weiterentwickeln können, um den perfekten Androiden zu schaffen – etwas, das menschliche Fähigkeiten nachahmen und kreatives Denken imitieren kann –, bleibt der Forscherdrang fest in der menschlichen Psyche verankert, so wie das schon seit Menschengedenken war. Wenn die robotergestützte Erkundung diesen Drang befriedigen könnte, warum sind wir dann so entschlossen, Kolonien auf dem Mond und dem Mars zu errichten? Warum investieren wir weiterhin Milliarden von Dollar in neuere und leistungsfähigere Fernrohre, mit denen wir vielleicht ein bisschen weiter sehen können als bisher? Was treibt uns dazu, die Grenzen unserer menschlichen Unwissenheit bis an den Rand des Universums und darüber hinaus auszudehnen?

Edwin Hubble beschreibt dieses Bedürfnis 1936 in seinem Buch *Das Reich der Nebel*:

> »So enden unsere Forschungsreisen im Raum mit einem Fragezeichen. Aber wie könnte es auch anders sein? [...] Unsere unmittelbare Nachbarschaft kennen wir einigermaßen genau. Mit zunehmender

Ein kosmisches Meer aus wirbelndem Gas und Staub in der Großen Magellanschen Wolke, einer der Satellitengalaxien der Milchstraße, aufgenommen vom Hubble-Weltraumteleskop

> Entfernung aber verblaßt unser Wissen – und es verblaßt sehr schnell. Schließlich stehen wir an der im letzten blaßen Schein verschwimmenden Grenze – der äußersten Reichweite unserer Fernrohre. Was wir dort messen, sind nur noch Schatten, und inmitten gespenstischer Meßfehler sucht unser Auge nach Meilensteinen, die kaum wirklicher sind als jene.«

Eine notwendige Folge von Erforschung und Entdeckung ist in der Tat die sich immer weiter ausdehnende Grenze der Unwissenheit, die das, was wir wissen, von dem trennt, was noch zu entdecken ist. Wir sind bereits tief in unser Universum eingedrungen – haben vieles darin entdeckt, auch in dem nicht ganz so leeren Raum darin –, aber das, was direkt vor unserer Haustür liegt, ist ein Wilder Westen an Wundern, der neben anderen Merkwürdigkeiten auch die Frage beinhaltet, ob wir ein simuliertes Universum bewohnen und ob unser Universum nur eines unter unendlich vielen anderen in einem Multiversum ist. Die Rätsel werden immer zahlreicher, und die Grenze zum Unbekannten nimmt kein Ende.

Die Reise im Kosmos geht weiter.

TEIL 4

BIS ZUR UNENDLICHKEIT UND NOCH VIEL WEITER

»Niemals in der Geschichte der Wissenschaft hat es eine Periode gegeben, in der neue Theorien und Hypothesen entstanden, gediehen und so schnell wieder verworfen wurden, wie in den letzten fünfzehn oder zwanzig Jahren.«

Willem de Sitter, 1932

Kosmische Entdeckungen in den drei Jahrhunderten nach Galileis bahnbrechenden Beobachtungen des Universums haben die egozentrische Weltanschauung der Menschheit immer weiter demontiert. Im 20. Jahrhundert, als Einstein seine neuen Theorien über das Universum vorstellte, erweiterte sich unsere Realität um eine komplett neue Dimension: die Zeit. Das Universum wurde zu einem wogenden Meer ungeahnter neuer Möglichkeiten, Fragen und Rätsel. Neue Realitäten, neue Dimensionen und vielleicht sogar neue Universen entstanden vor unseren Augen. Schnallen Sie sich gut an, denn im letzten Abschnitt dieser Entdeckungsreise hinaus in die Weiten des Kosmos tauchen wir ein in die Strudel schwarzer Löcher, in denen sich Raum und Zeit bis zur Unkenntlichkeit biegen und verzerren. Wir reisen in die Vergangenheit und in die Zukunft; wir bewegen uns mit Geschwindigkeiten schneller als das Licht; und wir erkennen, so weit unser menschliches Bewusstsein uns tragen kann, was es bedeutet, bis zur Unendlichkeit und noch viel weiter zu reisen.

Aus der Relativitätstheorie ging ein Kosmos hervor, der sich wie ein Stoffgewebe windet, krümmt und kräuselt, in dem Schwerkraft und Geschwindigkeit den Verlauf der Zeit verändern. Doch nach der Relativitätstheorie befindet sich der Kosmos zudem in ständiger Bewegung – mit einem klaren Anfang, aber keinem klaren Ende. Diese Implikationen waren weder am Anfang ersichtlich noch wurden sie akzeptiert, insbesondere von Einstein selbst. Es schien so offensichtlich, dass das Universum ein konstantes, unveränderliches, ewiges Gebilde war, dass Einstein, selbst angesichts

Seite 236: Die Entstehung junger Sterne in den atemberaubenden Säulen der Schöpfung, gesehen durch die Nah-Infrarotlicht-Ansicht des James-Webb-Weltraumteleskops

Seite 234: Ein genialer Schöpfungsmoment: der Urknall, eine mögliche Version in eindrucksvollen Rot- und Goldtönen gegenteiliger mathematischer Anzeichen, einen Term in seine Gleichungen aufnahm, der sie in Übereinstimmung brachte mit demjenigen Universum, dessen Eigenschaften er bereits angenommen hatte.

Er nannte ihn die kosmologische Konstante. Man könnte dies als einen Bestätigungsfehler bezeichnen. Stattdessen wurde er bekannt als Einsteins größter Schnitzer, er selbst nannte ihn seine »größte Eselei«.

Lange bevor Edwin Hubble und Georges Lemaître zeigten, dass sich das Universum ausdehnt – was voraussetzte, dass es vor langer, langer Zeit einen Anfang gab, der heute als Urknall bezeichnet wird –, gab es in vielen Kulturen der Welt bereits die Vorstellung, dass das Universum einen Schöpfungsmoment erlebte. So steht es in den religiösen Texten. Nahezu jeder Glaube enthält einen eigenen Schöpfungsmythos. Das Buch Genesis, das von allen drei abrahamitischen Religionen (Judentum, Christentum und Islam) als heiliger Text angesehen wird, beginnt passenderweise mit den Worten »Am Anfang war …«, dann folgt die Beschreibung der Schöpfung, wonach Gott Himmel und Erde in sechs Tagen erschaffen hat. In den buddhistischen und jainistischen Religionen durchläuft das Universum ewige Zyklen von Schöpfung und Zerstörung. Der Hinduismus lehrt, dass unsere Welt vor etwa vier Milliarden Jahren entstanden ist, und ist damit vielleicht die einzige bekannte Religion, die sich das Universum in Zeiträumen vorstellt, die mit der modernen Kosmologie vereinbar sind.

Wäre Einstein Hindu gewesen, wäre es ihm vielleicht leichter gefallen, ein nicht statisches Universum zu akzeptieren, eines, das beginnen und enden und sich auf dem Weg dorthin verändern kann. Soweit die Historiker dies beurteilen können, war Einsteins Denken jedoch nicht durch die Lehren religiöser Texte eingeschränkt oder motiviert.

Im 19. Jahrhundert, als sich Biologen, Geologen, Astronomen und Theologen noch über das Alter der Erde stritten, wurde diese Debatte getrennt von den Überlegungen zum kosmischen Ursprung geführt. Selbst wenn die Erde einen bestimmten Geburtstag hätte, so wurde behauptet, käme nichts aus dem Nichts. Das Universum muss schon immer da gewesen sein – ein unendlicher, zeitloser Ort, an dem Menschen, Sterne und Planeten und alle Dinge geboren werden. Es gab keinerlei Hinweise auf etwas anderes. Allein der Gedanke daran war nichts als ein Fiebertraum, ein Hirngespinst, losgelöst von jeder vernünftigen oder philosophischen Vernunft.

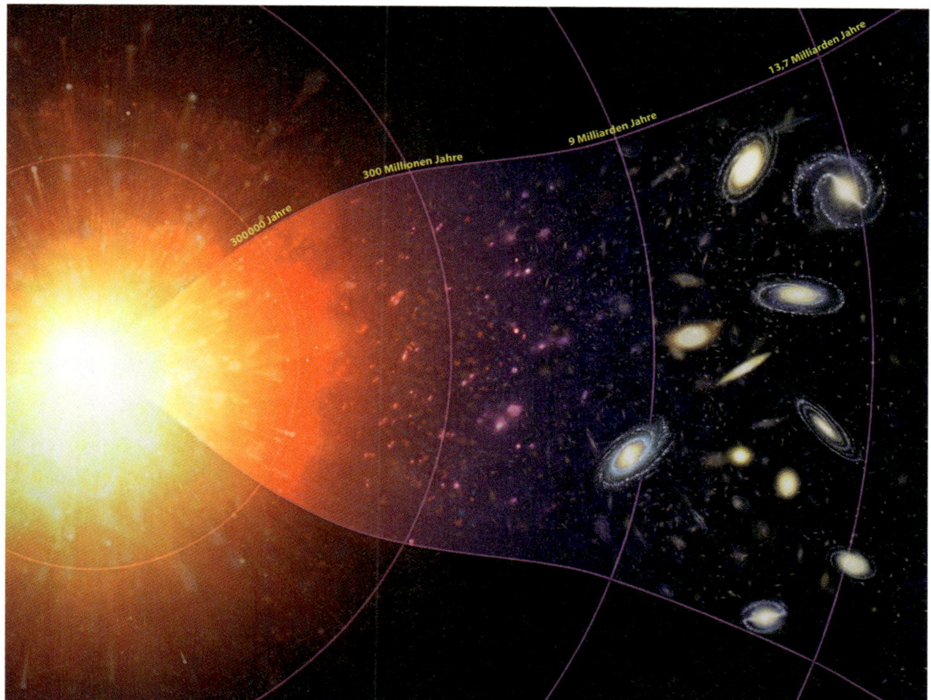

Es sind etwa 14 Milliarden Jahre vergangen, seit der Urknall (ganz links) das bekannte Universum ins Leben katapultierte, hier dargestellt von den Anfängen bis zum heutigen Tag

Basierend auf der Vorstellung von einem statischen Universum, das fest in seinem Weltbild verankert war, entwickelte Einstein seine allgemeine Relativitätstheorie. Diese wandte er dann auf das Universum als Ganzes an. Sein 1917 veröffentlichter Aufsatz »Kosmologische Überlegungen zur Allgemeinen Relativitätstheorie« gründet auf seiner Annahme eines statischen Universums, obwohl seine eigenen Gleichungen die beunruhigende Wahrheit eines instabilen, veränderlichen Universums offenbaren. Wie ein Ball, der auf dem höchsten Punkt eines Hügels balanciert und jederzeit in die eine oder die andere Richtung rollen kann, war das gesamte Universum entweder am Expandieren oder Kontrahieren. Jede dieser beiden Optionen würde zum endgültigen Untergang führen – ein durch und durch unhaltbares Ergebnis, wenn man alles bedenkt, was die Physiker zu dieser Zeit aktiv oder passiv dachten. Und so fügte Einstein einen Antigravitationsterm in seine Gleichungen ein – einen kosmologischen Türstopper –, um die Dinge auszugleichen. Und siehe da, man erhielt ein unveränderliches, zeitloses Universum.

WISSENSCHAFTSGESCHICHTE

DAS ALTER DER ERDE

Im 17. Jahrhundert, als die wissenschaftliche Revolution, das Zeitalter der Aufklärung, noch in den Kinderschuhen steckte, galten die heiligen Bücher für jüdische und christliche Gläubige immer noch als ultimative Quelle der Wahrheit. Die bevorzugte Methode ihrer Theologen zur Bestimmung des Alters der Erde bestand darin, die im Alten Testament aufgezeichneten Generationen, also »X, Sohn des Y« der alten Stammbäume zu zählen. Ein irischer Geistlicher aus dem 17. Jahrhundert, James Ussher, kam durch die Addition der biblischen Geburtstage und Lebensspannen zu einem präzisen Schöpfungsdatum, nämlich dem 23. Oktober 4004 v. Chr. Andere legten das Datum etwa ein Jahrtausend früher fest. Man glaubte, sechs- oder siebentausend Jahre müssten eine ausreichend lange Zeit sein für die Entstehung aller Planeten am Himmel und um die gesamte mündlich überlieferte Geschichte durchlaufen zu können. Damals dachte kein christlicher Philosoph oder Theologe daran, dass das Universum Millionen oder gar Milliarden Jahre alt sein könnte.

Zwei Jahrhunderte später enthüllten die aufkommenden Disziplinen der Geologie und Biologie eine Erde und damit ein Universum, das eine viel längere Zeitspanne zur Entstehung benötigte, als man sich zuvor vorgestellt hatte. Die gängige geologische Ansicht war im Gegensatz zu religiösen Vorstellungen, dass die Erde unendlich alt sei - dass sie, wie der schottische Geologe James Hutton im 18. Jahrhundert feststellte, »keine Spur eines Anfangs, keine Aussicht auf ein Ende« habe.

In den späten 1840er-Jahren hatte der junge britische Physiker William Thomson, der fünf Jahrzehnte später der berühmte Lord Kelvin werden sollte, die grundlegenden Gesetze der Thermodynamik aufgestellt, die sich mit dem Verhalten von Wärme und der Bewegung von Energie von einem Ort oder einem System zu einem anderen befassen. Auf der Grundlage seiner eigenen Berechnungen, die er aus der Masse, der Oberflächentemperatur und der Gesamtenergieabgabe der Sonne ableitete - und in Unkenntnis der Tatsache, dass sich in ihrem Kern ein thermonuklearer Ofen befindet -, nahm er an, dass die Sonne ein langsam abkühlender, schrumpfender Gasball sei, und schätzte ihr Alter auf mindestens 20 Millionen Jahre. Und da die Erde nicht älter als die Sonne sein konnte, musste die Erde entweder genauso alt oder jünger sein.

Diese Millionen von Jahren waren eine lästige Zeitspanne: viel zu lang, um religiöse Fundamentalisten zufriedenzustellen, und gleichzeitig viel zu kurz, um sich mit geologischen Daten vereinbaren zu lassen. Um die Gemüter weiter zu erhitzen, veröffentlichte Charles Darwin 1859 sein Buch *Über die Entstehung der Arten*, in dem er zugunsten einer langsamen Entwicklung der Tiere und Pflanzen durch natürliche Selektion argumentierte. Diese Vorstellung, zusammen mit geologischen Beobachtungen, erforderte nun eine ältere Erde. Jahrzehntelang tobten Debatten unter Physikern, Geologen und Biologen. Da die Physik die anmaßendste aller Wissenschaften ist und Lord Kelvin der leuchtende Stern dieser Ära war, setzte sich seine Meinung durch. Sogar der amerikanische Schriftsteller Mark Twain trug zu dieser Wertschätzung bei. »Da Lord Kelvin die höchste lebende Autorität in der Wissenschaft ist«, äußerte er, »denke ich, dass wir uns ihm beugen und seine Ansicht akzeptieren sollten.«

Im späten 19. Jahrhundert entdeckte die in Polen geborene, französische Physikerin und Chemikerin Marie Curie (unten rechts, um 1920) die Radioaktivität, die die Kernphysik und das Handwerk der radiometrischen Altersbestimmung anhand des Zerfalls von Isotopen begründete. Das Alter bestimmter instabiler Elemente in Gesteinen und Fossilien konnte nun bestimmt werden, indem man untersuchte, welcher Anteil von ihnen zu einem anderen Element zerfallen war. Dies revolutionierte die geologische Datierung und ergab ein Alter der Erde und vermutlich auch der Sonne von etwa 4,5 Milliarden Jahren. Heute wissen wir, dass die Sonne durch thermonukleare Fusion Milliarden Jahre »brennen« kann und noch weitere Milliarden Jahre brennen wird. Danken wir also Marie Curie, der einzigen Person, die jemals einen Nobelpreis in zwei verschiedenen wissenschaftlichen Disziplinen erhalten hat, dafür, dass sie diese hitzige Debatte bereichert und schließlich beendet hat.

Fünf Jahre später, im Jahr 1922, schlug der russische Mathematiker Aleksandr Friedmann vor, Einstein solle doch ein dynamisches Universum zumindest in Erwägung ziehen. Einstein lehnte die Idee zunächst ab. Doch Friedmann blieb hartnäckig und schrieb direkt an Einstein: »Da die mögliche Existenz einer nicht stationären Welt von gewissem Interesse ist, erlaube ich mir, Ihnen hier die von mir durchgeführten Berechnungen vorzustellen.« Einige Monate später lenkte Einstein in der gleichen Zeitschrift ein, die Friedmanns Berechnungen veröffentlicht hatte. Er räumte ein, dass die Berechnungen zwar immer noch seine eigene Annahme eines statischen Universums zuließen, dass aber auch ein dynamisches Universum möglich sei, und schrieb: »Ich bin der Meinung, dass die Ergebnisse von Herrn Friedmann richtig sind und ein neues Licht werfen.«

Fünf Jahre später veröffentlichte Lemaître, der unabhängig von Friedmann arbeitete, seine eigenen Herleitungen für ein expandierendes Universum. Einstein wies diese These vehement zurück und nannte Lemaîtres Physik angeblich »abscheulich«.

1929 stellte Edwin Hubble die vorhandenen Beobachtungsdaten zusammen und kam zu dem Schluss, dass sich die Galaxien von der Erde entfernen, und zwar umso schneller, je weiter sie entfernt sind. Schließlich kapitulierte Einstein 1931 vollständig und gab zu: »Die Rotverschiebung ferner Nebel hat meine alte Konstruktion wie mit einem Hammerschlag zertrümmert.« Auf diese Weise gibt ein hochgebildeter Wissenschaftler zu, dass er sich geirrt hat.

Aus diesem neuen Kosmos ergaben sich neue Fragen: Wenn sich das Universum ausdehnt, dann war es gestern kleiner als heute. Könnte das Universum mit einer einzigen Explosion begonnen haben? An einem bestimmten Ort und zu einer bestimmten Zeit? Und wenn ja, wie alt ist es? Wie groß ist es?

Die genaue Geschwindigkeit, mit der sich Galaxien voneinander entfernen, wie sie zuerst von Hubble gemessen und später von anderen verfeinert wurde, wird als Hubble-Konstante bezeichnet (dargestellt als H_0). Wenn wir davon ausgehen, dass das Universum immer dieselbe Expansionsgeschwindigkeit beibehalten hat, dann können wir sie praktisch umkehren und mit dieser Messung ungefähr vorhersagen, wie lange es her sein muss, dass die gesamte Materie auf engstem Raum konzentriert war.

WISSENSCHAFTSGESCHICHTE

ALS MAN DEN URKNALL FÜR EINEN DURCHGEKNALLTEN SCHERZ HIELT

Für den englischen Astrophysiker Fred Hoyle waren in den 1940er-Jahren zwei Dinge glasklar: Das Universum dehnt sich aus, und das Universum kann nicht jünger als die Erde sein. Ein ganzes Universum, schlussfolgerte er, kann unmöglich aus dem Nichts geschaffen worden sein. Um all diese Annahmen unter einen Hut zu bringen, vertrat er ein brandneues Konzept, die sogenannte Steady-State-Theorie (Gleichgewichtstheorie), in der das expandierende Universum unendlich und alterslos ist und im Durchschnitt immer gleich aussieht. Doch wie kann sich etwas ständig ausdehnen und trotzdem immer gleich aussehen?

Um dieses Problem zu lösen, stellte Hoyle die Hypothese auf, dass die Materie in einem im Gleichgewicht befindlichen Universum spontan, kontinuierlich und homogen erzeugt wird und dass die Energie, die bei der Erzeugung freigesetzt wird, die Galaxien auseinandertreibt. Die spontan entstandene Materie verschmilzt langsam und bildet neue Sterne und Galaxien. Auf diese Weise wird der statistische Gleichgewichtszustand aller Objekte und Phänomene im gesamten Universum und in unendlicher Zeit aufrechterhalten. Obwohl Hoyle die Art und Weise, wie die Materie entsteht, nie erklärte, fand er seine Idee viel plausibler als »die Hypothese, dass die gesamte Materie des Universums in einem einzigen ›Big Bang‹ oder Urknall zu einem bestimmten Zeitpunkt in der fernen Vergangenheit entstanden ist«, wie er es 1949 in einer BBC-Radiosendung spöttisch beschrieb.

Hoyles sarkastischer Spitzname für die Theorie seiner Gegner blieb hängen – und so erhielt der »Big Bang« beziehungsweise der Urknall seinen Namen.

Alles, was man braucht, um das Alter unseres Universums zu bestimmen, ist der Wert der Hubble-Konstante – falls es sich tatsächlich um eine Konstante handelt – und einige bekannte Entfernungen zu anderen Galaxien. Mit ein bisschen Bierdeckel-Rechnen kommt man auf das Alter des Universums. Mit diesen Daten verfolgte Edwin Hubble die Schritte des Universums zurück, bis zu einem singulären Punkt vor weniger als zwei Milliarden Jahren.

Zur Zeit Hubbles verlangten die Geologen jedoch, dass die Erde mindestens drei Milliarden Jahre alt sein müsse, um das zu erklären, was sie in Steinen fanden. Offensichtlich lag einer von beiden falsch. Hubbles zwei Milliarden Jahre altes Universum rief in der geologischen Gemeinschaft Spott hervor und weckte Erinnerungen an die Erdzeitalter-Klatsche der vergangenen Jahrzehnte. Die Geologen wussten mit größerer Genauigkeit, was die Erdkruste aussagte, aber was war dann mit dem expandierenden Universum? Das verwirrende Rätsel des Alters des Kosmos blieb noch einige Jahrzehnte bestehen und rief in der Zwischenzeit interessante neue Fragen und Vermutungen hervor.

> Alles, was man braucht, um das Alter unseres Universums zu bestimmen, ist der Wert der **Hubble-Konstante …** und einige bekannte Entfernungen zu anderen Galaxien. Mit ein bisschen Bierdeckel-Rechnen kommt man auf das **Alter des Universums.**

1952 trug der deutsche Astronom Walter Baade, der in den Vereinigten Staaten arbeitete, dazu bei, die Spannungen zwischen dem Astro- und dem Geo-Lager zu verringern, indem er ein Rätsel entschlüsselte, das in einer bestimmten Art von Stern verborgen war. Diese Entdeckung verdoppelte sowohl die Größe des Universums als auch sein Alter.

Hubble hatte die Entfernungen zu nahe gelegenen Galaxien mit der Methode der Perioden-Leuchtkraft-Beziehung berechnet, einem kosmischen Maßstab, den die amerikanische Astrophysikerin Henrietta Leavitt in den frühen 1910er-Jahren während ihrer Arbeit als menschlicher Computer in Harvard erfand. Leavitt wurde beauftragt, pulsierende Sterne zu katalogisieren, Sterne, deren Helligkeit periodisch schwankt. Im Sternbild Cepheus entdeckte sie eine Kategorie periodisch veränderlicher Sterne, die heute als Cepheiden bekannt sind und deren Aufhellungs- und Abschwächungsmuster in direktem Zusammenhang zu ihrer Leuchtkraft stehen (das heißt mit ihrer eigenen Helligkeit oder absoluten Größe). Diese Entdeckung ermöglicht es, die Leuchtkraft veränderlicher Sterne durch die Zeitmessung ihres Zyklus zu bestimmen. Sobald man die Leuchtkraft eines untersuchten Objekts kennt, misst man seine scheinbare Helligkeit (also wie hell es, von der eigenen Position betrachtet aus, aussieht), dann wendet man eine einfache algebraische Gleichung an – und erhält die Entfernung zu diesem Objekt. Mit dieser Formel entdeckte Leavitt, wie man die Entfernung von der Erde zu vielen Objekten innerhalb der Milchstraße und sogar zu anderen Galaxien schätzen kann.

Für Edwin Hubble war diese einfache, brillante Methode ein wichtiger Schlüssel zur Erklärung von Millionen von Lichtjahren entfernten Galaxien. Doch nach einem Jahrzehnt sorgfältiger Beobachtungen stellte Walter Baade fest, dass es nicht nur eine, sondern zwei Arten von Cepheiden-Variablen gibt und dass dank der zweiten Art die weit entfernten Galaxien doppelt so weit von der Milchstraße entfernt sind, wie man bisher angenommen hatte. Mit der Verdopplung der Entfernungen verdoppelte sich nun auch das Alter des Universums – auf fast vier Milliarden Jahre. Die aktualisierte Zahl stellte Geologen und Astrophysiker gleichermaßen zufrieden.

Aber wir sind noch nicht fertig mit dem Verfeinern.

Einige Jahre später erhöhte der amerikanische Astrophysiker Allan Sandage, ein Assistent von Hubble und Schüler von Baade, das Alter des Universums auf 5,5 Milliarden Jahre, als er feststellte, dass einige der hellsten gemessenen Galaxien gar keine Galaxien waren, sondern eher Wasserstoffwolken. Nach Hubbles Tod im Jahr 1953 verfeinerte Sandage die Hubble-Konstante und erhöhte das Alter des Universums weiter auf etwa 10 Milliarden Jahre – viel näher an unserer heutigen Schätzung von 13,8 Milliarden Jahren.

Während all dieser Entwicklungen hat Fred Hoyle sein Modell eines alterslosen, stationären, gleichförmigen Universums nie aufgegeben, ein Modell, das mit dem Urknall von Lemaître unvereinbar ist. Jahrzehntelang blieben diese beiden Hypothesen heftig umstritten. Tragischerweise starb Lemaître zwei Jahre vor einer zufälligen Entdeckung, die seine Theorie schließlich eindeutig bestätigte.

Im Jahr 1964 haben die amerikanischen Physiker Arno Penzias und Robert Wilson rein zufällig die Temperatur des Kosmos gemessen. Während ihrer Arbeit in den Bell Telephone Laboratories in New Jersey sollten die beiden Mikrowellenemissionen aufspüren und beseitigen, die die neu entstehenden Kommunikationssatelliten stören könnten. Ihre Geräte empfingen ein schwaches, merkwürdiges Rauschen, das zu jeder Tages- und Nacht-

zeit aus allen Himmelsrichtungen messbar war. Im Laufe der Monate, als die Erde die Sonne umkreiste, blieb das Störgeräusch bestehen. Heute wissen wir, dass dieses Signal das älteste ist, das wir je in unserem Universum entdeckt haben – das erste Licht, das je ausgesendet wurde.

Als unser Universum noch ein kosmologisches Neugeborenes war mit einem Milliardstel seines heutigen Volumens, 380 000 Jahre nach dem Urknall, sprudelte das Licht aus seiner früheren Gefangenschaft im brodelnden, blubbernden Plasma des Alls heraus. Das entweichende Licht hinterließ eine Spur, die sich in den gesamten Weltraum mit einem messbaren Artefakt seiner einst brodelnden Brillanz einschrieb. Als sich der Weltraum ausdehnte, dehnten sich die Wellenlängen dieses Lichts – rotverschoben – in den Mikrowellenbereich des Spektrums aus und verliehen dem gesamten Weltraum eine Temperatur von etwa 3 Kelvin (das sind 3 Grad über dem absoluten Nullpunkt auf der Kelvin-Skala) oder minus 270 Grad Celsius, die in jeder Richtung nachweisbar ist. Wir nennen dies den kosmischen Mikrowellenhintergrund, auch liebevoll CMB genannt (cosmic microwave background).

Wenn wir uns auf die Temperatur des Universums beziehen, meinen wir die Temperatur des kosmischen Mikrowellenhintergrunds. Wenn wir uns in die dunkelste, kälteste, leerste Leere des Kosmos begeben und ein empfindliches Thermometer aus dem Fenster unseres Raumschiffs halten könnten, würde dieses Thermometer auch dort etwa 3 Kelvin anzeigen – 3 Grad über der unteren Kältegrenze der Natur, oder minus 270 Grad Celsius. Genauso wenig, wie wir jemals auch nur eine Ecke des Universums finden, die wirklich leer ist, so werden wir auch nie einen Ort finden, an dem diese paar Grad an Temperatur über dem absoluten Nullpunkt nicht spürbar sind.

Wenn sich das Licht eines Sterns auf seiner Reise durch den Weltraum ausbreitet, verdünnen sich die Strahlen schnell und sind über große Entfernungen nicht mehr nachweisbar. Der CMB hingegen durchdringt jeden Quadratzentimeter, und hat überall fast genau die gleiche Temperatur, bis auf den Bruchteil eines Grades. Diese Tatsache kann nur eines bedeuten: Das Universum befand sich zur gleichen Zeit am gleichen Ort und erlebte das gleiche Ereignis. Ja, hier grüßt der Urknall.

Die Helligkeit von RS Puppis, einem pulsierenden Cepheidenstern, der hier vom Hubble-Weltraumteleskop fotografiert wurde, variiert etwa alle 40 Tage

Als der CMB sich vor Milliarden von Jahren auf den Weg machte, hatte er eine Temperatur von etwa 3000 Kelvin oder 2727 Grad Celsius und wäre (wenn irgendjemand danach gesucht hätte) hauptsächlich als sichtbares und infrarotes Licht wahrnehmbar gewesen. Der Weltraum, durch den er sich bewegte, dehnte sich immer weiter aus. Heute ist er in jeder Richtung tausendmal größer, und die Wellenlängen haben sich um den Faktor Tausend gedehnt – bis hin zu den langen und kalten, aber dennoch nachweisbaren Mikrowellen, die Penzias und Wilson 1964 zufällig auffingen. Viele Milliarden Jahre in der Zukunft werden sie sich noch weiter in Radiowellen umwandeln – ein kosmisches Muttermal, das mit seiner Ausdehnung verblasst, aber nie ganz von der Haut der Raumzeit verschwindet.

Penzias und Wilson hatten lediglich die Aufgabe, die Satellitenkommunikation auf der Erde zu verbessern. Doch dabei stießen sie zufällig auf den entscheidenden Beweis für den Urknall, sozusagen Rauch aus dem Colt des Urknalls: eine Entdeckung, die ihnen den Nobelpreis einbringen sollte. Die Vorstellung eines statischen, stationären Universums bekam nun den endgültigen Todesstoß. An seine Stelle trat triumphierend und unausweichlich das Modell eines dynamischen Universums, wie es sich Friedmann, Hubble und Lemaître vorgestellt hatten.

Doch jede erfreuliche kosmologische Entdeckung wirft neue Rätsel auf.

AN DEN RAND

Wir wissen, dass sich das Universum ausdehnt, und zwar von einem einzigen Punkt aus. Außerdem muss sich alles im Universum an eine Geschwindigkeitsbegrenzung halten. Die Vernunft würde verlangen, dass das Universum eine Kante oder einen Rand hat – die ultimative Grenze zwischen dem Weltraum und, nun ja, dem Nichtweltraum. Allerdings, so vernünftig das auch klingen mag, so beruht es doch auf einer fehlerhaften Prämisse, die zum Teil im menschlichen Ego begründet liegt. Wenn wir vom Rand des Universums sprechen, meinen wir in Wirklichkeit den Rand des *beobachtbaren* Universums – den Horizont, hinter dem das Licht, beschränkt auf eine endliche Geschwindigkeit, noch nicht die Zeit hatte, unsere Teleskope zu erreichen. Wie bereits erwähnt, dehnt sich die Raumzeit wie der Abstand

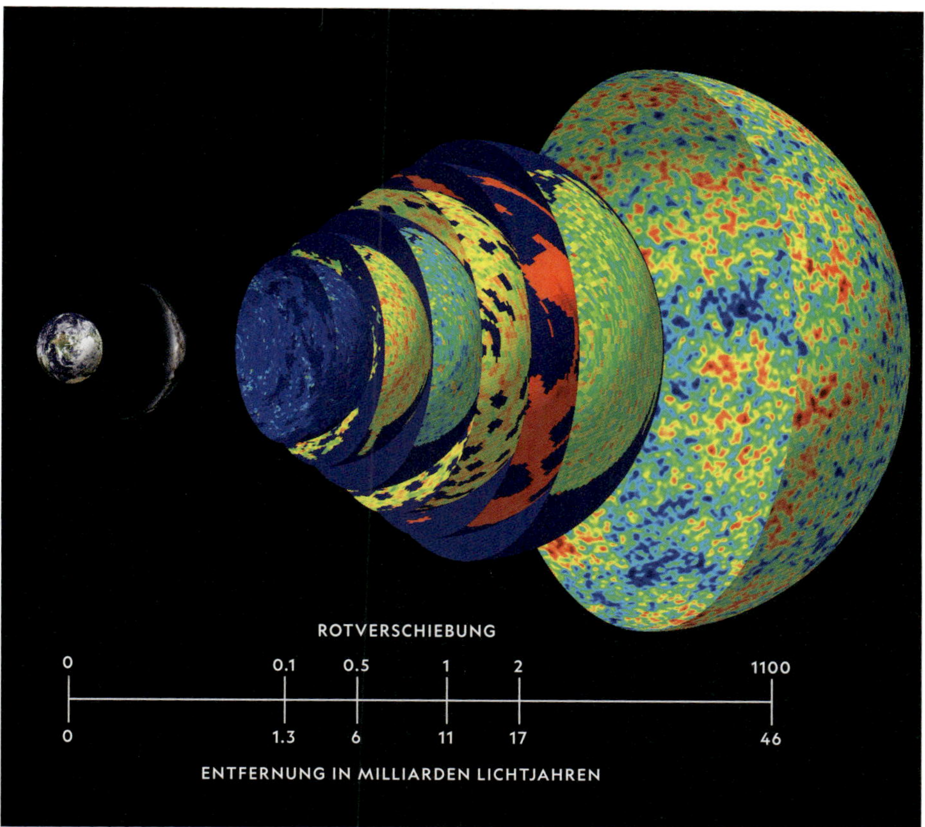

Kosmischer Mikrowellenhintergrund (CMB) bei verschiedenen Rotverschiebungen

zwischen den Mohnsamen in einem backenden Brötchen aus. Also das Wichtige ist: Der Raum zwischen den Mohnsamen dehnt sich aus, nicht die Mohnsamen selbst.

Solche Vergleiche sind jedoch problematisch, weil wir wissen, dass Mohnbrötchen nur im Raum existieren – in unserer Hand, im Ofen oder in unserem Magen. Stattdessen könnten wir uns das Brötchen als das große Alles, das All vorstellen. Aber wenn dem so wäre und der intergalaktische Raum sich ausdehnte, dann könnte man fragen: Warum dehnt er sich nicht auch zwischen Sternen, Planeten oder sogar zwischen den Molekülen auf der Erde aus? Müssten nicht auch die Sternbilder, die wir am Nachthimmel sehen, ihre Form verlieren, wenn sich die Räume zwischen ihren Bestandteilen ausdehnen?

Vielleicht würden wir das in Hoyles Gleichförmigkeitsuniversum erleben. In unserem Universum ist die Schwerkraft – die oft als schwache Kraft

In diesem radial-logarithmischen Konzept des beobachtbaren Universums befindet sich unser Sonnensystem im Zentrum. Nach außen hin dehnen sich die inneren und äußeren Planeten, der Kuipergürtel, die Oortsche Wolke, Alpha Centauri, der Perseus-Arm, die Milchstraße, die Andromeda-Galaxie, nahe gelegene Galaxien, das kosmische Netz und die kosmische Mikrowellenstrahlung aus, wobei der Urknall am äußeren Rand liegt

angesehen wird – jedoch gar nicht so schwach. Die kumulierte Anziehungskraft von Materie hält jede Galaxie – und jeden Planeten, jeden Stern und jedes Molekül darin – als eine einzige, saubere und ordentliche Einheit. Das sind die Mohnsamen. Außerhalb dieser eng begrenzten Regionen unterliegt der Raum der Expansionskraft und wird dabei immer größer und dünner.

Wenn wir die Frage nun umformulieren, könnten wir fragen, was jenseits des beobachtbaren Universums liegt. Mit anderen Worten: Wo endet das Alles, das All? Raum und Zeit begannen überall gleichzeitig und auf einmal. Das All war nur kleiner.

Soweit wir das beurteilen können, ist das, was jenseits der Grenze des beobachtbaren Universums liegt, noch mehr Universum – nicht anders als das, was wir bereits sehen und kennen. Noch mehr Galaxien, mehr Sterne, mehr Planeten, mehr schwarze Löcher. Das gesamte Universum könnte Billionen von Lichtjahren umfassen oder vielleicht sogar unendlich groß sein.

Und was ist mit den Rändern dieser Ränder, also des *nicht* beobachtbaren Universums? Was jenseits dieses Randes aller Ränder, diesem unerforschten Gebiet unserer kosmischen Landkarte liegt, wissen wir einfach nicht. Wir können es nicht wissen. Selbst wenn wir mit Lichtgeschwindigkeit den fliehenden Galaxien hinterherreisen könnten, würden wir sie niemals einholen. Niemals.

RAUM/ZEIT

Wir können in die Vergangenheit sehen – nicht nur mithilfe von nostalgischen Fotos und Videos, sondern mit jedem Blick in die Sterne. Wir sehen die Sonne nicht so, wie sie gerade ist, sondern wie sie vor 500 Sekunden war, denn so lange braucht das Licht, um die Strecke zwischen Sonne und Erde zurückzulegen. Wenn die Sonne durch das Umlegen eines Schalters auf einen Schlag kalt und dunkel würde, würden wir das erst 500 Sekunden später bemerken. Wenn das Gleiche mit Sirius, dem hellsten Stern am Nachthimmel passiert, würde uns das erst fast neun Jahre später auffallen.

Stellen Sie sich Vertreter einer hoch entwickelten, außerirdischen Spezies auf einem Planeten vor, der einige Hundert Lichtjahre entfernt ist. Wenn sie ein leistungsstarkes Teleskop auf die Erde ausrichten, sehen sie vielleicht einen blauen Planeten mit flüssigem Wasser und einer Sauerstoff-Stickstoff-Atmosphäre. Wenn sich diese fortschrittliche Spezies sofort per Teleportation auf die Erde beamt, um einen weiteren Blick darauf zu werfen, wird sie einen Planeten vorfinden, der ein paar Hundert Jahre älter ist als die Version, die sie zunächst gesehen hat. Jetzt stellen sie fest, dass dieser Planet von einer Spezies überrannt wird, die alle Ressourcen des Planeten so schnell verbraucht, dass er innerhalb kurzer Zeit unbewohnbar wird. Und das in nur wenigen Hundert Lichtjahren Entfernung. Ohne Teleskope, nur mit dem bloßen Auge, können wir Sterne sehen, die Tausende von Lichtjahren entfernt sind. Was mag mit ihnen geschehen sein, seit ihr Sternenlicht unsere Augen erreicht hat? Wir können es nicht wissen. Noch nicht.

Wenn wir uns auf einen Planeten in einer Milliarden Lichtjahre entfernten Galaxie teleportieren könnten, kämen wir vielleicht inmitten eines explodierenden Wirtsterns an oder in der Nähe eines Fleckchens einer Welt, die vor langer Zeit von einem herabstürzenden Asteroiden zerstört wurde. Die Beobachtung des Weltraums ist keine Zeitreise oder Magie, aber sie ist die beste Kristallkugel, mit der wir in die Vergangenheit sehen können.

Wenn Sie immer noch nicht überzeugt sind, dass Zeit und Raum grundlegend miteinander verwoben sind, dann sind Sie eindeutig kein professioneller Event-Manager.

Eine sinnvolle Einladung zu einer Party sollte bestimmte Fragen beantworten:

1. Wo findet die Party statt? Mit anderen Worten: Wie lauten die x- und y-Koordinaten auf der Erdoberfläche?
2. In welchem Stockwerk findet die Party statt? Oder, wie lautet die z-Koordinate in der Vertikalen?
3. An welchem Datum und zu welcher Uhrzeit findet sie statt? Oder, was ist die Koordinate der vierten Dimension?
4. Und schließlich: Wie ist der DJ?

Obwohl Einstein die Gleichungen aufstellte, die Raum und Zeit vereinen sollten, fügte eigentlich bereits sein ehemaliger Professor diese beiden sonst getrennten Konzepte erstmals zusammen. Drei Jahre nach der Veröffentlichung der speziellen Relativitätstheorie durch Einstein verkündete der deutsche Physiker Hermann Minkowski eine berühmte Idee, verborgen und doch für alle sichtbar, und die auch unsere Partygänger voraussetzten: »Der Raum für sich allein und die Zeit für sich allein sind dazu verdammt, zu bloßen Schatten zu verblassen, und nur eine Art von Vereinigung der beiden wird eine unabhängige Realität bewahren.«

In der gleichen Rede führte Minkowski den Begriff »Weltlinie« ein. Eine Weltlinie ist die kartierte Flugbahn, einschließlich der Zeitkoordinate, eines beliebigen Objekts, sei es ein Teilchen oder eine Person. Eine Party findet statt, weil sich die Weltlinien aller Anwesenden kreuzen. Das bedeutet

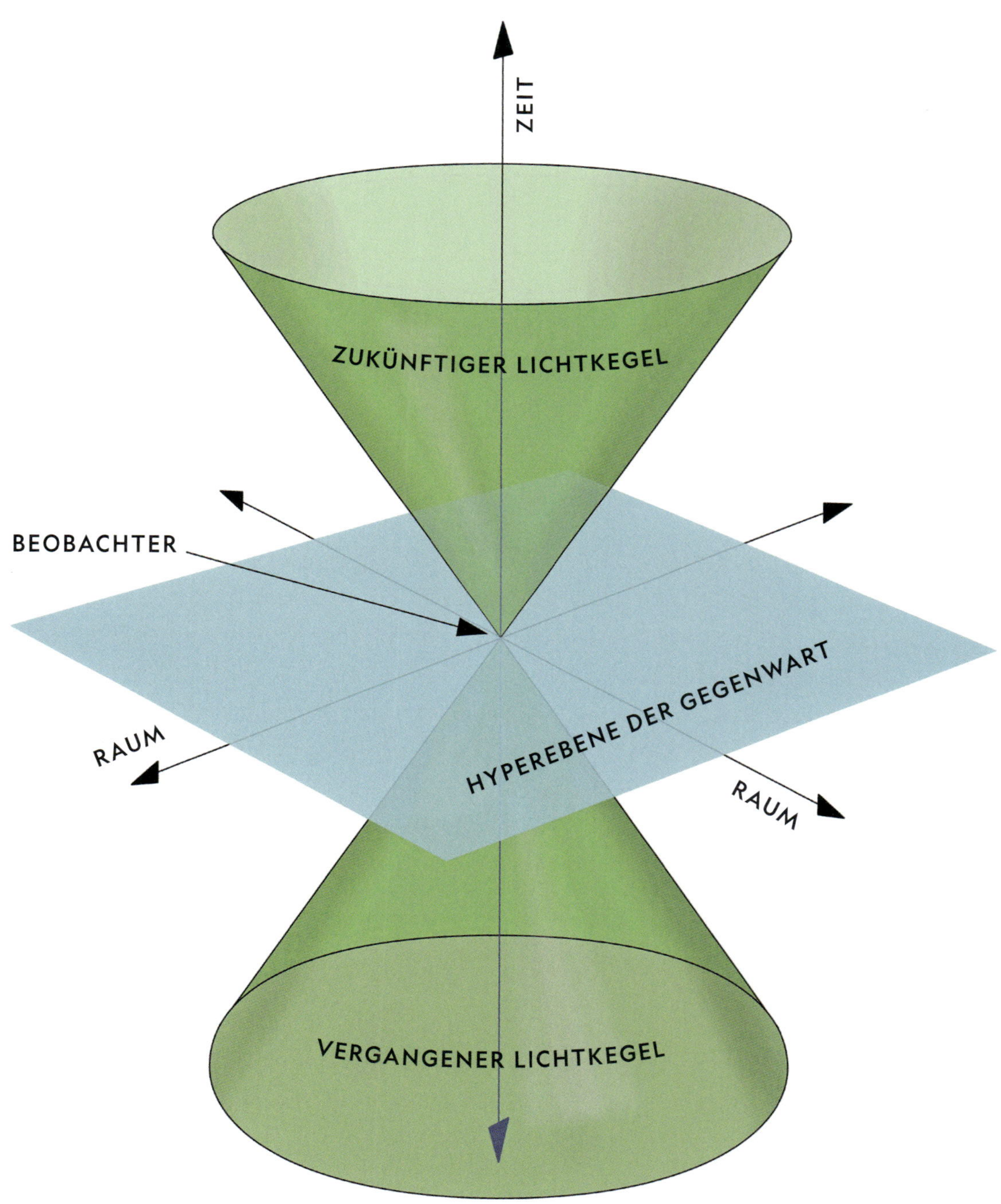

Diese Grafik stellt Minkowskis Idee der Weltlinien in der Raumzeit dar. Sie, der Beobachter, befinden sich am Berührungspunkt beider Kegel: der Vergangenheit (unten) und der Zukunft (oben). Die Ebene (blau) ist die Hyperebene der gegenwärtigen Zeit

schlicht und ergreifend, dass es allen gelungen ist, sich zur gleichen Zeit am gleichen Ort aufzuhalten.

Zeit und Raum sind in dasselbe Gewebe eingewoben und werden auf Weltlinien-Karten gemeinsam dargestellt. Dennoch sind sie nicht dasselbe, und sie sind auch nicht gleich zugänglich oder gleich unvermeidlich. Wir können uns entscheiden, nach links oder rechts zu gehen, nach oben oder unten zu springen. Wir können über Ozeane fliegen und zum Mond reisen. Aber jeder, der Trauer trägt und die Vergangenheit bedauert, jeder der sich vor der Zukunft fürchtet, oder dem es schwerfällt, den gegenwärtigen Moment bewusst mit allen Sinnen zu erleben – und das sind fast alle –, der weiß, dass die Zeit eine unüberwindbare Dimension bleibt.

Zeit und Raum sind in dasselbe Gewebe eingewoben und werden auf **Weltlinien-Karten** gemeinsam dargestellt. Dennoch sind sie nicht dasselbe, und sie sind auch nicht gleich zugänglich oder gleich unvermeidlich.

Wir alle bewegen uns mit genau einer Sekunde pro Sekunde in unsere eigene Zukunft – aber wir können weder die Toten besuchen noch bei unseren ungeborenen Ur-Ur-Enkelkindern vorbeischauen. Jede Sekunde, die verstreicht, ist gleichzeitig eine zugeschlagene und eine geöffnete Tür, denn die Zeit trägt uns weg von dem, was war, hin zu dem, was ist und was sein wird, bis hin zu dem Tag, an dem wir an unserem endgültigen Raumzeitziel ankommen.

Unsere Sorgen mögen nachlassen, wenn unsere Kräfte mit zunehmenden Alter schwinden, aber unsere Vergangenheit und unsere Zukunft bleiben für uns so unzugänglich wie der am weitesten entfernte Stern am Himmel – zumindest bislang. Die meisten Weltlinien sind unerreichbar, weil wir nicht zwischen allen vier Koordinaten manövrieren können, und dabei liegt der Rand des Universums sicherlich auf ewig jenseits unserer Weltlinie. Sie können diese am weitesten entfernten Galaxien ebenso wenig besuchen, wie Sie diesen Satz noch einmal zum ersten Mal lesen können.

Mögliche Hinweise, wie wir unsere Weltlinien öffnen können und Wege in die Vergangenheit oder Zukunft finden, sind nicht in den Karten von Wahrsagern oder im Singsang eines esoterischen Mediums versteckt, sondern lassen sich in mathematischen Gleichungen beschreiben. Einsteins

Theorien sagen das voraus, was der amerikanische Physiker Kip Thorne »die gekrümmte Seite des Universums« nennt. Dieser Bereich, so erklärt er, enthält Dinge und Phänomene, die nicht aus normaler Materie, sondern aus verzerrter Raumzeit entstehen.

Thorne ist vielleicht am bekanntesten für seine Nobelpreis-gekrönte Arbeit mit dem Team des Gravitationswellen-Observatoriums (Laser Interferometer Gravitational-Wave Observatory, LIGO), das 2015 Gravitationswellen entdeckte, nur wenige Tage nachdem die modernen Detektoren des Observatoriums eingeschaltet wurden – und genau hundert Jahre, nachdem Einstein die Gleichungen veröffentlicht hatte, die sie vorhersagten. Der heftige Zusammenstoß zweier massereicher Objekte, wie etwa schwarzer Löcher oder Neutronensterne, sendet winzige Verzerrungen mit Lichtgeschwindigkeit durch die Raumzeit aus. Die von LIGO gemessene Verschiebung, die durch eine Gravitationswelle verursacht wird, ist 10 000-mal kleiner als ein Proton.

Wissenschaftler von LIGO wollen Gravitationswellen nutzen, um das Universum in etwa so zu beobachten, wie wir bereits elektromagnetische Wellen nutzen, um normale Materie zu beobachten. Ihre Anlage hat ein neues Fenster zum Universum geöffnet, so wie vier Jahrhunderte zuvor das Teleskop von Galilei. Gravitationswellen können Aspekte des gekrümmten Universums enthüllen, die wir gerade erst beginnen zu begreifen. Und da sie nicht aus Licht bestehen, können wir möglicherweise Gravitationswellen entdecken, die aus einer früheren Zeit im Universum stammen als der CMB.

ZEITREISE: AUF DEM WEG IN DIE ZUKUNFT

Neben den Gravitationswellen gibt es weitere Beispiele für Thornes gekrümmtes Universum: der Urknall, schwarze Löcher, Wurmlöcher und Zeitreisen. Wir haben bereits gesehen, dass der Urknall im CMB sehr deutlich lesbar ist. LIGO hat bereits die Gravitationswellen nachgewiesen und Bilder von supermassereichen schwarzen Löchern geliefert. Könnte dies bedeuten, dass als Nächstes Wurmlöcher und Zeitreisen entdeckt werden? Nicht unbedingt, in der Vergangenheit wurde zudem fast jede Entdeckung, die das gängige Wissen auf den Kopf stellte, zunächst mit großer Skepsis

Diese Computersimulation zeigt, wie die Kollision zweier schwarzer Löcher vor 1,3 Milliarden Jahren vor unseren Augen erscheinen würde, wenn wir darauf einen Blick aus der Nähe werfen könnten (erstmals entdeckt vom Laser Interferometer Gravitational-Wave Observatory, LIGO)

aufgenommen. Manchmal sind diejenigen, die sich in den Schützengräben der Wissenschaft abmühen, die lautesten Skeptiker. Wurmlöcher und Zeitreisen sind in der Tat nur schwer mit den bekannten physikalischen Gesetzen zu vereinbaren. Aber das hat große Geister – seien es Physiker, Philosophen, Science-Fiction-Autoren oder Hollywood-Regisseure – nicht davon abgehalten, über ein Universum nachzudenken, wo solche Dinge vorkommen.

Andererseits, nur weil eine Idee verrückt ist, ist sie noch lange nicht wahr. Die Mülleimer der wissenschaftlichen Hypothesen quellen über vor irrigen Ideen. Man wird nie mehr etwas über sie lesen, denn sie sind schlichtweg verrückt. Deswegen: Bewahren Sie sich ruhig eine gesunde Skepsis gegenüber komplett verrückten neuen Ideen.

H. G. Wells etablierte 1895 mit seinem Buch *Die Zeitmaschine* die Zeitreise als einen Science-Fiction-Kunstgriff: Der Protagonist der Geschichte, ein Wissenschaftler und Erfinder, konstruiert ein Gerät, das ihn über Hunderttausende von Jahren in die Zukunft transportiert. Obwohl die Geschichte selbst wegen ihres sozialen und politischen Gehalts in Erinnerung geblieben ist, enthält sie auch Wells' provokatives Konzept der Zeit.

WISSENSCHAFT À LA HOLLYWOOD

SCHWARZE LÖCHER IN KINOFILMEN

Kip Thorne hat sich einen Namen in der Popkultur gemacht, als er mit Regisseur Christopher Nolan an dem Sci-Fi-Megahit *Interstellar* arbeitete. Der Film zeigt mit verblüffender Genauigkeit die seltsamen und verzerrten Phänomene, die die Relativitätstheorie zulässt. Wurmlöcher, schwarze Löcher, zusätzliche Dimensionen und Zeitdilatation sind allesamt Handlungselemente der Erzählung.

Eine der bemerkenswertesten Szenen zeigt Gargantua, ein massives schwarzes Loch, auf das die Protagonisten irgendwo in der Galaxie treffen. Thorne arbeitete eng mit dem Visual-Effects-Team zusammen, um das zu erzeugen, was man bei einem echten schwarzen Loch erwarten würde: einen breiten, leuchtenden Halo, der den zentralen dunklen Schatten umgibt, mit einem dünnen Lichtband quer über diese dunkle Fläche - wie ein unheimlicher Saturn. Was wir sehen, ist nicht das schwarze Loch, sondern das Licht in seiner Umgebung, das von seiner Gravitation erfasst wird. Der Ring quer über seinem Querschnitt in der Mitte ist wirbelnde Energie, und der Rand der Schattenkugel ist das verzerrte Licht hinter dem schwarzen Loch, von vorne betrachtet.

Interstellar kam 2014 in die Kinos, fünf Jahre bevor Astrophysiker das erste, echte Bild eines schwarzen Lochs veröffentlichten, das tief im Zentrum der Riesengalaxie M87 lauert. Dieses supermassereiche Exemplar - mehr als sechs Milliarden Mal so groß wie die Sonne - ist 53 Millionen Lichtjahre entfernt.

Illustration eines schwarzen Lochs aus dem Film *Interstellar* von 2014

Sie werden einige wichtige Unterschiede zwischen diesen beiden Darstellungen eines schwarzen Lochs feststellen. Natürlich kann das Auflösungsvermögen des Event Horizon Telescope nicht mit den Oscar-prämierten visuellen Effekten eines Kinofilms mithalten. Abgesehen davon fällt auf, dass der Querbalkenring bei M87 fehlt. Das ist kein Versehen, sondern das Ergebnis eines anderen Blickwinkels. Stellen Sie sich vor, Sie würden Saturn von oben oder von unten betrachten, dann erscheinen seine Ringe als kreisförmiger Halo, ohne dass ein Querbalken zu sehen wäre.

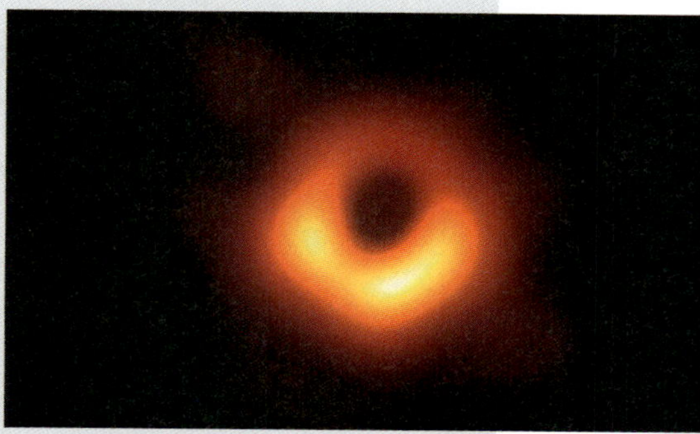

Das erste Bild eines schwarzen Lochs, aufgenommen mit dem Event Horizon Telescope im Zentrum der Galaxie M87

Sie werden auch sehen, dass Gargantua gleichmäßig hell ist, während bei M87 eine Seite des schwarzen Lochs heller ist als die andere, der Doppler-Effekt lässt wieder einmal grüßen. Eine Seite erscheint heller, weil der Pool von Photonen ins Blau verschoben wird oder sich auf den Betrachter zubewegt, während die Photonen auf der dunkleren Seite ins Rot verschoben werden oder sich zurückziehen, während sie hinter dem schwarzen Loch herumwirbeln. Thorne war sich des Umstands bewusst, dass ein schwarzes Loch einem Betrachter auf diese Weise erscheinen könnte, entschied sich aber, ein Stückchen wissenschaftliche Präzision für Gargantua zu opfern.

Dies ist ein Beispiel für das »Tiffany-Problem«, das uns in Filmen immer wieder begegnet. Der von der walisischen Autorin Jo Walton geprägte Begriff bezieht sich in der Regel auf historische Werke der Belletristik, kann aber auch auf Science-Fiction zutreffen. »Tiffany« klingt wahrscheinlich wie ein relativ moderner Name, der in Amerika im späten 20. Jahrhundert populär war, aber nicht viel früher, stimmt's? - Leider nein. Tatsächlich hat der Name seinen Ursprung im Europa des 12. Jahrhunderts. Eine Geschichte im mittelalterlichen Frankreich über eine Frau namens Tiffany wäre also eigentlich eine völlig legitime Wahl. Diese Wahl würde jedoch bei den Zuschauern zu viel Stirnrunzeln verursachen, die glauben zu wissen, in welche Zeit und an welchen Ort dieser Name ihrer Meinung nach gehört. Der Name würde für viele Leser unpassend wirken und das Publikum von der eigentlichen Geschichte ablenken.

Ähnlich wäre es, wenn Gargantua von *Interstellar* auf einer Seite deutlich heller als auf der anderen erscheinen würde. Ob in Science-Fiction oder anderswo, die Autoren der am besten erzählten Geschichten wissen, wann und wo sie einen Teil der Wahrheit opfern müssen, wann Genauigkeit um der Genauigkeit willen ablenken oder verwirren könnte. Wie Mark Twain einmal sagte: »Man muss die Tatsachen kennen, bevor man sie verdrehen kann.«

H. G. Wells' Kultklassiker *Die Zeitmaschine* (1895)

Wells wirft eine philosophische Frage auf: »Kann ein Würfel, der überhaupt keine Zeit dauert, existieren?« fragt der Zeitreisende des Romans seine Gefährten. »Offenbar«, fuhr der Zeitreisende fort, »muß jeder wirkliche Körper in *vier* Dimensionen Ausdehnung haben: er muß Länge, Breite, Tiefe und – Dauer haben ... Es gibt wirklich vier Dimensionen; wir nennen sie die drei Ebenen des Raumes, und eine vierte, die Zeit.«

Obwohl Wells wissenschaftlich gebildet und auf dem neuesten Stand der Physik war, zeigt diese Passage, wie sehr er seiner Zeit voraus war, denn zu seiner Zeit gab es noch keine Gleichungen, die diese These untermauerten – dazu bedurfte es der Veröffentlichung von Einsteins Arbeiten etliche Jahre später.

Mit Einsteins spezieller Relativitätstheorie von 1905 wurde das erste Geheimnis der Zeitreise gelüftet: die konstante Lichtgeschwindigkeit. Isaac Newton ging von einer universellen – oder absoluten – Zeit aus, was bedeutet, dass alles überall die Zeit auf die gleiche Weise erlebt und beobachtet. Natürlich hatte Newton nicht die leiseste Ahnung, dass andere Sonnensysteme, geschweige denn Galaxien, darauf warteten, entdeckt zu werden. Aber wenn er das gewusst hätte, wäre er davon ausgegangen, dass eine außerirdische Spezies in einer weit, weit entfernten Galaxie ihre Uhren mit unseren synchronisieren könnte, und vorausgesetzt, es gäbe keine technischen Probleme mit der Uhr selbst, beide Uhren synchron weiterticken würden. Das bedeutet, wir würden uns alle über Ereignisse im Universum gleichzeitig freuen, sie wären für alle zur gleichen Zeit und zum gleichen Datum. Einsteins spezielle Relativitätstheorie zeigt jedoch, dass Gleichzeitigkeit jeglicher Art eine Illusion ist und dass die Zeit, selbst von einem Beobachter zum nächsten, variiert.

Wenn in Newtons Universum eine intergalaktische Weltraumolympiade stattfände und außerirdische und menschliche Zuschauer auf unzähligen Planeten die Ereignisse von zu Hause aus mitverfolgen könnten, wären sich alle über die Dauer des 200-Meter-Laufs einig. In Einsteins Universum dagegen würde jede Zone der Raumzeit eine andere Siegerzeit anzeigen als die, die von den offiziellen Zeitnehmern bei der Olympiade gemessen wurde. Der Sprint, der in der Wahrnehmung der Sprinter 20 Sekunden dauert, könnte aus der Sicht der Zuschauer ferner Welten jahrelang dauern.

Die Raumzeit gibt eine Höchstgeschwindigkeit vor, an die sich alles anpassen muss. Aber sie tut dies auf verrückte, scheinbar unmögliche Weise. Willkommen in der Relativität, wo die Zeit – Sie haben es erraten – relativ ist.

Die Raumzeit gibt eine **Höchstgeschwindigkeit** vor, an die sich alles anpassen muss. Aber sie tut dies auf verrückte, scheinbar unmögliche Weise. **Willkommen in der Relativität,** wo die Zeit – Sie haben es erraten – relativ ist.

Um zu verstehen, warum sich unsere Welt so verhält, können wir ein paar einfache Gedankenexperimente anstellen. Angenommen, ein Auto mit grellen Scheinwerfern rast auf Sie zu, während Sie regungslos dastehen. Wenn jemand in diesem Auto in Ihre Richtung einen Ball aus dem Fenster wirft, kommt dieser Ball bei Ihnen mit der Geschwindigkeit des Wurfs plus der Geschwindigkeit des Autos an. Und was ist mit den Photonen aus den Scheinwerfern? Müsste sich das Scheinwerferlicht nicht auch mit Lichtgeschwindigkeit plus der Geschwindigkeit des Autos auf Sie zubewegen? Nein, Photonen bewegen sich nie schneller als mit Lichtgeschwindigkeit, unabhängig davon, wie schnell sich das Auto selbst bewegt.

WISSENSCHAFT À LA HOLLYWOOD

TOD DURCH DIE ZEITMASCHINE

»Wo sind wir?«, fragt ein Zeitreisender den anderen, als sie aus ihrer futuristischen Zeitmaschine steigen. »Du meinst, *wann* sind wir?«, erwidert der Begleiter wenig überraschend. Dieser humorvolle Dialog begegnet einem oft in Zeitreisegeschichten, Filmen und Fernsehsendungen, auch wenn die Pointe zeigt, dass die Autoren die Natur der Raumzeit nicht verstanden haben. Tatsächlich machen das so gut wie alle Zeitreisefilme falsch.

Hier ist eine genauere Darstellung dieser klassischen Szene: Zwei Zeitreisende steigen aus ihrer futuristischen Zeitmaschine und ersticken auf der Stelle im Vakuum des Weltraums. ENDE.

Wenn Sie nicht gerade nur ein paar wenige Stunden in die Zukunft reisen, wäre zu hoffen, dass Ihre Zeitmaschine gleichzeitig auch ein Raumschiff ist. Höchstwahrscheinlich hat die Erde, wenn Sie zu dem von Ihnen gewählten Zeitpunkt ankommen, die Koordinaten Ihres Abflugortes schon längst verlassen, denn sie bewegt sich mit einer Geschwindigkeit von über 100 000 Kilometern pro Stunde auf ihrer Umlaufbahn um die Sonne. Unabhängig davon, welche Zeit und welches Datum Sie wählen, müssen Sie auch einen entsprechenden Ort angeben. Sie könnten versuchen, dieses Problem zu lösen, indem Sie sich ausschließlich in ganzjährigen Zeitintervallen auf die Reise machen, um sicherzustellen, dass die Erde an demselben Punkt ihrer Umlaufbahn um die Sonne zu finden ist, an dem Sie sie verlassen haben. Der Film *Zurück in die Zukunft* aus dem Jahr 1985 umging diese Schwierigkeit, indem er 30 volle Jahre zurückreiste, anstatt, sagen wir, 30 Jahre und eine Woche.

Doch mal langsam. Selbst wenn sich die Erde bei Ihrer Rückkehr an dem erwarteten Ort auf ihrer Umlaufbahn befände, müsste man die Erdrotation berücksichtigen, einschließlich der Tatsache, dass sie um ihre Achse eiert. In mittleren Breitengraden rotiert die Erdoberfläche mit etwa 1300 Kilometern pro Stunde. Man riskiert also, mitten im Pazifik oder in der glutheißen Mojave-Wüste wieder aufzutauchen. Nehmen wir an, Sie beziehen diese Präzisierung auch noch in Ihre Raumzeitberechnung ein, dann sind Sie trotzdem immer noch nicht auf sicherem Boden.

Die Sonne selbst und das gesamte Sonnensystem umkreisen das Zentrum der Milchstraße mit mehr als 800 000 Kilometern pro Stunde, was einer vollen Schleife alle 230 Millionen Jahre entspricht. Das müssen Sie auch noch berücksichtigen. Sicherlich schaffen Sie es dann, genau an der Stelle auf der Erde zu landen, an der Sie in Ihre Zeitmaschine gestiegen sind.

Doch halt, nicht so schnell.

Auch die Milchstraße bewegt sich durch den Raum. Wir und die Andromeda-Galaxie fallen mit 400 000 Kilometern pro Stunde aufeinander zu über eine Entfernung von zweieinhalb Millionen Lichtjahren. Solange Sie also die Bewegung von unserem sogenannten »Allem« in der Zeit nicht berücksichtigen können – mit anderen Worten, solange Ihre Zeitmaschine keine Raum-Zeit-Maschine ist –, wird Ihre Zeitreise ein Zeitsprung geradewegs in Ihren eigenen Tod sein.

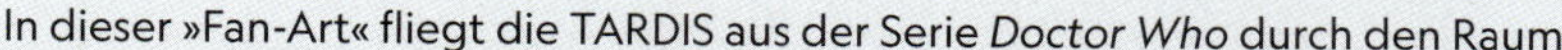

In dieser »Fan-Art« fliegt die TARDIS aus der Serie *Doctor Who* durch den Raum

Stellen Sie sich nun etwas vor, das schneller und weiter weg von Ihnen entfernt ist, etwa ein Flugzeug. Die Passagiere im Inneren des Flugzeugs können auf und ab springen, herumlaufen oder einen Ball von einem Ende des Flugzeugs zum anderen werfen, und sie tun das alles mit einer Geschwindigkeit, die sie als normal empfinden würden. Ihr Bezugssystem ist an das Flugzeuginnere gebunden. Solange das Flugzeug sich konstant bewegt, ohne die Richtung zu ändern, also ohne zu beschleunigen oder zu bremsen, ist das Flugzeug ihre Welt, relativ gesehen. Auf der Erde hingegen bewegt sich der Ball, den sie vom hinteren Teil des Flugzeugs nach vorne werfen, mit der Geschwindigkeit des Flugzeugs plus der Geschwindigkeit des Wurfs. Dagegen bewegen sich die Photonen, die von den Navigationslichtern des Flugzeugs ausgesendet werden, immer mit Lichtgeschwindigkeit, niemals schneller, genau wie die Scheinwerfer des dahinrasenden Autos.

Jetzt kommt der verrückte Teil. Im Physikunterricht wurde Ihnen vielleicht gesagt

$$d = v \times t$$

d (Entfernung) ist gleich v (Geschwindigkeit) mal t (Zeit)

Wenn die Lichtgeschwindigkeit *(v)* immer und überall konstant ist, dann müssen sich *t* und *d* zum Ausgleich ändern. Mit anderen Worten: Für zwei unterschiedliche Entfernungen mit Lichtgeschwindigkeit variiert die Zeit selbst. Dies ist unsere erste und grundlegendste Gleichung für Zeitreisen. Es ist die einzige Gleichung, die Sie kennen müssen, wenn wir tiefer in die Raumzeit und darüber hinaus vordringen. Hierin liegt die Schönheit und Einfachheit der Mathematik als Sprache des Universums. Bizarre Ideen wie Wurmlöcher, Zeitreisen oder Teleportation werden manchmal als »mathematisch möglich« bezeichnet. Die Gleichung $d = v \times t$ ist ein Beispiel dafür, was das bedeutet.

Hier ist noch ein Gedankenexperiment. Stellen Sie sich ein Raumschiff vor, das mit nahezu Lichtgeschwindigkeit über Sie hinwegfliegt. Im Inneren dieses Raumschiffs steht eine Astronautin in der Mitte und hält zwei Photonenkanonen, eine an jedem ausgestreckten Arm, und richtet sie jeweils auf die einander gegenüberliegenden Enden des Raumschiffs. Wenn sie beide Abzüge im selben Moment betätigt, leuchten – aus ihrer Perspektive – Vorder- und Rückseite des Raumschiffs im selben Moment auf.

Aus Ihrer Perspektive auf der Erde ist das jedoch nicht der Fall, es geschieht etwas anderes. Sie sehen, dass das hintere Ende des Raumschiffs früher aufleuchtet als das vordere Ende. Wer hat recht? Die absolut verblüffende Antwort lautet: beide. Wie kann das sein?

Im selben Moment, in dem die beiden Photonenkanonen die Lichtstrahlen freisetzen, bewegt sich das Schiff selbst nach vorne. Das hintere Ende bewegt sich schnell auf die entgegenkommenden Lichtstrahlen der Photonenkanone zu, die in seine Richtung zielt, während das vordere Ende sich schnell von den Lichtstrahlen der anderen Kanone zurückzieht, es fliegt ja nach vorne. Dies hat zur Folge, dass, obwohl die Lichtgeschwindigkeit konstant bleibt, die von den beiden Lichtstrahlen zurückgelegte Entfernung unterschiedlich ist. Der Abstand zum hinteren Teil des Schiffes wird kleiner als der Abstand zum vorderen Teil. Aus der Perspektive eines Erdbewohners erscheint das Raumschiff ebenfalls kleiner, da es in seiner Bewegungsrichtung von hinten nach vorne schrumpft. Zum vorderen Ende ist der Abstand größer, sodass das Licht mehr Zeit braucht, um dorthin zu gelangen.

Nehmen wir nun an, unsere Astronautin schaltet im Bad das Licht an, um in den Spiegel zu schauen, der an der Seitenwand des Raumschiffs hängt. Aus ihrer Sicht reisen die Photonen auf dem kürzestmöglichen Weg von der Glühbirne direkt zu ihrem Gesicht, von da zum Spiegel und zurück in ihre Augen. Aus der Perspektive des Erdlings jedoch nimmt das Licht einen längeren, diagonalen Weg zum Spiegel, da das Raumschiff nach vorne und weg von den Lichtstrahlen rast. Das Licht mit seiner endlichen Geschwindigkeit braucht nun etwas mehr Zeit, um aufzuholen.

Wie bei der Photonenkanone beobachtet der Erdbewohner, dass die Photonen dieses Badezimmerlichts eine längere Zeit unterwegs sind als die, die die Astronautin wahrnimmt. Auch hier haben wieder beide recht. Aus der Perspektive des Erdbewohners geschieht alles, was in dem Raumschiff passiert, langsamer. Die Uhr an der Wand braucht länger, um Sekunden zu ticken. Der Herzschlag der Astronautin verlangsamt sich. Wenn sie wieder auf der Erde landet, ist sie ein kleines bisschen jünger als der Erdling, allein deshalb, weil sie sich schneller durch den Raum bewegt hat. Da haben wir es wieder: eine Zeitreise in die Zukunft. In der Physik nennt man dieses Phänomen Zeitdilatation, Astronauten machen das ständig.

Strahlung und hochenergetische Teilchen von einem fernen Stern tief im Weltraum interagieren mit der erdumgebenden Atmosphäre und lösen einen Schauer subatomarer Teilchen aus

Wenn das Raumschiff ein Jahr lang mit 95 Prozent der Lichtgeschwindigkeit an der Erde vorbeifliegt, summiert sich die Zeitverzögerung. Im Laufe dieser Reise erlebt der Erdbewohner drei Jahre, während für den Astronauten nur eins vergeht. Wenn das Raumschiff anhält, umdreht und mit der gleichen Geschwindigkeit zur Erde zurückrast und dafür ein weiteres Jahr benötigt, ist der erdgebundene Beobachter nun sechs Jahre älter, während der Astronaut nur um zwei Jahre gealtert ist. Beide individuellen Realitäten, so unvereinbar sie unserer schwachen Intuition auch erscheinen mögen, sind korrekt und wahr. Das ist keine Illusion. Es ist Physik.

Aber wenn die Mathematik Sie nicht von dieser einfachen und doch grundlegenden Wahrheit überzeugen kann, dann vielleicht die Geschichte des Myons.

Jede Sekunde eines jeden Tages prallen Schauer kosmischer Strahlung – geladene subatomare Teilchen, die durch den Weltraum rasen – mit 99,99 Prozent der Lichtgeschwindigkeit auf die Erdatmosphäre. Wenn sie mit unserer dichten Atmosphäre zusammenstoßen, zerfallen sie schnell in noch winzigere geladene Teilchen. Die dabei entstehenden Splitter bestehen aus vielen instabilen Teilchen, darunter auch Myonen, die Elektronen ähneln, aber die 200-fache Masse haben. Aus dem Verhalten von Myonen in Teilchenbeschleunigern wissen wir, sie zerfallen in etwa zwei Millionstel Sekunden, wenn man sie sich selbst überlässt – etwa 150 000-mal schneller, als man blinzeln kann. Die durchschnittliche Zerfallsgeschwindigkeit ist messbar, präzise und vor allem vorhersagbar. Trotz ihrer kurzen Lebensdauer bewegen sich Myonen so schnell, dass sie von ihrer Geburt bis zum Zerfall fast 800 Meter zurücklegen können.

Myonen werden jedoch in Teilchenschauern geboren, die weit oberhalb von 800 Metern in der Atmosphäre geschehen, etwa 14 Kilometer über dem Meeresspiegel. Daher müssten sie eigentlich zerfallen, lange bevor sie unsere Messinstrumente erreichen. Und doch erreichen Myonen trotz ihrer kurzen, prekären Lebensdauer regelmäßig die Erdoberfläche. Wie schaffen sie es, alle Schichten der Erdatmosphäre zu durchqueren und mit unseren Detektoren auf der Erde zu kollidieren, wenn sie eigentlich viele Kilometer über der Erde dezimiert worden sein müssten? Die Antwort liegt in der speziellen Relativitätstheorie.

Erinnern Sie sich daran, dass unser Raumschiff aus der Sicht des Erdbewohners, der es vorbeifliegen sieht, zu schrumpfen scheint. Aus der Perspektive des Astronauten im Raumschiff ist es jedoch die Erde, die schrumpft. Aber auch hier ist beides richtig. Das Myon überlebt während seiner Lebensspanne von 800 Metern mehrere Kilometer Atmosphäre, weil die spezielle Relativitätstheorie die Erdatmosphäre aus Sicht des Myons auf weniger als 800 Meter schrumpfen lässt.

WISSENSCHAFTSGESCHICHTE

DER BLICK IN DEN HYPERRAUM

Wir können nun sagen, dass sowohl der Raumfahrer als auch das Myon relativ zur Erdzeit in die Zukunft gereist ist, weil sie sich mit nahezu Lichtgeschwindigkeit bewegt haben. Tatsächlich reisen wir alle in die Zukunft, mit genau einer Sekunde pro Sekunde oder einen Monat pro Monat oder einem Jahr pro Jahr. Wir bewegen uns relativ zu uns selbst, zu unserem eigenen Herzschlag, mit der gleichen Geschwindigkeit in die Zukunft, egal, ob wir uns mit Lichtgeschwindigkeit bewegen oder nicht. Deshalb bemerken Astronauten nicht, dass ihre Uhren langsamer gehen, und deshalb bemerken Erdbewohner nicht, dass sich ihre Uhren beschleunigen. Beide Uhren sind genau. Wenn wir ihre Weltlinien nebeneinander aufzeichnen, werden wir sehen, dass sich die Astronauten im Vergleich zu den Menschen auf der Erde mehr durch die Raumachse als durch die Zeitachse bewegt haben. Wenn sich ihre Weltlinien wieder verbinden, wird einer von ihnen länger auf der Zeitachse gelebt haben und dementsprechend älter sein.

Zehn Jahre nach der Veröffentlichung seiner frühen Arbeit über die spezielle Relativitätstheorie erweiterte Einstein diese, um auch die Schwerkraft einzubeziehen; er vereinte so Raum und Zeit. Diese spätere Arbeit, die als allgemeine Relativitätstheorie bezeichnet wird, besagt, dass sich Zeit und Distanz bei extremen Geschwindigkeiten ebenso verzerren wie bei extremer Schwerkraft. Einsteins neue Gleichungen bedeuteten, dass es nun zwei Möglichkeiten gab, in die Zukunft zu reisen: mit höherer Geschwindigkeit oder unter extremer Schwerkraft. In beiden Fällen verzerren sich Ihre Zeit und Distanz relativ zu einem Beobachter, sodass Ihre persönliche Uhr langsamer tickt.

Die allgemeine Relativitätstheorie führte auch das Konzept eines Universums ein, in dem ein Objekt mit ausreichender Masse den Raum so drastisch verformen kann, dass ihm nichts mehr entkommen kann. Schwarze Löcher waren das perfekte Anschauungsobjekt, um Überlegungen über die Veränderlichkeit der Zeit anzustellen. Bis vor Kurzem konnte sich jedoch kaum jemand vorstellen, dass es solch ein Objekt in der Natur tatsächlich geben könnte. Einstein selbst hielt es für weniger wahrscheinlich, ein schwarzes Loch zu finden, als Gravitationswellen zu entdecken. Dennoch wurde ein schwarzes Loch bereits Jahrzehnte vor der bahnbrechenden Entdeckung von Gravitationswellen durch LIGO entdeckt – Wellen, die durch die Kollision zweier schwarzer Löcher entstehen.

Dadurch kann das Myon den Boden sicher erreichen, bevor es zerfällt, seine ansonsten kurze Lebensdauer hat sich verlängert. Wie die Zeit ist auch die Länge oder Ausdehnung eines Objekts – die Entfernung, über die es sich erstreckt und die wir als seine Größe betrachten – relativ. Das muss doch eine Illusion sein. Wie kann ein Ding zwei verschiedene Größen haben?

Die Berufung auf die Idee der Illusion impliziert die Existenz einer einzigen ultimativen Wahrheit, die von unseren Sinnen verfälscht wurde. Aber die Fehlbarkeit unserer Sinne hat in der speziellen Relativitätstheorie keinen Platz. Nur weil Zeit und Länge relativ sind, bedeutet das nicht, dass sie nicht real sind. In der Tat sagt uns die Relativitätstheorie genau das Gegenteil: Sie sind nicht nur real, sondern sie sind in einer Weise real, die wir uns nie zuvor vorstellen konnten. Aus unserer Perspektive schrumpft das Myon selbst, während sich die Zeit, die es auf seinem Weg verbringt, und damit auch seine Lebensspanne, verlängert.

Zeit und Entfernung verzerren sich bei extremen Geschwindigkeiten und bei extremer Gravitation

Zusammenfassend kann man sagen, dass der Nachweis von Myonen auf der Erdoberfläche der beste, natürlich vorkommende, konstante und direkt messbare Beweis für die Dilatation der Zeit ist. Und sie dehnt sich um genau den Wert aus, den die Relativitätstheorie vorhersagt. Es gibt einfach keine andere Erklärung, warum dieses winzige Krümelchen Materie seinen Fall bis zur Erde überleben könnte. Es gibt eine noch präzisere Möglichkeit, die Theorie der Zeitdilatation an unserem Myon oder einem anderen Teilchen zu testen. Sobald wir die genaue Zerfallsrate des Teilchens kennen, können wir es durch einen Teilchenbeschleuniger wie den Großen Hadronen-Speicherring (Large Hadron Collider, LHC) schicken. Das Teilchen wird im Beschleuniger länger überleben als im Ruhezustand – wieder einmal in exakter Übereinstimmung mit den Gleichungen der Relativitätstheorie.

SCHWARZE LÖCHER

Kombinieren Sie Newtons Theorie der Schwerkraft mit seiner Vorstellung, dass Licht aus Korpuskeln besteht. Nun fügen Sie das Wissen hinzu, dass die Lichtgeschwindigkeit endlich ist. Nimmt man nun diese gesamten Kenntnisse und pflanzt sie in einen brillanten Kopf, könnte dieser auf folgende Idee kommen: Ein Stern könnte aufgrund seiner enormen Masse mittels seiner Schwerkraft Lichtteilchen so stark abbremsen, dass diese überhaupt nicht mehr entkommen können. Im späten 18. Jahrhundert beschrieb ein englischer Astronom, Geistlicher und Geologe namens John Michell genau diese Idee. Er nannte solche Objekte Dunkelsterne. So weit vorausschauend sein Gedankenexperiment auch war, seine Schriften gerieten für fast zwei Jahrhunderte in Vergessenheit.

Einstein ließ die Möglichkeit eines sogenannten schwarzen Lochs wieder aufleben, als er ein gekrümmtes, von Materie und Energie geformtes Universum beschrieb. Wenn wir uns noch einmal an die Analogie der Gummimatte mit den schweren Kugeln aus Teil 3 erinnern (siehe Seite 188), um uns die Struktur des Raumes vorzustellen, so sehen wir, dass sich die Matte umso stärker verformt, je massiver die Kugel ist, und eine Gravitationssenke bildet. Diese Verformung bestimmt alle Flugbahnen durch den Raum, einschließlich der Umlaufbahnen.

Stellen Sie sich nun eine Kugel vor, die massiver ist als alle anderen – so massiv, dass sie einen tiefen Krater oder eine tiefe Schlucht in der Matte bildet. Andere Kugeln, die in diesen Krater fallen, können nicht entkommen, es sei denn, eine enorme Menge an Energie kommt ihnen zu Hilfe. Ab einem bestimmten Punkt in ihrem Fallen kann eine Kugel jedoch keine noch so große Energie mehr vor dem unvermeidlichen Verschwinden in die Tiefe bewahren. Dieser Punkt wird als Ereignishorizont bezeichnet, an dem die Schwerkraft die Lichtgeschwindigkeit überwältigt. Genau auf der Kante dieses Horizonts wird ein Photon, das versucht, diesen Punkt zu verlassen, seiner gesamten Energie beraubt. Den Abgrund, der sich innerhalb des Ereignishorizonts auftut, kennen nur fiktive Figuren, die sich da jemals hineingewagt haben.

Bis 1971 waren schwarze Löcher nichts weiter als ein abstraktes, faszinierendes Konzept. Die Gleichungen ließen sie zwar zu, aber es gab keinen Beweis für derartig mysteriöse Raumverwerfungen. Es ist schwer, etwas nachzuweisen, das nur aus Schwerkraft besteht. Ein isoliertes schwarzes Loch ist per definitionem nicht nachweisbar, wenngleich jede Materie, die das Pech hat, ihm zu nahe zu kommen, seine Anwesenheit verrät.

> Bis 1971 waren **schwarze Löcher** nichts weiter als ein abstraktes, **faszinierendes Konzept.** Die Gleichungen ließen sie zwar zu, aber es gab noch keinen Beweis für derartig **mysteriöse Raumverwerfungen.**

John Michell vermutete, dass man einen seiner »dunklen Sterne« entdecken könne, indem man einen anderen leuchtenden Stern in seiner Umlaufbahn beobachtet. In der Tat gab ein blauer Überriese Astro-Physikern den ersten Hinweis auf ein schwarzes Loch, das rund 6000 Lichtjahre entfernt zwischen den Sternen des Sternbildes Cygnus lauert. Astrophysiker beobachteten einen Stern, der die stärkste Röntgenstrahlung aussendet, die je von der Erde aus gesehen wurde. Der Stern selbst war jedoch nicht die Quelle davon.

Etwas in seiner Nähe – ein geheimnisvoller Begleiter – war die Quelle. Jahrzehntelange Beobachtungen bestätigten schließlich zweifelsfrei, dass es sich bei dem seltsamen Gegenstück des Sterns tatsächlich um ein schwarzes Loch handelte, das den blauen Überriesen, der sich tragischerweise ein

Künstlerische Darstellung eines schwarzen Loches, das alle umgebende Materie ansaugt und dicht komprimiert

wenig zu sehr ausgedehnt hatte, in seiner Umlaufbahn allmählich verschlang. Die entdeckten Röntgenstrahlen waren der energetische Todeskampf der wirbelnden Sternmaterie, bei ihrer Überhitzung auf Millionen von Grad in ihre einzelnen Atome zerrissen und zu einer leuchtenden Akkretionsscheibe geformt – den kreisförmigen glühenden Schein um den Rand eines schwarzen Lochs herum. Der sterbende Stern entlarvte ein kosmisches Monster, das sonst als Nichts getarnt war, wie es gnadenlos seine atomare Mahlzeit verschlang.

AUS DER FORSCHUNG

GPS UND ISS

Wenn Sie sich auf Ihre Smartphone-Apps verlassen, um eine Wegbeschreibung zu erhalten, ein Taxi zu buchen, ein Essen zu bestellen oder ein Date zu treffen, können Sie sich bei Einstein bedanken.

Die GPS-Satelliten in der mittleren Erdumlaufbahn müssen kalibriert werden, um die gravitative Zeitdilatation auszugleichen. Mit einer durchschnittlichen Umlaufhöhe von 20 000 Kilometern befinden sie sich nicht so tief im Gravitationstal der Erde wie die Bewohner auf der Erdoberfläche. In Übereinstimmung mit der allgemeinen Relativitätstheorie ticken ihre Uhren etwas schneller als unsere. Ortszeit und die Koordinaten eines Ortes auf der Erde gehören zusammen. Würden also die Satellitenbetreiber die leichte Zeitdilatation nicht korrigieren, die durch den Unterschied in der Schwerkraft entsteht, würden sich Menschen und Uber-Fahrer nie finden, Lieferungen würden am falschen Ort ankommen, und Tinder würde Sie mit wer weiß wem verkuppeln.

Aber Moment, was ist mit dem Effekt der speziellen Relativitätstheorie? Alle Satelliten in einer mittleren Erdumlaufbahn müssen eine Geschwindigkeit von 11 000 Kilometer pro Stunde aufrechterhalten, um im freien Fall zu bleiben. Müssten ihre Uhren dann nicht schneller, sondern langsamer als unsere ticken? Ja, genau. Aber wenn man die Rechnung (die relativistischen Berechnungen) anstellt, ist die Beschleunigung der Zeit an ihrem Standort weit weg von der Erdoberfläche größer als die Verlangsamung der Zeit durch die schnelle Bewegung in der Umlaufbahn der Erde. In diesem Fall schlägt die allgemeine Relativitätstheorie die spezielle Relativitätstheorie.

Was ist mit den Astronauten an Bord der ISS, die sich in einer niedrigen Erdumlaufbahn aufhalten? Sie bewegen sich mit einer Geschwindigkeit von acht Kilometern pro Sekunde und absolvieren alle 90 Minuten eine volle Erdumrundung. Im LEO, in einigen Hundert Kilometern Höhe, überwiegt die spezielle Relativitätstheorie. Daher altern ISS-Astronauten etwas langsamer als ihre Freunde auf der Erde. Als der NASA-Astronaut Scott Kelly nach seinem vierten und letzten Aufenthalt, einem 340-Tage-Marathon an Bord der ISS mit einem russischen Kollegen wieder auf der Erde landete, war er im Vergleich zu uns allen auf der Erde, einschließlich seines Zwillingsbruders Mark, ganze fünf Millisekunden in die Zukunft gereist. Da haben Sie es wieder: Die Menschen müssen sehr viel schneller und sehr viel länger reisen, um spürbare Konsequenzen der speziellen Relativitätstheorie in Bezug auf die Zeitdilatation zu erfahren.

Viele Menschen stellen sich schwarze Löcher als kosmische Staubsauger vor. Aber nein, das stimmt nicht, denn entgegen der landläufigen Meinung können schwarze Löcher nicht saugen. Der blaue Überriese wurde nicht in das schwarze Loch hineingesaugt, sondern seine expandierenden äußeren Schichten fielen einfach auf ein Gravitationsloch zu, wie die Kugeln auf der Gummimatte. Die Akkretionsscheibe, die ein schwarzes Loch umgibt, ist nur die Materie, die noch nicht hineingefallen ist.

Heute schätzt man, dass mindestens 100 Millionen schwarze Löcher in der Milchstraße umherwandern – die meisten sind winzig, einige kolossal, ihre Masse reicht von einem Vielfachen der Sonne bis zu dem Riesen in unserem galaktischen Zentrum, mit der viermillionenfachen Masse der Sonne. Schwarze Löcher mit superhoher Masse werden mit dem recht passenden Namen »supermassereiche (oder supermassive) schwarze Löcher« bezeichnet. In der Nähe des Ereignishorizonts eines schwarzen Loches kann eine Sekunde Tausenden oder sogar Millionen von Erdjahren entsprechen. In seinem 2014 erschienenen Begleitbuch zum Film *The Science of Interstellar* fasst Kip Thorne, der die wissenschaftliche Beratung des Films übernommen hat, die gravitative Zeitdilatation treffend in einem Satz zusammen: »Alles lebt gerne dort, wo es am langsamsten altert, und die Schwerkraft zieht es dorthin.«

ZEITREISE: RÜCKKEHR IN DIE VERGANGENHEIT

»Für uns gläubige Physiker hat die Scheidung zwischen Vergangenheit, Gegenwart und Zukunft nur die Bedeutung einer, wenn auch hartnäckigen, Illusion.«

Albert Einstein, kurz vor seinem Tod

Zeitreisen in die Zukunft sind einfach. Wie wir gesehen haben, machen das die Astronauten an Bord der Internationalen Raumstation ständig. Zeitreisen in die Vergangenheit hingegen erfordern modernste Mathematik und nahezu unmögliche Technologien.

Doch die Gleichungen haben nichts dagegen.

Je schneller Sie sich relativ zu einem Beobachter bewegen, desto langsamer tickt Ihre Armbanduhr. Bei Lichtgeschwindigkeit bleibt die Uhr stehen. Wenn Sie schneller als das Licht reisen könnten, würde Ihre Uhr rückwärts gehen. Stellen Sie sich das so vor: Wenn Ihr Raumschiff einen Lichtstrahl aussendet, während es sich auf welche Weise auch immer, schneller als das Licht bewegt, werden Sie und Ihr Schiff diesen Lichtstrahl überholen. Wenn man sich dahinter verbirgt, kann man sich selbst in die Leere rasen sehen.

Es macht Spaß, sich vorzustellen, was alles passieren könnte, wenn wir schneller als das Licht reisen würden. Leider verhindern das die Einstein'schen Gleichungen. Aber ist es deshalb unmöglich? Wenn nicht, angenommen, es wäre möglich, wie könnten wir dann schneller als das Licht reisen (faster than light, FTL)? Wissenschaftler haben sich ein paar äußerst kreative Möglichkeiten ausgedacht, wie man einen Lichtstrahl überholen kann, ohne die universelle Höchstgeschwindigkeit zu überschreiten.

FTL-METHODE NR. 1: DURCH EIN WURMLOCH

Physiker nennen es eine Einstein-Rosen-Brücke, Ihnen ist es vielleicht bekannt unter dem Begriff »Wurmloch«.

Wenn sich der Raum krümmen und verformen kann, wie Einstein es beschrieb und wie schwarze Löcher und Gravitationswellen es bewiesen haben, dann könnte sich vielleicht der Raum zwischen zwei weit entfernten Punkten so falten, dass sich diese beiden Punkte berühren können.

Stellen Sie sich das so vor: Wenn sich zwei Ameisen, jede an einem anderen Ende eines langen Stücks Papier treffen wollen, könnten Sie sie dabei beobachten, wie sie mühsam über die Fläche aufeinander zu krabbeln. Oder Sie könnten sich einmischen und das Papier für die beiden einfach in der Mitte falten, sodass sie auf einen Schlag beieinander sind. In Analogie dazu: Wenn Sie sich selbst zu einem hundert Lichtjahre entfernten Planeten hinüberfalten könnten, wären Sie jedem Lichtstrahl um ein ganzes Jahrhundert voraus, vorausgesetzt, der Strahl nimmt nicht dieselbe Abkürzung. Durch Ihr Wurmloch könnten Sie sofort Nachrichten oder Menschen in eine ansonsten unerreichbare Weltlinie einschleusen.

Der Film *Contact* aus dem Jahr 1997 (der auf dem Roman von Carl Sagan aus dem Jahr 1985 basiert) legte die Messlatte hoch, was die genaue Einhal-

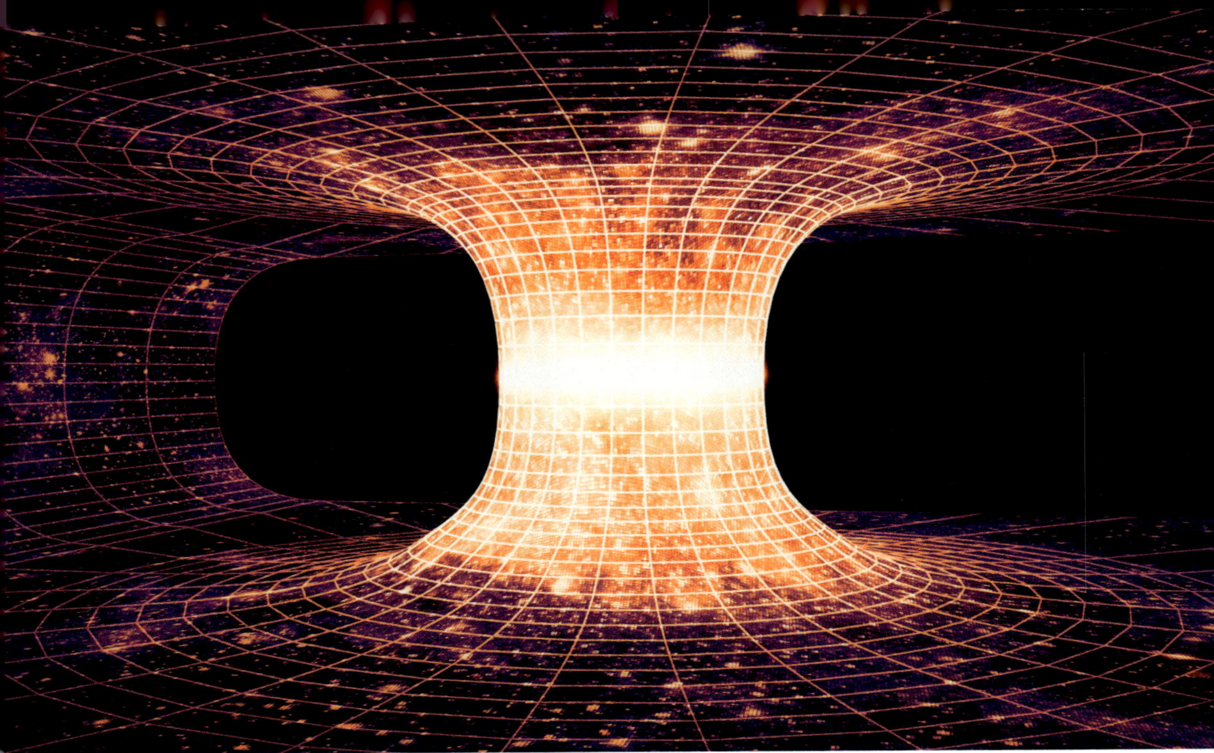

Sie sehen aus, wie eine nach innen umgestülpte kosmische Discokugel; Wurmlöcher tragen eine ganze Platte mit frei wählbarem Fingerfood zur interstellaren Party bei

tung physikalischer Gesetzmäßigkeiten in Science-Fiction-Filmen betrifft. Die Geschichte handelt von der SETI-Forscherin Ellie Arroway, die versucht, eine Nachricht zu entschlüsseln, die von einer außerirdischen Intelligenz stammt (SETI steht für »search for extraterrestrial intelligence«). Dies führt schließlich dazu, dass sie durch ein Wurmloch reist, um sich mit einer hoch entwickelten, außerirdischen Spezies auf deren weit entferntem Planeten zu treffen. Sagan beriet sich mit Kip Thorne, damals schon eine der führenden Autoritäten auf dem Gebiet der Relativitätsphysik, über die beste Art und Weise, wie man Ellie in einem Augenblick von einer fernen Galaxie in eine andere teleportieren könne. Von dem Wunsch beseelt, eine spannende und doch wissenschaftlich fundierte Geschichte zu erzählen, boten Sagan und Thorne der Welt wilde neue Ideen, von denen man nie zuvor dachte, dass sie mit dem Einstein'schen Universum vereinbar wären.

Lange bevor sich Sagan an Thorne wandte, hatten andere Theoretiker über Wurmlöcher nachgedacht. Als Assistent von Albert Einstein am Princeton Institute for Advanced Study trug der amerikanisch-israelische Physiker Nathan Rosen zur Vorhersage dieser Möglichkeit bei. Gemeinsam veröffentlichten sie 1935 eine Arbeit über diese Idee, die zu dem Namen Einstein-Rosen-Brücken führte. Zwei Jahrzehnte später prägte ein anderer amerikanischer Physiker, John Wheeler, den Begriff »Wurmloch« in einer berühmten Abhandlung, die sie ebenfalls als ein Paradoxon nachwies. Wheeler erkannte, dass alles, was versucht, den Punkt zwischen den beiden miteinander verbundenen Öffnungen von Wurmlöchern zu durchqueren, dessen sofortigen Kollaps auslösen würde. Ein Wurmloch ist also von Grund auf instabil (und tödlich).

An den Grenzen der Kosmologie tun sich außergewöhnliche Fragen und Rätsel auf. Eine davon könnte lauten: »Mit welcher Art von exotischer Materie könnte eine unendlich fortgeschrittene Zivilisation ein Wurmloch stopfen?«

Thorne wusste sowohl aus Wheelers als auch aus seinen eigenen Forschungen, dass sich ein Wurmloch so schnell zu schließen versucht, dass nicht einmal ein einziges Photon hindurchgelangen kann – zumindest nicht unversehrt. Um es lange genug offen zu halten, damit Dr. Arroway es sicher durchqueren kann (und um damit ein abruptes, unerfreuliches Ende der Geschichte zu vermeiden), muss diese hoch entwickelte Zivilisation das Schlupfloch daran hindern, sich schließen zu wollen. Dazu müsste sie eine Art von Materie einsetzen, die aus abstoßender, negativer Energie besteht. Kip Thorne nannte sie exotische Materie, da noch niemand etwas mit derartigen Eigenschaften beobachtet hat.

Beachten Sie, dass Thorne sie nicht als unmögliche oder imaginäre Materie bezeichnet hat. Nein. In allen Bereichen der Wissenschaft sind sich die besten Theoretiker, Philosophen und Denker der Notwendigkeit bewusst, dass sie eine Tür offen halten müssen für das Unerwartete und Unwahrscheinliche. Ein Jahrzehnt später bestätigte die Kosmologie die Existenz der dunklen Energie, einer unsichtbaren Substanz mit negativer Schwerkraft: genau die abstoßenden Eigenschaften, die John Wheeler und Kip Thorne beschrieben hatten.

Die Quantenphysik bietet eine Vielzahl faszinierender möglicher Kandidaten für die exotische Materie, die für das Offenhalten eines Wurmlochs erforderlich ist. Nehmen wir einfach einmal an, dass hoch entwickelte Außerirdische sich das Zeug zunutze gemacht haben, um ein Wurmloch in unserem Hinterhof zu errichten. (Dies ist übrigens eine Prämisse von *Interstellar*. Mit einer ziemlich weit hergeholten Methode postulierte Thorne, wie man eine Wurmloch-Zeitreisemaschine bauen könnte.)

Stellen Sie sich ein Wurmloch als eine Slinky- oder Treppenläufer-Spirale vor, die zwei Punkte verbindet (also diese Metallspiralen aus unserer Kindheit, die von allein die Treppe hinunterlaufen – wissen Sie, was ich meine?). Angenommen dieser Treppenläufer wäre unglaublich lang und dehnbar, dann würde ein Ende – ein »Mund« – die Zeit relativ zum anderen Ende dehnen. Nehmen wir an, eine befreundete Astronautin bittet Sie Erdling, eine Öffnung des ultradehnbaren Treppenläufer-Wurmlochs zu bewachen, während sie das Ende mit der anderen Öffnung auf ihrer Reise durch den Weltraum mit nahezu Lichtgeschwindigkeit trägt. Wenn sie ein Jahr später zurückkehrt, trifft sie auf ein zehn Jahre älteres Ich und eine zehn Jahre ältere Wurmlochöffnung. Ihre Freundin und ihr Ende des Wurmlochs sind jedoch nur um ein einziges Jahr gealtert.

Sind Wurmlöcher möglich? Kip Thorne, der führende Wissenschaftler auf dem Gebiet der Wurmlöcher, ist der Ansicht, dass die Antwort lautet: »wahrscheinlich nicht« ... Als guter Theoretiker lässt Thorne die Tür der kosmischen Möglichkeiten wieder einmal einen Spalt breit offen.

Wenn Sie nun durch ihr Ende treten, werden Sie Ihrem jüngeren Ich begegnen, das geduldig auf die Rückkehr Ihrer Freundin wartet. Ihr jüngeres Ich, das Zeuge des plötzlichen Auftauchens seines zehn Jahre älteren Ichs ist, kann durch dieselbe Wurmlochöffnung treten, um zehn Jahre in der Zukunft anzukommen. Wenn Sie das Wurmlochportal offenhalten, könnte jede zukünftige Generation der Menschheit durch dieses Portal in den Moment treten, in dem das Wurmloch entstanden ist. Wenn wir die Tradition beibehalten würden, jedes Jahr ein neues Wurmloch zu bilden, hätten zukünftige Menschen Zugang zu einer Art Raumzeitfahrstuhl, der sich in jedes beliebige Jahr öffnet – vorausgesetzt, dass exotische Stoffe, speziell zu diesem Zweck geschaffen, die Wurmlöcher immer offenhalten würden.

Sind Wurmlöcher angesichts all dieser Beschränkungen möglich? Kip Thorne, der führende Wissenschaftler auf dem Gebiet der Wurmlöcher, ist der Ansicht, dass die Antwort lautet: »wahrscheinlich nicht«. Aber in einer Vorlesung an der Universität Cardiff im Jahr 2019 sagte er: »Wenn ich über die Grenzen des gesicherten Wissens hinaus spekuliert habe, habe ich mich

RÄTSEL DES KOSMOS

EINE KOSMOLOGISCHE KONSTANTE

Bis zum Ende des 20. Jahrhunderts warf Einsteins kosmologische Konstante immer wieder Fragen auf. Eine besonders wichtige davon ist folgende: Selbst wenn sich das Universum ausdehnt, wie wir eindeutig beobachten, könnte die Schwerkraft alles wieder zusammenziehen, wie Einstein befürchtete?

1998 konstatierten zwei unabhängige Arbeitsgruppen von Astrophysikern, die mit dem Hubble-Weltraumteleskop weit entfernte Supernovae beobachteten, dass die Explosionen viel schwächer erscheinen, als sie es sollten, wenn sich die kosmische Expansion tatsächlich verlangsamen würde. Ihre Analyse bewies genau das Gegenteil: Tatsächlich beschleunigt sich die Expansion, eine Erkenntnis, die ihnen 2011 den Nobelpreis für Physik einbrachte. Die einzige und bis heute beste Erklärung ist, dass eine mysteriöse Antigravitationssubstanz, die etwa 68 Prozent des Universums ausmacht, die nach innen gerichtete Anziehungskraft der gesamten Materie mehr als aufhebt.

Heute bezeichnen wir diese Substanz als dunkle Energie. Wir haben keine Ahnung, was sie ist oder woher sie kommt, wir wissen nur, dass sie existiert und das Gefüge von Raum und Zeit formt. Statt eines Einstein'schen Türstoppers, der das Universum sanft aufstößt und vor dem Kollaps bewahrt, ist die dunkle Energie eher wie ein starker Windstoß, der das Universum in einem erschreckenden Tempo immer weiter auseinandertreibt. In jedem Fall erwies sich Einsteins gefürchtete kosmologische Konstante als real, was bedeutet, dass es ein Riesenschnitzer war, seine Einführung der kosmologischen Konstante als seine »größte Eselei« zu bezeichnen. Mit anderen Worten: Selbst wenn Einstein falsch lag, hatte er recht.

Die langfristige Folge dieser Ausdehnung ist die Ausdünnung der Raumzeit, bis selbst der kosmische Mikrowellenhintergrund auf fast null abschwillt. Sobald die Atome, aus denen der Kosmos besteht, nicht mehr zusammenstoßen, wird das Universum zu einer kalten, dunklen Stille reduziert.

schon oft geirrt – manchmal dramatisch. Nehmen Sie meine Äußerungen also nicht zu ernst.« Als guter Theoretiker lässt Thorne die Tür der kosmischen Möglichkeiten wieder einmal einen Spalt breit offen.

FTL-METHODE NR. 2: DEN WARP-ANTRIEB EINSCHALTEN

Die Original-*Star-Trek*-Serie aus den späten 1960er-Jahren machte das Science-Fiction-Gerät namens Warp-Antrieb populär. Es ermöglicht Raumschiffen, Außerirdische im gesamten Universum ausfindig zu machen, sich mit ihnen anzufreunden und sie anzugreifen. In den 1980er-Jahren wurde in *Star Wars* der Hyperantrieb eingeführt, der ebenfalls Reisen über Lichtgeschwindigkeit hinaus ermöglicht. Diese lustigen Geräte bekamen fantasievolle Namen und bewegten sich dank fiktiver Brennstoffe – eine fantastische Technologie.

Die Warp-Geschwindigkeit blieb in den Drehbüchern von Science-Fiction-Autoren fest verankert, bis der mexikanische theoretische Physiker Miguel Alcubierre 1994 den Aufsatz »Der Warp-Antrieb: Hyperschnelles Reisen innerhalb der Allgemeinen Relativitätstheorie« veröffentlichte. Darin schlug er eine Methode vor, die nach der speziellen und der allgemeinen Relativitätstheorie vollkommen zulässig ist, wenn auch zugegeben auf rätselhafte Art und Weise. Wie Kip Thorne berief sich Alcubierre auf exotische Materie – in diesem Fall, um den Raum hinter einem Raumschiff auszudehnen, während sich der Raum vor ihm zusammenzieht.

Wir wissen, dass die Relativitätstheorie der Materie verbietet, sich schneller als das Licht innerhalb der Raumzeit zu bewegen. Aber sie verbietet nicht, dass sich die Raumzeit selbst mit beliebiger Geschwindigkeit ausdehnt, wenn ihr danach ist. Ein Alcubierre-Antrieb erzeugt eine Blase aus lokaler Raumzeit um ein Raumschiff, das sich mit beliebiger Geschwindigkeit durch den umgebenden Raum bewegen kann. Genauso wie eine Galaxie mitgerissen wird, wenn sich der Raum um sie herum ausdehnt, müssen sich das Raumschiff und seine Besatzung überhaupt nicht bewegen, da die sie umgebende Blase das Schiff wie einen Surfer auf einer Welle mitreißt. Mit genügend exotischer Materie, angetrieben durch einen Warp-Antrieb, könnte sich der Raum vor jedem Raumschiff zusammenziehen und hinter ihm ausdehnen, und es könnte so den Weltraum mit unvorstellbaren Geschwindigkeiten durchqueren, ohne die Gesetze der Physik zu verletzen.

Mit einem Alcubierre-Antrieb könnte sich theoretisch der Raum vor einem Raumschiff zusammenziehen und der Raum hinter ihm sich ausdehnen, sodass sich das Raumschiff schneller als mit Lichtgeschwindigkeit fortbewegen kann, ohne gegen physikalische Gesetze zu verstoßen

Nur weil etwas funktionieren könnte oder mit der bekannten Physik vereinbar ist, ist es noch lange keine realistische Möglichkeit. Alcubierres ursprünglicher Vorschlag erfordert mehr Energie, als man aus der gesamten Masse des beobachtbaren Universums gewinnen kann. Neuere Studien haben die Anforderungen auf plausiblere, wenn auch immer noch unwahrscheinliche Mengen negativer Energie reduziert. Und diese Energie harrt noch der Beobachtung – von ihrer Nutzbarmachung ganz zu schweigen.

FTL-METHODE NR. 3: EINSATZ VON TACHYONEN

In seinem 1967 erschienenen Aufsatz »Possibility of Faster-Than-Light Particles« führte der Physiker Gerald Feinberg den Begriff »Tachyon« ein, abgleitet vom Griechischen *tachys* (schnell). Feinberg fand ein Schlupfloch in den Gleichungen von Einstein, das es einem Teilchen ermöglicht, sich mit Lichtgeschwindigkeit fortzubewegen, vorausgesetzt es tut dies für immer und ewig. Er nannte das Teilchen »Tachyon«, als Gegenstück zu unseren normalen, alltäglichen Teilchen, die langsamer als das Licht sind und schamhaft als »Tardyonen« bezeichnet werden.

WISSENSCHAFT À LA HOLLYWOOD

ANSICHTEN AUS DEM HYPERSPACE

Ein *Star-Wars*-Film wäre nicht vollständig ohne die markante Szene, in der das Raumschiff in den Hyperraum eintritt: »Schnallt euch an, ich mache jetzt den Sprung durch die Lichtmauer!« warnt Han Solo seine Kameraden in *Star Wars: Episode IV - Eine neue Hoffnung*, bevor er den Hyperantrieb anwirft. Blitzschnell rast jeder Stern im vorderen Sichtfeld des *Falken* in weißblauen Streifen auf die Kamera zu. Es ist ein atemberaubendes, absolut typisches *Star-Wars*-Spektakel einer FTL-Reise. Eine präzise Darstellung des Warp-Antriebs könnte ebenso atemberaubend, jedoch ganz anders aussehen.

Star Wars: Episode IV - Eine neue Hoffnung (1977)

Wenn sich der wissenschaftlich exakte Warp-Antrieb Ihres Raumschiffes der Lichtgeschwindigkeit nähert, verkürzt sich die Wellenlänge der Sternenstrahlung so drastisch (aufgrund des Doppler-Effekts), dass sich das Sternenlicht erst ins blaue, dann ins violette, dann ins unsichtbare ultraviolette Lichtspektrum und schließlich in unsichtbare und zunehmend gesundheitsschädliche Frequenzen verschiebt. Wenn Ihr Raumschiff tatsächlich so schlecht konzipiert wäre, dass es ein riesiges Glasfenster hätte, dann wäre es ratsam, es abzudecken, um sich und Ihre Mannschaft vor den einfallenden Röntgen- und Gammastrahlen zu schützen.

Sollten Sie einen Blick aus dem vorderen Fenster wagen, würde der Weltraum nicht dunkel erscheinen, denn wie wir inzwischen wissen, durchdringt der kosmische Mikrowellenhintergrund die gesamte Raumzeit. Die langen, kalten Wellenlängen, die für das bloße Auge unsichtbar sind, würden sich ebenfalls verschieben, stark verkürzen und sich dem sichtbaren Spektralbereich nähern. Der gesamte Himmel würde dann blau leuchten, durchflutet vom ersten Licht des Urknalls.

Dieses hypothetische Teilchen, das Tachyon, bewegt sich schneller als Lichtgeschwindigkeit und es bewegt sich rückwärts

Streng genommen verbietet die spezielle Relativitätstheorie, dass sich ein Teilchen schneller als mit Lichtgeschwindigkeit bewegt. Feinberg schlug vor, dass die Gesetze nicht für alle Teilchen zu gelten brauchen, die mit FTL-Geschwindigkeit geboren wurden und sich für alle Zeiten mit FTL-Geschwindigkeit bewegen. Ja, auch Tachyonen müssen sich an eine Geschwindigkeitsbegrenzung halten – und zwar nicht eine Höchstgeschwindigkeit, sondern eine Mindestgeschwindigkeit. Solange es sich nie langsamer als das Licht bewegt – und diese Geschwindigkeitsgrenze von oben nach unten nicht überschreitet –, können keine Gleichungen es daran hindern, schneller zu reisen.

In einer Welt, in der Tachyonen zulässig sind, verschwinden Ursache und Wirkung. Eine tachyonische Sprachnachrichten-App würde Texte übermitteln, bevor ein Absender sie versendet. Stellen Sie sich diese Textnachricht vor, die auf dem Display Ihres tachyonischen Telefons erscheint: »Pass auf, da liegt eine Bananenschale!« Wenn Sie nach unten schauen liegt da tatsächlich eine Bananenschale eingequetscht zwischen Ihrem Schuh und dem Boden. Die Nachricht kommt von Ihrem Freund am Ende des Flurs, der kurz zuvor gesehen hat, wie Sie ausgerutscht und gestürzt sind.

UNTERBRECHUNG UND WIEDERHERSTELLUNG DER KAUSALITÄT

Um eine Nachricht, eine Person oder ein einzelnes Photon schneller als mit Lichtgeschwindigkeit an einen anderen Ort zu schicken, bedarf es der Hilfe einer unvorstellbar fortgeschrittenen Zivilisation, unvorstellbar großer Vorräte an exotischer Materie oder beidem. Aber diese technologischen Hindernisse sind nur Kinkerlitzchen angesichts der wirklich unüberwindbaren Problematik der Kausalität.

Mit einem Gerät ausgestattet, das Nachrichten schneller als Lichtgeschwindigkeit überträgt, ist folgendes Szenario vorstellbar: Sie sind Kapitän eines Raumschiffs, das sich mit 99 Prozent der Lichtgeschwindigkeit von der Erde entfernt, als Sie eine Tachyon-Textnachricht von einem FTL-Sender auf dem Pluto erhalten. Die Nachricht lautet: »Der Todesstern hat soeben die Erde ausgelöscht.«

Auf Ihrer Weltlinie wurde die Erde jedoch noch nicht getroffen. Sie könnten Ihren Wurmloch-Macher einschalten, die Koordinaten des Todessterns eingeben und die Menschheit in letzter Sekunde retten.

Aber Moment mal, wenn Sie die Menschheit retten, wer wusste dann, dass er Ihnen diese Warnung senden sollte? Außerdem haben Sie die Nachricht erhalten, bevor sie überhaupt gesendet wurde. Die FTL-Nachricht hat das Prinzip von Ursache und Wirkung gebrochen.

So etwas nennen wir ein Paradoxon. In der Physik gibt es jedoch keine Paradoxa und es kann sie auch nicht geben, Punkt. Zeichnen wir ein paar Weltlinien, um zu verstehen, warum diese Nachricht ankommt, bevor die Erde explodiert.

Die Zeitachse *(y)* in unserem zweidimensionalen Weltlinien-Diagramm ist vertikal, und die Links-Rechts-Raumachse *(x)* ist horizontal. Ein dreidimensionales Weltlinien-Diagramm hätte eine dritte Raumachse *(z)*. die sich durch diesen Buchrücken und durch Ihren Körper nach vorne erstreckt – aber da diese Achse nicht anders funktioniert als unsere *x*-Raumachse, ignorieren wir sie vorerst. Wenn wir stationär bleiben, bewegen wir uns entlang der Raumachse in keine Richtung und reisen einfach entlang der Zeitachse in einer geraden vertikalen Linie nach oben (in Richtung Zukunft) mit einer Geschwindigkeit von genau einer Sekunde pro Sekunde. Wir können das für eine sich nicht bewegende Erde und einen sich nicht bewegenden Pluto aufzeichnen (relativ zueinander).

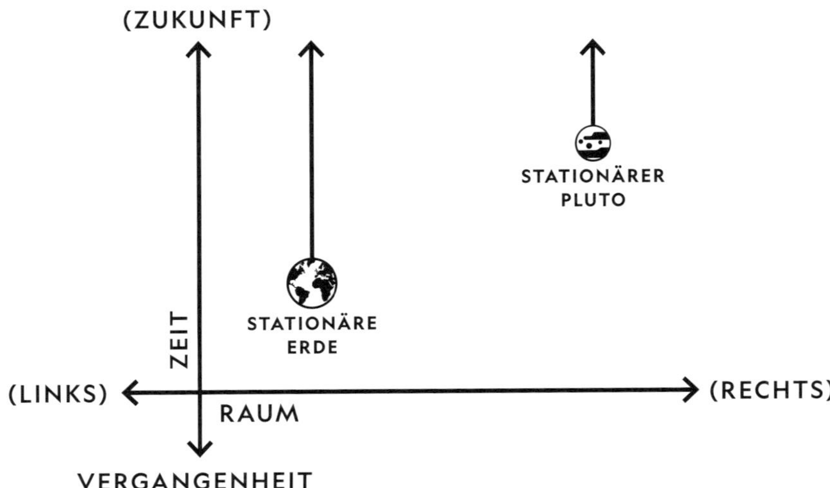

Wie wäre es mit dem umgekehrten Szenario? Wenn sich ein Objekt entlang der Raumachse in einer vollkommen horizontalen Linie bewegt und nicht entlang der Zeitachse, bedeutet das, dass das Objekt teleportiert wird – durch ein Wurmloch, vielleicht.

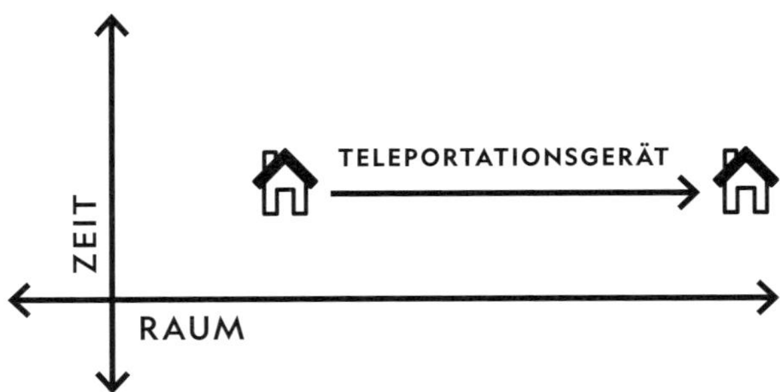

Alle Objekte im Universum, die wir kennen, außer in Science-Fiction-Filmen oder hypothetischen Gedankenexperimenten, können sich nur mit Lichtgeschwindigkeit oder langsamer durch die linke und rechte Raumachse bewegen. Anstelle einer horizontalen Linie (Teleportation) wird die Weltlinie eines Objekts in einem 45-Grad-Winkel über der Zeitachse in alle

RÄTSEL DES KOSMOS

QUANTEN-WURMLOCHSUPPE

Die meisten Physiker halten es für unwahrscheinlich, dass wir über ein natürlich vorkommendes Wurmloch stolpern. Im Gegensatz zu schwarzen Löchern, von denen Milliarden in unserer Galaxie herumschwirren, können Wurmlöcher nicht selbstständig existieren - zumindest keine großen.

Denken Sie daran, dass ein virtuelles Teilchen selbst in der dunkelsten, leersten Ecke des Raumes plötzlich entstehen und wieder komplett verschwinden kann. Diese spontanen, nicht vorhersehbaren Energieschwankungen sind der Hauptgrund dafür, dass wir nicht mit Sicherheit sagen können, dass der Raum wirklich leer ist. John Wheeler, der wortschöpferische Physiker, der den Begriff »Wurmloch« geprägt hat, schuf auch die Bezeichnung für die spontanen Störungen, die möglicherweise den Raum aufrechterhalten und durchdringen: der Quantenschaum.

Wheeler schlug vor, dass eine brodelnde Suppe aus virtuellen Teilchen, Wurmlöchern und anderen Verzerrungen der Raumzeit auf der Planck-Skala unterhalb und innerhalb unseres scheinbar einfachen, vorhersagbaren Makrouniversums fröhlich vor sich hinköchelt. Die Planck-Skala ist das kleinste Maß, das wir kennen. Sie ist so klein, dass beschreibende Worte und Analogien versagen. Um das Ausmaß dieser Winzigkeit zu begreifen, können wir uns die Analogie des amerikanischen Physikers Brian Greene zu eigen machen: Wenn ein einzelnes Atom auf die Größe des gesamten beobachtbaren Universums aufgeblasen würde, dann wäre die Planck-Skala so groß wie ein durchschnittlicher Baum auf der Erde. »Die Fluktuationen wären so groß«, schlug Wheeler in seinen Memoiren *Geons, Black Holes, and Quantum Foam* vor, »dass es buchstäblich kein links und rechts, kein Vorher und kein Nachher gäbe. Gewöhnliche Vorstellungen von Länge würden verschwinden. Gewöhnliche Vorstellungen von Zeit würden sich auflösen.«

Richtungen gezeichnet. Dies ist unser Lichtkegel, und alles, was sich in unserer Zukunft oder Gegenwart befindet, liegt innerhalb dieses Kegels an Möglichkeiten. Wir können auch einen 45-Grad-Winkel unter dem Objekt einzeichnen, um alle Ereignisse darzustellen, die in seiner Vergangenheit potenziell wahrgenommen werden können.

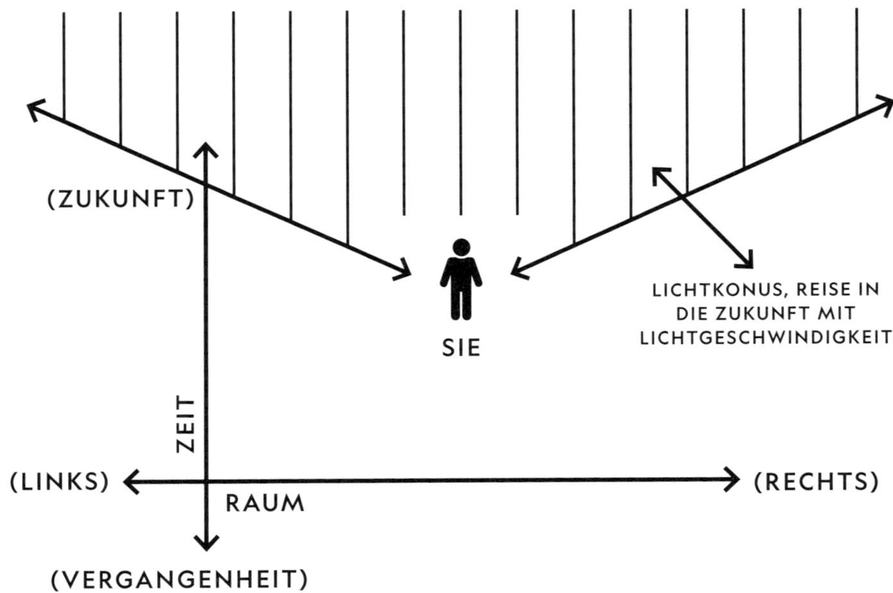

Kehren wir nun zu unserem Tachyonen-Szenario zurück. Jetzt wird es kniffIig. Diese FTL-Übertragung teleportiert nicht nur von einem Punkt zu einem anderen auf der Raumachse, sondern überschreitet auch die Grenzen des Lichtkegels. Mit anderen Worten, sie kann in einem anderen Lichtkegel ankommen, in dem die Nachricht selbst noch nicht gesendet wurde. Wenn die Erde explodiert, tritt die Strahlung dieses Ereignisses, die sich mit Lichtgeschwindigkeit bewegt, schließlich in den Lichtkegel des Pluto ein. Dann sendet eine Nachrichtenquelle auf dem Pluto eine Tachyon-Textnachricht an Ihr Raumschiff, das sich sowohl relativ zur Erde als auch zum Pluto bewegt. Auf Ihrer Weltlinie empfangen Sie diese Textnachricht lange bevor das Licht der Explosion Ihr Schiff erreicht. Aber noch seltsamer ist, dass Sie die Nachricht erhalten, bevor Pluto sie überhaupt abgeschickt hat. Tatsächlich erhalten Sie die Nachricht, bevor die Explosion selbst überhaupt stattgefunden hat. Die Weltlinie Ihres Raumschiffs relativ zur Erde, zum Pluto und zur Explosion ist nicht dieselbe. Ihre Lichtkegel der Möglichkeiten sind unterschiedlich. Wir fragen also noch einmal: Wer hat diese Tachyonen-SMS geschickt, wenn sie ankam, bevor sie gedacht und getippt wurde?

Dies ist das unüberwindbare Paradoxon der Kausalität, auch bekannt als das »Großvaterparadoxon«. Wenn Sie irgendwie in die Vergangenheit reisen und verhindern könnten, dass sich Ihre Großeltern kennenlernen, dann gäbe es Ihre Mutter nicht, und Ihre Mutter könnte Sie nicht auf die Welt bringen. Und wenn Sie nicht geboren wurden, könnten Sie natürlich nicht in die Vergangenheit reisen. Wenn alles, was jemals geschehen ist, bereits passiert ist, dann können wir die Vergangenheit nicht mehr ändern.

Geistreich, wie er war, schlug Stephen Hawking vor, eine Agentur zum Schutz der Chronologie einzurichten, um das Universum zu einem sicheren Ort für Historiker zu machen. In der Tat spielen viele Zeitreisegeschichten mit dem Konzept der Überwachung von Zeitreisenden, um Paradoxien zu verhindern. In den Marvel-Comics und im Kino-Universum von Marvel beaufsichtigt die Time Variance Authority die Heilige Zeitlinie. In der Netflix-Serie *Umbrella Academy* gibt es die Temps Commission, eine Art Zeiterhaltungspolizei. Und natürlich sind die Time Lords der Fernsehserie *Doctor Who* für alles zuständig, was in ihrem Universum »Schnibbedischnick, die Zeit hat 'nen Knick« ist.

Das Prinzip von Ursache und Wirkung scheint das Universum zu beherrschen, es herrscht über das blubbernde Quantenschaumbad, das die gesamte Raumzeit durchdringt. Wenn etwas in der Lage ist, Ursache und Wirkung zu durchbrechen, dann zerbricht mit ihm alles, was wir über unser Universum verstehen. Es gibt keinen einfachen Weg, das Kausalitätsparadoxon zu umgehen, das bei FTL-Reisen und Zeitreisen in die Vergangenheit auftritt.

Es gibt jedoch eine Merkwürdigkeit beim Thema Weltlinien, die perfekt mit allen bekannten physikalischen Gesetzen übereinzustimmen scheint und dennoch das heikle Problem der Kausalität umgeht: die Kausalschleife oder das Bootstrap-Paradoxon (auf Deutsch könnte man es vielleicht das Baron-von-Münchhausen-Paradox nennen, angelehnt an den bekannten Lügenbaron, der sich an seinen eigenen Haaren aus dem Sumpf zog, Anm. der Übersetzerin). Eine Kausalschleife braucht keine Chronologie-Schutzbehörde, um zu verhindern, dass unsere Zeitlinie durch Zeitreisen in die Vergangenheit unterlaufen wird, denn die Zeitlinie der Kausalschleife setzt unsere Rückkehr in die Vergangenheit voraus, eben um die Ereignisse zu gestalten.

RÄTSEL DES KOSMOS

DINNER FOR ONE

Am 28. Juni 2009 gab Stephen Hawking, einer der bekanntesten und beliebtesten Wissenschaftler der Neuzeit, eine extravagante Party. Er kündigte das Ereignis im Fernsehen und im Internet an und lud alle Menschen auf der Welt zum Mitfeiern ein. Er verschickte die Einladungen in die ganze Welt und gab das genaue Datum, die Uhrzeit und die GPS-Koordinaten für das große Ereignis an. Und doch, niemand kam.

Wie konnte eine solche große Sache zu einem derartigen Flop werden? Der Grund war, Hawking hat die Einladung erst nach der Veranstaltung verschickt – mit Absicht. Es war eine Party für Zeitreisende mit allem, was dazugehört: Luftballons, Champagner und Willkommensgirlande.

Hawkings Party war eine Antwort auf sein eigenes, berühmtes Rätsel: Wenn wir in die Vergangenheit reisen können, wo sind dann all die Zeitreisenden? Wenn irgendjemand jemals eine Zeitmaschine erfunden hätte, die ihn zu einer bestimmten Zeit und an einen bestimmten Ort in der Vergangenheit bringen könnte, wäre sicherlich jemand auf dieser Party erschienen, um mit dem großen Stephen Hawking Champagner zu schlürfen.

Sollten Sie jemand sein, der zu Verschwörungstheorien neigt, fragen Sie sich jetzt vielleicht, ob Zeitreisende ihre Reisen bewusst geheim halten. Vielleicht vermeiden sie es, in der Vergangenheit jemanden zu treffen oder etwas zu berühren. Vielleicht gibt es eine Temps Commission, die die Teilnahme an Hawkings Veranstaltung untersagte, oder die Behörde für Zeitverschiebungen schritt ein und entfernte alle Möglichkeiten, zu dieser Party zu erscheinen. Wer weiß, womöglich hat sich ein Zeitreisender oder eine Zeitreisende die ganze Zeit hinter dem Vorhang versteckt?

Unwahrscheinlich. Eine Sache lehrt uns die menschliche Geschichte immer wieder: Es fällt uns extrem schwer, Geheimnisse für uns zu behalten, und Wissenschaftler sind vielleicht am schlechtesten darin. Wie Benjamin Franklin einmal in *Poor Richard's Almanack* schrieb: »Drei können ein Geheimnis bewahren, wenn zwei von ihnen tot sind.«

Die ikonische Zeitmaschine in Simon Wells' Film *The Time Machine – Wohin würdest du reisen?* (2002)

Erinnern Sie sich an das Beispiel mit der Bananenschale und der Tachyonen-SMS. Sie gehen gerade den Flur entlang, als Sie die Nachricht erhalten: »Pass auf, da liegt eine Bananenschale!« Erschrocken bleiben Sie stehen. Wenn Sie einfach ganz normal weitergelaufen wären, wäre Ihr linker Fuß hinter der rutschigen Schale gelandet. Aber jetzt landet dieser Fuß genau darauf. Sie rutschen aus und fallen hin. Der Freund, der Ihnen die Nachricht geschickt hat, um Sie vor Ihrem Schicksal zu bewahren, hat Ihr Ausrutschen unvermeidlich gemacht – eine sich selbst erfüllende Prophezeiung. In einer Kausalschleife könnten Sie versuchen, Ihre Zeitlinie zu ändern, aber es gelingt Ihnen nicht, egal, was Sie tun. Die Zukunft ist vorbestimmt, und Sie haben sie selbst gestaltet.

WISSENSCHAFT À LA HOLLYWOOD

HITLERS MORDPARADOXON

Im Film *Terminator* aus dem Jahr 1984 spielte Arnold Schwarzenegger die Hauptrolle eines zeitreisenden, künstlich intelligenten und mörderischen Cyborgs, der nur einen einzigen Auftrag hat: die ahnungslose Heldin Sarah Connor zu töten.

Der Terminator (Abbildung rechts in diesem Kasten) kehrt zurück aus einer postapokalyptischen Zukunft, die beherrscht wird von einer bösen KI-Organisation namens Skynet, die alle Menschen vernichten will. Angesichts einer engagierten Armee menschlicher Widerständskämpfer, angeführt von einer Person namens John Connor, versuchen die KI-Herrscher, seine Geburt zu verhindern, indem sie seine Mutter Sarah vor seiner Geburt umbringen.

Die Nutzung des Großvaterparadoxons versetzt Skynet in die Lage, die Menschheit auszulöschen. Blutrünstige Schlägereien und brutale Todesfälle verdichten die Handlung, während der Terminator seine Mission verfolgt. Hätten die KIs jedoch etwas von der menschlichen Physiologie verstanden, wüssten sie, dass man viel Zeit, Energie und Munition hätte sparen können, wenn man den Zeitpunkt der Empfängnis einfach verzögert hätte. Hätte Sarah Connor ihr Kind nur ein paar Stunden später oder früher empfangen, wäre die Eizelle mit ziemlicher Sicherheit von einem anderen Spermium befruchtet worden, und der John, der die Menschen in den Kampf führte, hätte nie existiert. Jemand anderes vielleicht schon, aber nicht John.

Wäre es möglich, die Welt vor unaussprechlichen Gräueltaten zu retten, indem man in der Zeit zurückreist, würden viele von uns dies tun, um Adolf Hitler zu töten und die von ihm verbreiteten Schrecken zu verhindern. Dieser Tropos taucht so oft als Handlungselement auf, dass er zu einem Thema der öffentlichen Debatte geworden ist: »Hitlers Zeitreise-Ausnahmegesetz« oder »Hitlers Mordparadoxon«.

Aber wenn wir Hitler einfach umbringen, wie können wir dann sicher sein, dass die Ereignisse, die auf das Attentat folgen, nicht noch schlimmer sind als das, was bereits geschehen ist? Die Operation Foxley, ein von der britischen Special Operations Executive (SOE) sorgfältig ausgearbeiteter Attentatsplan, stieß bei einigen SOE-Mitarbeitern aus genau diesem Grund auf Widerstand. Im Jahr 1944, als die eine oder andere der Foxley-Optionen ausgeführt werden sollte, schien man Hitlers Kriegsfehler den Strategien seiner klügeren Generäle vorzuziehen, die ihn vermutlich bald ablösen würden.

1998, ein halbes Jahrhundert nach Kriegsende, gab die britische Regierung ehemals geheime Dokumente zur Operation Foxley frei. Mit diesen detaillierten Plänen in der Hand könnte ein Zeitreisender leicht zurückreisen und die Mission durchführen. Wer diese Zeilen gerade liest, weiß jedoch, dass dies noch niemand getan hat.

Aber es könnte einen anderen, weniger gewaltsamen Weg geben, um sicherzustellen, dass Hitler niemals die Macht übernimmt. Der junge Hitler war 1908 bereits zweimal von der Akademie der bildenden Künste in Wien abgelehnt worden, weil man seine Arbeiten für unzureichend hielt. Es wäre vielleicht klüger, ein Zeitreisender würde in die Vergangenheit reisen und den Ablehnungsbescheid in einen Zulassungsbescheid umwandeln. Vielleicht hätte der in der Kunst erfolgreiche Hitler nie Zeit für die politischen Ambitionen gefunden, die die Welt in Dunkelheit und Krieg stürzten. Vielleicht hätte sich der Künstler eher am Schöpfen als am Zerstören erfreut. Oder vielleicht brauchte er nur jemanden, der ihn in den Arm nimmt.

Die Verfilmung von *The Time Machine – Wohin würdest du reisen?* aus dem Jahr 2002, die zum Teil auf dem Roman von H. G. Wells basiert und bei der der Urenkel von Wells Regie führte, nutzt das Bootstrap-Paradoxon mit herzzerreißender Wirkung. Nach dem brutalen Tod seiner Verlobten erfindet der Protagonist eine Zeitmaschine, um zurückzureisen und ihr Leben zu retten. Er scheitert unweigerlich und auf verheerende Weise. Er kehrt in die Vergangenheit zurück, um ein neues Ergebnis zu erzwingen – aber wieder wird seine Verlobte getötet. Geschlagen erkennt er, dass sie nicht gerettet werden kann, und wenn sie hätte gerettet werden können, dann hätte er niemals die Zeitmaschine erfunden, mit der er sie retten wollte. Ihrer beider Zukunft wurde von den Ereignissen bestimmt, die ihr jeweils vorausgingen.

Ein weiteres Schlupfloch zur Lösung des Kausalitätsproblems – ähnlich dem Bootstrap-Paradoxon – bietet das Dschinn-Teilchen. Vorgeschlagen von dem russischen Physiker Igor Nowikow und seinem Kollegen A. Lossew, ist die Weltlinie oder die Existenz eines Dschinns eine geschlossene Schleife. Sie hat keinen Anfang und kein Ende in der Raumzeit. Benannt nach den mächtigen Wesen, die in der islamischen Mythologie auftauchen und verschwinden und sich durch Magie verwandeln (von deren Namen sich – eventuell über das Lateinische »genius« – das bekanntere Wort »Genie« ableitet), kann ein Dschinn-Teilchen ein Objekt, eine Person oder sogar eine Information sein.

Stellen Sie sich vor, Sie reisen zurück in die gepflasterten Straßen von Wien im Jahre 1804. Während Sie herumspazieren, summen Sie Ihr Lieblingsstück – Beethovens Fünfte Symphonie. Ohne dass Sie es wissen, geht der große Komponist, der von zunehmender Taubheit geplagt ist, ebenfalls in der Nähe spazieren und hört Ihr Summen. Von den kraftvollen Tönen bewegt, geht er nach Hause und schreibt eines der berühmtesten symphonischen Leitmotive der Musikgeschichte. Hätte er die Noten nicht aufgeschrieben, hätten Sie sie nicht summen können. Hätten Sie sie nicht gesummt, hätte er sie nicht aufgeschrieben. In diesem Beispiel ist die Fünfte Symphonie ein Dschinn, dessen Ursprung nicht klar ist. Sie war immer und wird immer sein, gefangen im Zyklus ihrer eigenen Zeitlinie.

VIELE, VIELE, VIELE WELTEN

Das philosophische Konzept, das als Ockhams Rasiermesser bekannt ist, besagt, die einfachste Lösung ist fast immer die richtige. Die einfachste Lösung für unser Kausalitätsproblem ist, dass Zeitreisen schlichtweg unmöglich sind – die Gesetze der Physik verbieten sie. Die nächsteinfachere Lösung ist, dass Zeitreisen in die Vergangenheit tatsächlich möglich sind, aber nur unter der Aufsicht einer Chronologie-Schutzbehörde, die alles Geschehen unter Kontrolle hält und jede Änderung der vorgeschriebenen Zeitlinie verhindert. Aber verzweifeln Sie nicht, liebe Zeitreisefreunde. Kosmologen sind ausgesprochen hartnäckig, vor allem wenn es um Schlupflöcher in Einsteins Gleichungen geht, mit deren Hilfe man sich spannende Geschichten ausdenken kann.

Beim berühmten Doppelspaltexperiment strahlt eine Lichtquelle auf eine Platte mit zwei schmalen Spalten oder Schlitzen und erzeugt ein Bild auf einem Bildschirm hinter der Platte. Mit diesem Experiment kann gezeigt werden, dass sich Photonen sowohl als Welle als auch als Teilchen verhalten

Ein anderer Ausweg aus der Kausalität führt über den Quantenschaum: die brodelnde Suppe aus Quantenfluktuationen von Teilchen und vielleicht sogar Wurmlöchern, die auf der Planck-Skala gedeiht. In der Quantenwelt, in der die Heisenberg'sche Unschärferelation gilt, ist alles sowohl eine Welle als auch ein Teilchen. Wellenteilchen existieren in einem Zustand der Wahrscheinlichkeit; alle Optionen liegen immer auf dem Tisch. Aber in dem Moment, in dem man es misst, in dem Moment, in dem man feststellt, wo es sich befindet, erstarrt das Wellenteilchen zu einem Teilchen an einem einzigen Ort und verkörpert eine einzige Möglichkeit. Was die Physiker heute als die Viele-Welten-Interpretation (many-worlds interpretation, MWI) bezeichnen, wirft eine Frage auf: Was wäre, wenn all diese Zustandsmöglichkeiten eines Quantums genauso real sind wie die eine, die gemessen wird? Wenn alle Optionen möglich und real vorhanden sind, würde sich diese Multiplizität in der Existenz vieler Universen manifestieren.

Heute wissen wir, ein Photon ist sowohl ein Teilchen, wie Isaac Newton vermutete, als auch eine Welle, wie Christiaan Huygens postulierte. Sie hatten beide recht. Im Makromaßstab können wir diesen Welle-Teilchen-Dualismus, diese Wellenteilchenhaftigkeit, nicht sehen, aber wir können im subatomaren Maßstab Experimente machen und sie untersuchen. Das berühmte Doppelspaltexperiment von Thomas Young, die erste physikalische Studie zu diesem Thema aus dem Jahr 1801, zeigt, wie seltsam sich die physikalische Welt verhält, wenn wir sie im für uns kleinstmöglichen Maßstab beobachten – und noch mehr, wenn wir sie nicht beobachten.

Heute wissen wir, ein **Photon** ist sowohl ein **Teilchen,** wie Isaac Newton vermutete, als auch eine **Welle,** wie Christiaan Huygens postulierte. Sie hatten beide recht.

Nehmen wir an, Sie haben ein spezielles Gerät, mit dem Sie einzelne Photonen auf eine Barriere mit zwei äußerst schmalen Spaltöffnungen schießen. Die Schlitze sind so klein, dass jedes Photon nur in einen oder keinen der Schlitze eintreten kann. Jedes Mal, wenn Sie ein Photon abschießen, wird es einen der beiden Schlitze wählen oder keinen davon, genau wie zu erwarten.

Wiederholt man dasselbe Experiment mehrere Male, wird das Ergebnis zeigen, dass durch jeden Spalt jeweils die Hälfte der abgefeuerten Photonen passieren. Wenn jedes Photon einen Abdruck dort hinterlässt, wo es gelandet ist, wird man hinter der Spaltbarriere zwei eindeutige Linien von Abdrücken finden, eine hinter jedem Spalt. Deckt man einen Spalt komplett ab, sieht man eine einzige saubere Linie von Photonen. Das alles ist völlig normal. Es zeugt von dem rationalen Verhalten eines jeden Teilchens. Würde man anstelle von Photonen kleine Farbkugeln auf eine ähnliche Art von Barriere schießen, würde man die gleichen Ergebnisse erhalten: zwei saubere Linien hinter der eingekerbten Barriere, dort wo die einzelnen Farbkugeln aufgetroffen sind.

Doch jetzt wird es unerklärlich seltsam. Nehmen wir an, Sie gehen in Ihrer Mittagspause zu einer nahe gelegenen Dönerbude und lassen das Experiment selbstständig weiterlaufen. Sie stellen das Gerät so ein, dass es kontinuierlich ein Photon nach dem anderen auf die Barriere schießt. Wenn Sie zurückkommen, erwarten Sie, dass Sie auf der Wand hinter der Barriere das gleiche Muster aus zwei sauberen Linien sehen wie zuvor. Was Sie jedoch stattdessen sehen, ist ein ungelöstes Rätsel des Kosmos.

Wo Sie vorher zwei saubere Linien sahen, sehen Sie jetzt viele. Das Linienmuster, das die Rückwand ziert, entspricht dem Muster auf der Oberfläche eines Sees, wenn zwei Wellen aufeinandertreffen. Dieses Mus-

Die Heilige Zeitlinie, zu sehen in Marvel Studios' *Loki* (Staffel 1, Folge 6)

ter deutet darauf hin, dass zwei Photonen, die sich wellenförmig bewegen, immer wieder miteinander kollidiert sind, während Sie Ihren Döner verspeist haben. Hatte Ihre Photonenkanone womöglich eine Fehlfunktion und zwei Photonen auf einmal abgeschossen?

Nein. Was passierte, war, dass das einzelne Photon, während Sie nicht hinsahen, beide Schlitze auf einmal wählte und mit *sich selbst* interferierte. Anstatt sich wie ein Teilchen zu verhalten, das einem vorhersehbaren Muster folgt, verhielt sich das Photon wie eine Welle. Aber das ist noch nicht alles. Das Photon wählte nicht nur beide Schlitze auf einmal, sondern alle Optionen gleichzeitig. Es ging durch den linken Schlitz, durch den rechten Schlitz und durch keinen der beiden Schlitze.

Und dabei handelt es sich nicht um ein Gedankenexperiment. Unzählige Doppelspaltexperimente wurden im vergangenen Jahrhundert von akribisch arbeitenden Wissenschaftlern durchgeführt. Jedes Mal zeigen die Ergebnisse, dass der bloße Akt der Beobachtung die Photonen dazu bringt, sich wie Teilchen zu verhalten und eine Entscheidung zwischen den Schlitzen zu treffen. Wenn wir wegschauen oder den Raum verlassen, verwandeln sie sich wieder in Wellen, die sich für alle Optionen entscheiden. Sobald Wellenteilchen beobachtet oder gemessen werden, existieren sie als Teilchen mit einem einzigen Ort in der Raumzeit – die Beobachtung zwingt ein Photon in nur eine Option oder Realität. Ein weiteres Beispiel für ein unheimliches Quantenphänomen.

Der amerikanische Physiker Hugh Everett III schrieb als Doktorand von John Wheeler eine verblüffende Dissertation, in der er eine neue Interpretation der durch den Doppelspalt nachgewiesenen Ergebnisse vorschlug. Seine Idee stieß zunächst auf Spott und Ablehnung und wurde erst in den letzten Jahren seines Lebens ernsthaft in Erwägung gezogen. Everett schlug vor, dass alle ungemessenen Wellenwahrscheinlichkeiten ebenso real sind wie die gemessenen Ergebnisse. In jedem Augenblick der Entscheidung jedes Quantenteilchens verzweigt sich das Universum in ein separates, paralleles Universum, in dem die nicht gewählte Option gewählt wurde. Er schlug kühn vor, dass die einfachste Erklärung für die Tendenz eines Teilchens, alle Optionen auf einmal zu wählen – seine Superposition –, darin besteht, dass es buchstäblich immer alle Optionen auf einmal wählt, unabhängig davon, ob wir es messen oder nicht.

Eine künstlerische Darstellung von Photonenemissionen

Der Beobachter sieht, wie das Photon den einen Spalt wählt, und eine Kopie dieses Beobachters sieht, wie das Photon den anderen Spalt wählt, aber keiner der beiden Beobachter befindet sich im selben Universum und sie sind nicht dieselbe Person. Die Implikationen von Everetts »Viele-Welten-Interpretation«, wie sie jetzt genannt wird, legen eine Weltsicht dar, die erstaunlicher ist und uns Menschen mehr Demut lehrt als die Heliozentrik, das expandierende Universum und sogar die mögliche Entdeckung intelligenter Außerirdischer. Everett schlug vor, dass unser Universum nicht das einzige ist, sondern lediglich eines von unendlich vielen Universen. Unser Planet ist nur eine von unendlich vielen Erden, und Sie sind eine von unendlich vielen Versionen des Experimentators.

Jedes Mal, wenn ein Quantenphysiker beobachtet, wie ein Photon in den rechten Spalt eintritt, verzweigen sich mindestens zwei weitere Universen: eines, in dem es den linken Spalt betritt, und eines, in dem es beide Schlitze wählt. Wenn sich jedes Teilchen im Universum so verhält, dann entsteht nach der Viele-Welten-Interpretation mit jedem verstreichenden Mikromoment eine unvorstellbar große Anzahl von Welten. Alles, was theoretisch passieren könnte, passiert auch. Aber wir kennen nur ein einziges Ergebnis und können auch nur eines kennen.

Diese Idee sollte nicht mit der Theorie des Multiversums verwechselt werden, die neben anderen Ideen vorhersagt, dass unser gesamtes Universum eine einzige Blase inmitten unendlich vieler anderer Universumsblasen ist, die alle in der Raumzeit koexistieren; wir könnten davon träumen, eines Tages ein Wurmloch zu einem dieser Multiversen zu öffnen. Im Gegensatz dazu besagt die Viele-Welten-Interpretation des Universums, dass wir niemals mit einer der Parallelwelten interagieren könnten. Es geht nicht darum, dass sie außerhalb der Reichweite unserer Teleskope existieren. Es geht darum, dass sie außerhalb der Reichweite von allem existieren, was unseren Kosmos ausmacht. Wenn also die Viele-Welten-Interpretation zutrifft, dann kann ein Rückwärtszeitreisender die Kausalität nicht verletzen, weil automatisch eine andere Welt abzweigt, in der die Kausalität erhalten bleibt. Die Viele-Welten-Lösung mag nicht einfach sein, aber sie ist die einfachste Erklärung für die Merkwürdigkeiten auf Quantenskalen.

WAS IST MIT DEM FREIEN WILLEN?

Stellen Sie sich Folgendes vor: Sie reisen mit FTL-Geschwindigkeit in der Zeit zurück, sei es durch ein Wurmloch oder mit Warp-Antrieb, bis zu dem Moment, bevor Sie abgereist sind. Um die Hypothese der vielen Welten zu prüfen, beschließen Sie, mit Ihrer Plasmakanone Ihr eigenes Raumschiff zum Explodieren zu bringen, bevor es abfliegt. Wenn die Hypothese zutrifft, werden Sie das kausale Paradoxon überlisten. Durch den Zeitsprung hat sich Ihr Universum in ein ganz anderes Universum verzweigt. Sie springen in der Zeit zurück und lassen ein Raumschiff in die Luft gehen, aber es war nie Ihr Raumschiff. Sie schreiben eine neue Zeitlinie.

Im Sinne dieser Hypothese ist ein Rückwärtszeitreisender auch ein Paralleluniversumsreisender. Jede Handlung, die sonst eine bereits bestehende Zeitlinie in einem Universum verändern würde, würde stattdessen in einem anderen Universum stattfinden, wobei die frühere Zeitlinie erhalten bliebe. Das frühere »Sie«, das in der Zeit zurückgereist wäre, verschwindet aus der Zeitlinie, die sonst verletzt worden wäre.

Aber was ist mit dem »Sie« aus der Vergangenheit, welches das »Sie« aus der Zukunft zurückgelassen hat? Würde das frühere Sie sich nicht trotzdem dafür entscheiden, mit Lichtgeschwindigkeit in die Vergangenheit zu rasen, um Ihr eigenes Raumschiff in die Luft zu jagen, was wiederum eine Spaltung des Universums zur Folge hätte? Mit anderen Worten: Selbst wenn das ursprüngliche Universum im Moment der Kausalitätsverletzung eine Spaltung erfährt, hat sich in diesem Universum nichts geändert, um das ursprüngliche Ergebnis zu verhindern. Jedes Neuron, das Signale gefeuert hat, jeder Gedanke, jede Erinnerung und jedes Gefühl, das zu Ihrer Entscheidung geführt hat, würde immer noch zu derselben Entscheidung führen.

War diese Entscheidung durch all die Ereignisse vorherbestimmt, die ihr vorausgingen, einschließlich Ihrer genetischen Veranlagung, Ihrer Kindheitstraumata und Ihres Bewusstseins an sich?

Jetzt stehen wir vor einer zentralen Frage: dem freien Willen. Diese Frage vereint und beschäftigt alle Wissenschaften und Philosophien. Ist unsere Zukunft bereits durch die Ereignisse der Vergangenheit vorbestimmt? Wurde durch den Urknall eine fixe und unvermeidliche Abfolge von Ereignissen in Gang gesetzt oder können wir unsere Zeitlinie verändern?

Selbst die kleinste Veränderung durch einen Zeitreisenden in seiner eigenen Zeitlinie kann eine völlig neue Realität hervorbringen. Statistiker nennen dieses Phänomen den Schmetterlingseffekt, und Wissenschaftler, die sich mit der Chaostheorie beschäftigen, wissen, dass man das Ausmaß der Kaskaden von Ereignissen, die sich aus einem einzigen, scheinbar harmlosen Ereignis entwickeln, niemals unterschätzen sollte.

Stellen Sie sich vor, Sie reisen viele Jahre zurück, bevor Sie das Weltraumabenteuer beginnen, in dem Sie die Hypothese der vielen Welten testen wollen. Wie ein kleiner Winkel, der über immer größere Entfernungen immer weiter wird, so könnte jede kleine Veränderung in Ihrer lange

»Wo wir hinfahren, brauchen wir keine … Straßen.«
Dr. Emmett Brown, *Zurück in die Zukunft* (1985)

zurückliegenden Vergangenheit Ihre Zukunft stark verändern. Vielleicht taucht ein niedlicher, streunender Welpe auf dem Weg Ihres früheren Ichs auf, und anstatt in den Buchladen zu gehen, wie Sie es an diesem Morgen vorhatten, ändern Sie Ihren geplanten Weg und nehmen den jungen Hund mit nach Hause.

Wäre Ihnen der Welpe nicht begegnet, wären Sie weiter zum Buchladen gelaufen, wo Sie einen neuen, besten Freund kennengelernt hätten, der Ihr Interesse an Poesie geweckt hätte. Und weil Sie ihm nie begegnet sind, waren Sie auch nie bei dem Poetry-Slam, mit dem ein weiteres entscheidendes Ereignis stattfand.

Die Zeitlinie ändert sich immer weiter, und zwar so sehr, dass Sie sich nie in den Weltraum wagen und deshalb auch nie in die Vergangenheit reisen, um dem Welpen zu begegnen. Sie sind ein völlig anderer Mensch, mit anderen Erinnerungen, mit anderen Ängsten, mit anderen Hoffnungen, die alle durch anders verdrahtete Neuronen in Ihrem Gehirn an Ihr Bewusstsein weitergegeben werden.

DIE REISE GEHT WEITER

Was für eine Reise, dieses unermüdliche menschliche Streben nach einem Zugang zu den Himmeln.

Wir haben uns weit von unserem erdgebundenen Standort und unseren egozentrischen Vorstellungen über unseren Platz im Kosmos entfernt. Wir haben die Beschaffenheit der Atmosphäre kennengelernt – die einzigartige Gasschicht, die uns schützend umgibt und das Leben auf diesem Planeten wachsen und gedeihen lässt. Wir haben einen Blick auf unsere Sonne, unseren Mond und unsere Nachbarplaneten geworfen, zunächst von der Erde aus mit Teleskopen in der Hand, dann durch die Entsendung von Raumschiffen in die Höhe außerhalb unserer kleinen Erdatmosphäre, wobei jede Generation mehr und mehr Geheimnisse in immer weiterer Entfernung aufdeckte.

Wir haben uns vom Zählen der Planeten im Sonnensystem zum Zählen der Universen im Metaversum weiterentwickelt, von der Frage, ob Mond und Sonne unsere Welt umkreisen, zur Frage nach der Kausalität im Raum-Zeit-Kontinuum.

Mit wie viel mehr können wir unseren Verstand noch herausfordern? Wie viel mehr gibt es noch zu beobachten, zu begreifen und zu verstehen? Was wird uns der Kosmos noch alles lehren? An der Grenze der Neugier, wo Entdeckung und Geheimnis aufeinandertreffen, stoßen wir auf eine nicht enden wollende Parade an Rätseln, die wir uns Jahrzehnte zuvor nicht hätten vorstellen können – das reizvolle Ergebnis der Erkundung von grenzenlosem Raum und endloser Zeit.

Wissenschaftliches Denken lässt immer die Tür für das scheinbar Unmögliche einen Spalt breit offen. Vielleicht übertreiben wir also – aber nur ein wenig –, wenn wir sagen, die Unendlichkeit sei nur eine kurze Pause auf dem Weg zu den endlosen Bestimmungsorten, die uns erwarten. Nach allem, was wir wissen, hat unsere kosmische Reise gerade erst begonnen.

Die Nahinfrarotkamera des James-Webb-Weltraumteleskops hat dieses atemberaubende Mosaikbild der Tarantelnebel-Sternentstehungsregion aufgenommen, deren Durchmesser auf etwa 340 Lichtjahre geschätzt wird

DANKSAGUNG

Wir danken Avis Lang für ihr unermüdliches und heldenhaftes Lektorat unseres ursprünglichen Manuskripts, sie hat wieder einmal dafür gesorgt, dass wir sagen, was wir meinen, und meinen, was wir sagen.

Wir danken auch der Chefredakteurin Hilary Black und der leitenden Redakteurin Susan Tyler Hitchcock von National Geographic, deren kreative Intuition und redaktionelle Weisheit uns als Wegweiser dienten auf unserer eigenen kosmischen Odyssee, die zu diesem Buch führte.

Die übrigen Mitarbeiter des Verlags- und Designteams von National Geographic haben das getan, was sie am besten können: Seiten voller Worte in eine Augenweide zu verwandeln. Dazu gehören die redaktionelle Projektleiterin Ashley Leath, die Kreativdirektorin Elisa Gibson, die Designerin Nicole Roberts, der Fotodirektor Adrian Coakley, die Fotoredakteurin Katie Dance und der Produktionsredakteur Michael O'Connor.

Schließlich danken wir unserer Freundin und Kollegin Janna Levin dafür, dass sie uns ihr Wissen und ihren Rat als Kosmologin, aber auch als brillante Autorin und Kommunikatorin zur Verfügung gestellt hat.

Lindsey Nyx Walker dankt ebenfalls Adrian Solgaard für seine unerschütterliche Unterstützung in den Sorgen und Freuden, die Autoren ertragen müssen; Helen Matsos für ihren Rat, ihre Freundschaft und weise Unterstützung als Mentorin; Professor Ralph Engelman, Professor Curtis Stephen und Professor Donald Bird, die sie in ihrem unermüdlichen Streben nach Wahrheitsfindung und -verbreitung bestärkt haben. Und nicht zuletzt Sue Ann Walker und Wallace Walker dafür, dass sie genau so sind, wie sie sind, und für ihre Liebe zum Wort und zur Forschung.

WEITERFÜHRENDE LEKTÜRE

Einige Teile dieses Buches wurden aus drei Aufsätzen von Neil wiederbelebt und stark überarbeitet, veröffentlicht in der Zeitschrift *Natural History*:

Tyson, Neil deGrasse. »The Coriolis Force«. *Natural History,* März 1995.
–. »Tides and Time«. *Natural History,* November 1995.
–. »Shocking Truths: If You Break the Sound Barrier, You Can Make Quite a Stir«. *Natural History,* September 2006.

TEIL 1

Galilei, Galileo. *Sidereus nuncius*. 1610.
–. *Dialogus de systemate mundi*. 1641.
Glaisher, James. *Travels in the Air.* R. Bentley, 1871.
Newton, Isaac. *Philosophiae naturalis principia mathematica*. 1687.
Tyson, Neil deGrasse und Avis Lang. *Accessory to War: The Unspoken Alliance Between Astrophysics and the Military*. W. W. Norton & Co. 2018.
Weir, Andy, *Der Marsianer.* Random House Publishing Group, 2016.

TEIL 2

Gates, Jr., S. James und Cathie Pelletier. *Proving Einstein Right: The Daring Expeditions That Changed How We Look at the Universe*. PublicAffairs, illus. ed., 2019.
Hamacher, Duane. *The First Astronomers: How Indigenous Elders Read the Stars*. Allen and Unwin, 2022.
Kepler, Johannes. *Somnium*. 1608.
Starkey, Natalie. *Catching Stardust: Comets, Asteroids and the Birth of the Solar System*. Bloomsbury Sigma, 2018.
Zubrin, Robert und Christopher McKay. »Technological Requirements for Terraforming Mars«. American Institute of Aeronautics and Astronautics, 2012.

TEIL 3

Doyle, Arthur Conan. »The Horror of the Heights«. *Strand Magazine* 46, Nr. 275 (1913).

Huygens, Christiaan. *Cosmotheoros: Oder: Welt-betrachtende Muthmassungen von den Himmlischen Erdkugeln und deren Schmuck*. 1703.

–. *Abhandlung über das Licht*. 1690.

Maxwell, James Clerk. »A Dynamical Theory of the Electromagnetic Field«. *Philosophical Transactions of the Royal Society*, 1865.

Swenson Jr., Loyd S. *Ethereal Aether: A History of the Michelson-Morley-Miller Aether-Drift Experiments, 1880–1930*. University of Texas Press Austin, 1972.

TEIL 4

Gott, J. Richard. *Zeitreisen in Einsteins Universum*. Rowohlt, 2002.

Greene, Brian. *Light Falls: Space, Time, and an Obsession of Einstein* (Hörbuch). Audible Studios, 2016.

Hawking, Stephen. »Chronology Protection Conjecture«. *Physical Review D* 46, Nr. 603 (1992).

Levin, Janna. *Black Hole Survival Guide*. Knopf, 2020.

–. *How the Universe Got Its Spots*. Princeton University Press, 2002.

Lossev, A. und I. D. Novikov. »The Jinn of the Time Machine: Nontrivial Self-Consistent Solutions«. *Classical and Quantum Gravity* 9, no. 10 (1992).

Thorne, Kip S. *Black Holes and Time Warps: Einstein's Outrageous Legacy*. W. W. Norton & Co., 1994.

–. *The Science of* Interstellar. W. W. Norton & Co. 2014.

Wheeler, John Archibald. *Geons, Black Holes, and Quantum Foam*. W. W. Norton & Co., 1998.

DIE AUTOREN

Neil deGrasse Tyson ist Astrophysiker und Leiter des Hayden-Planetariums am Amerikanischen Museum für Naturgeschichte in New York. Er ist Autor von einem guten Dutzend Büchern, von denen viele internationale Bestseller sind, und von zahlreichen Artikeln, sowohl wissenschaftlichen als auch populärwissenschaftlichen. Er ist der Gastgeber von *StarTalk,* einem Podcast, und von zwei Staffeln von *Cosmos: A Spacetime Odyssey,* das von Fox und National Geographic gesendet wird. Für seine Arbeit wurde er mit 21 Ehrendoktortiteln sowie der NASA-Medaille für herausragende öffentliche Dienste geehrt. Er und seine Frau leben in New York City.

Lindsey Nyx Walker ist leitende Produzentin und Hauptautorin bei *StarTalk,* einem beliebten Wissenschaftspodcast und einer viermal für den Emmy nominierten Fernsehsendung von National Geographic. Sie hat an *Cosmic Queries* mitgewirkt, dem zweiten Buch im Rahmen der Zusammenarbeit zwischen *StarTalk* und National Geographic. Auf Dinnerpartys wird sie diejenige sein, die sich brennend für Ihre nerdigen Interessen und Überzeugungen zu außerirdischem Leben interessiert. Walker lebt mit ihrem Partner in New York City. Besuchen Sie sie auf TikTok: @spacetok.

BILDQUELLEN

Cover, Nick Liefhebber; 3, A. Ghizzi Panizza/ESO; 6, NASA/JSC; 8, Corey Ford/Stocktrek Images/Science Source; 12–3, NASA, ESA, CSA, STScI; 14, NASA/Goddard Space Flight Center/Reto Stöckli; 16, Miguel Claro/Science Source; 20, Sergio Anelli/Electa/Mondadori Portfolio/Getty Images; 26, NASA/JSC; 28, Steven Kazlowski/Nature Picture Library/Alamy Stock Photo; 34, Science & Society Picture Library/Getty Images; 36, krunja/Adobe Stock; 37, Photo © GraphicaArtis/Bridgeman Images; 40, Jay Nemeth/Red Bull Stratos; 43, Carlos Clarivan/Science Source; 46–7, NASA/JPL-Caltech; 52, Hans Strand/Folio Images/Alamy Stock Photo; 57, NASA; 62, Michael Seeley; 64, NASA/MSFC; 66–7, NASA/Bob Nye; 68, Mark Thiessen/National Geographic Image Collection; 72, Mikkel Juul Jensen/Science Source; 77, Glenn Clovis; 80–1, Photo illustration by Marc Ward, with elements from NASA/Shutterstock; 83, NASA/JPL-Caltech; 84, Dr. J. Durst/Science Source; 86, Science Source; 91, NASA/SDO; 92, Science & Society Picture Library/Getty Images; 97, NASA/Johns Hopkins University Applied Physics Laboratory/Carnegie Institution of Washington; 101, Everett Collection; 106, Eckhard Slawik/Science Source; 113, Christian Jegou/Science Source; 116, Lynette Cook/Science Source; 121, Mark Garlick/Science Source; 125, New York Public Library/Science Source; 128, Mark Garlick/Science Source; 131, Lowell Observatory Archives; 134–5, Photo illustration by Stockbym, with elements from NASA/Shutterstock; 140, NASA/JPL-Caltech; 143, NASA/Johns Hopkins APL; 146, Enhanced Image by Gerald Eichstädt and Seán Doran (CC BY-NC-SA) based on images provided courtesy of NASA/JPL-Caltech/SwRI/MSSS; 152, NASA/JPL/Space Science Institute; 156, Ron Miller/Science Source; 160, NASA/Erich Karkoschka (Univ. Arizona); 163, NASA/Johns Hopkins University Applied Physics Laboratory/Southwest Research Institute; 166, ESA/Hubble & NASA, R. Sahai; 168, Everett Collection; 171, Mark Garlick/Science Source; 174, Equinox Graphics/Science Source; 177, © 2019–2022 CERN; 178, © Giancarlo Costa/Bridgeman Images; 183, © Fabrizio Carbone/EPFL; 185, George Karbus Photography/Cultura Creative RF/Alamy Stock Photo; 186, U.S. Naval History and Heritage Command, painting by Cliff Young; 191, Mark Garlick/Science Source; 195, NASA/Science Source; 196, Jose Antonio Peñas/Science Source; 200,

NASA, ESA, CSA, STScI; 202–3, NASA, ESA, J. Hester and A. Loll (Arizona State University); 207, © Universal/courtesy Everett Collection; 208, Mark Garlick/Science Source; 214, artpartner-images/Getty Images; 217, ESO; 220, NASA/W. Stenzel; 222–3, NASA; 227, Design and illustration by Steve Burg; 228, Illustration by Sinelab; 233, ESA/Hubble & NASA; 234, Henning Dalhoff/Science Source; 236, Science: NASA, ESA, CSA, STScI. Image processing: Joseph DePasquale (STScI), Anton M. Koekemoer (STScI), Alyssa Pagan (STScI); 239, Mark Garlick/Science Source; 241, Christie's via Wikimedia Commons; 246, NASA, ESA, and the Hubble Heritage Team (STScI/AURA)—Hubble/Europe Collaboration. Acknowledgment: H. Bond (STScI and Penn State University); 249, Composite illustration by Tommaso Giannantonio. Credits: Earth: NASA/BlueEarth; Milky Way: ESO/S. Brunier; CMB: NASA/WMAP; 250, Pablo Carlos Budassi; 253, SPL/Science Source; 256–7, The SXS (Simulating eXtreme Spacetimes) Project; 258, Rendix Alextian/Adobe Stock; 259, Event Horizon Telescope Collaboration; 260, CBW/Alamy Stock Photo; 263, Autumn Blaze Creations; 266, Mark Garlick/Science Source; 269 Photo illustration by andrey_l, with elements from NASA/Shutterstock; 272, Henning Dalhoff/Science Source; 276, KTSDESIGN/Science Source; 281, Gregoire Cirade/Science Source; 282–3, Courtesy of Lucasfilm Ltd. — *STAR WARS: A New Hope*© & ™ Lucasfilm Ltd.; 284, Yuichiro Chino/Getty Images; 290, Stephen Hawking's Time Travellers Invitation—© Peter Dean; 291, Album/Alamy Stock Photo; 293, © Orion/courtesy Everett Collection; 295, Victor de Schwanberg/Science Source; 297, Courtesy of Marvel Studios © 2023 MARVEL; 299 GIROSCIENCE/Science Source; 302, Mary Evans/Ronald Grant/Everett Collection (10300793); 304–5, NASA, ESA, CSA, STScI, Webb ERO Production Team.

REGISTER

D

E

F

G

H

I

J

K

Q

R

S

T

U